"十四五"职业教育国家规划教材

生物化学

赵玉娥　刘晓宇 ● 主编

钟正伟 ● 副主编

第四版

化学工业出版社

·北京·

内容简介

本书是在第三版多年使用的基础上进行的修订，共分11章，主要内容包括：蛋白质、酶、维生素与辅酶、糖类、脂类、核酸等主要生物分子的结构、性质、功能、应用；物质代谢及其调节的一般规律；生物化学实验。

本次修订新补充了10个生物化学实验，旨在提升学生实践能力。在课程思政方面，每章前增加了"思政小课堂"部分，有机融入了党的二十大报告内容，有利于培养学生的职业素养，激发学习兴趣。

本书适合生物工程、制药工程、生物医学工程、食品工程、精细化工以及一些相关轻工业专业学生学习，也可供其他专业的学生选修或自学参考，还可作为从事生物化学相关工作的教师或科研人员的参考资料。

图书在版编目（CIP）数据

生物化学／赵玉娥，刘晓宇主编．—4版．—北京：化学工业出版社，2022.1（2025.6重印）
ISBN 978-7-122-40684-2

Ⅰ. ①生… Ⅱ. ①赵… ②刘… Ⅲ. ①生物化学-高等职业教育-教材 Ⅳ. ①Q5

中国版本图书馆CIP数据核字（2022）第023535号

责任编辑：蔡洪伟　王　芳　　　　　　加工编辑：李　瑾
责任校对：王　静　　　　　　　　　　　装帧设计：韩　飞

出版发行：化学工业出版社（北京市东城区青年湖南街13号　邮政编码100011）
印　　装：河北延风印务有限公司
787mm×1092mm　1/16　印张15$\frac{1}{2}$　字数384千字　2025年6月北京第4版第5次印刷

购书咨询：010-64518888　　　　　　　　售后服务：010-64518899
网　　址：http://www.cip.com.cn

凡购买本书，如有缺损质量问题，本社销售中心负责调换。

定　价：48.00元　　　　　　　　　　　　　　　　　　版权所有　违者必究

第四版前言

《生物化学》（第四版）是在前三版的基础上，保持了基本框架的同时，又吸收了国内外多本优秀生物化学教材的优点，吸纳了生物化学科研领域近年取得的研究成果修订编写而成。

为了提升学生动手能力，本次再版新增了10个实验内容，如糖的显色反应、氨基酸的薄层色谱分离和鉴定、蛋白质等电点测定等。每章新增了"思政小课堂"栏目，有机融入了党的二十大报告内容，旨在通过生化领域优秀科学家的事迹、中华文化在生化领域的优秀成果以及生物化学联系日常生活等方面，提高生物化学课程思政的育人效果，提高学生的职业素养和道德素养。

参加本版修订工作的有：赵玉娥修订第1章、第4章、第9章；刘晓宇修订第2章、第3章、第8章、第11章；钟正伟修订第6章；钟正伟、徐雅君修订第5章、第7章、第10章。本书由郭林主审。本书在修订过程中得到了主参编院校领导和同事的大力支持与帮助，在此表示衷心感谢。

由于编者水平有限，书中疏漏之处在所难免，衷心希望专家及使用本书的师生予以匡正。

编者

目 录

第1章 绪 论

1.1 生物化学的概念和研究内容 ……………………………………………… 1
   1.1.1 生物化学的概念 …………………………………………………… 1
   1.1.2 生物化学的研究内容 ……………………………………………… 2
1.2 生物化学发展简史 …………………………………………………………… 3
1.3 生物化学与其他生命科学的关系 …………………………………………… 4
1.4 生物化学与现代工、农、医的关系 ………………………………………… 5
1.5 生物化学与保健 ……………………………………………………………… 5
1.6 21世纪生物化学的发展趋势 ………………………………………………… 5
1.7 生物化学的学习方法 ………………………………………………………… 6
习题 ………………………………………………………………………………… 7

第2章 蛋白质化学

2.1 蛋白质的分子组成 …………………………………………………………… 8
   2.1.1 蛋白质的元素组成 ………………………………………………… 8
   2.1.2 蛋白质的基本组成单位——氨基酸 ……………………………… 9
2.2 蛋白质的分类和功能 ………………………………………………………… 14
   2.2.1 蛋白质的分类 ……………………………………………………… 14
   2.2.2 蛋白质的功能 ……………………………………………………… 15
2.3 蛋白质的分子结构 …………………………………………………………… 16
   2.3.1 肽 …………………………………………………………………… 16
   2.3.2 蛋白质分子的一级结构 …………………………………………… 17
   2.3.3 蛋白质分子的空间结构 …………………………………………… 18
   2.3.4 蛋白质结构和功能的关系 ………………………………………… 23
2.4 蛋白质的性质 ………………………………………………………………… 24
   2.4.1 蛋白质的分子量 …………………………………………………… 24
   2.4.2 蛋白质的两性解离和等电点 ……………………………………… 25

        2.4.3 蛋白质的胶体性质 ………………………………………………………… 25
        2.4.4 蛋白质的沉淀作用 ………………………………………………………… 26
        2.4.5 蛋白质的变性 ……………………………………………………………… 27
        2.4.6 蛋白质的紫外吸收特征及呈色反应 ……………………………………… 28
    2.5 蛋白质及氨基酸的分离纯化与测定 ………………………………………………… 29
        2.5.1 蛋白质的提取 ……………………………………………………………… 30
        2.5.2 蛋白质的分离纯化 ………………………………………………………… 30
        2.5.3 蛋白质的分析检测 ………………………………………………………… 32
习题 …………………………………………………………………………………………… 33

第3章 酶

  3.1 概述 …………………………………………………………………………………… 34
      3.1.1 酶的概念 …………………………………………………………………… 34
      3.1.2 酶催化作用的特点 ………………………………………………………… 35
      3.1.3 酶的命名和分类 …………………………………………………………… 37
  3.2 酶的结构和功能 ……………………………………………………………………… 38
      3.2.1 酶的分子组成 ……………………………………………………………… 39
      3.2.2 酶的活性部位和必需基团 ………………………………………………… 39
      3.2.3 酶原的激活 ………………………………………………………………… 40
      3.2.4 几种重要的调节酶 ………………………………………………………… 41
  3.3 酶的催化机制 ………………………………………………………………………… 42
      3.3.1 酶的催化作用、过渡态、分子活化能 …………………………………… 42
      3.3.2 中间产物学说 ……………………………………………………………… 43
      3.3.3 诱导契合学说 ……………………………………………………………… 43
      3.3.4 使酶具有高催化效率的因素 ……………………………………………… 44
  3.4 酶促反应动力学 ……………………………………………………………………… 45
      3.4.1 酶浓度对酶促反应速率的影响 …………………………………………… 45
      3.4.2 底物浓度对酶促反应速率的影响 ………………………………………… 45
      3.4.3 pH值对酶促反应速率的影响 ……………………………………………… 47
      3.4.4 温度对酶促反应速率的影响 ……………………………………………… 47
      3.4.5 激活剂对酶促反应速率的影响 …………………………………………… 48
      3.4.6 抑制剂对酶促反应速率的影响 …………………………………………… 48
  3.5 酶的分离提纯及活力测定 …………………………………………………………… 51
      3.5.1 分离提纯 …………………………………………………………………… 51
      3.5.2 酶活力的测定 ……………………………………………………………… 52

3.6 酶的应用 ·················· 53
　3.6.1 酶在食品工业上的应用 ·················· 53
　3.6.2 酶在轻工业品制造方面的应用 ·················· 54
　3.6.3 酶在医药工业中的应用 ·················· 54
习题 ·················· 55

第4章　维生素与辅酶

4.1 脂溶性维生素 ·················· 57
　4.1.1 维生素A ·················· 57
　4.1.2 维生素D ·················· 58
　4.1.3 维生素K ·················· 59
　4.1.4 维生素E ·················· 60
4.2 水溶性维生素 ·················· 61
　4.2.1 维生素B_1和TPP ·················· 61
　4.2.2 维生素B_2和FAN、FMN ·················· 62
　4.2.3 泛酸和辅酶A ·················· 63
　4.2.4 维生素PP和辅酶Ⅰ、辅酶Ⅱ ·················· 64
　4.2.5 生物素 ·················· 66
　4.2.6 叶酸和叶酸辅酶 ·················· 66
　4.2.7 维生素B_6和磷酸吡哆醛 ·················· 67
　4.2.8 维生素B_{12}和维生素B_{12}辅酶类 ·················· 68
　4.2.9 维生素C（抗坏血酸） ·················· 69
　4.2.10 硫辛酸 ·················· 70
习题 ·················· 71

第5章　生物代谢总论与生物氧化

5.1 生物代谢总论 ·················· 72
　5.1.1 生物代谢的概念 ·················· 72
　5.1.2 生物代谢的特点及其研究方法 ·················· 73
5.2 生物氧化 ·················· 74
　5.2.1 概述 ·················· 75
　5.2.2 呼吸链 ·················· 77
　5.2.3 生物氧化中能量的生成、储存和利用 ·················· 80
　5.2.4 非线粒体氧化体系 ·················· 84

5.2.5 生物氧化过程中水和二氧化碳的生成 ……………………………… 86
习题 …………………………………………………………………………… 87

第6章 糖类与糖代谢

6.1 糖类 …………………………………………………………………………… 88
   6.1.1 糖的分类 ………………………………………………………………… 89
   6.1.2 单糖 ……………………………………………………………………… 89
   6.1.3 寡糖 ……………………………………………………………………… 93
   6.1.4 多糖 ……………………………………………………………………… 95
   6.1.5 结合糖 …………………………………………………………………… 97
   6.1.6 糖类化合物的生理功能 ………………………………………………… 97
   6.1.7 糖的消化吸收 …………………………………………………………… 98
6.2 糖代谢 ………………………………………………………………………… 98
   6.2.1 糖的分解代谢 …………………………………………………………… 99
   6.2.2 糖的合成代谢 …………………………………………………………… 110
   6.2.3 糖代谢在工业上的应用 ………………………………………………… 117
习题 …………………………………………………………………………… 118

第7章 脂类与脂代谢

7.1 脂类 …………………………………………………………………………… 119
   7.1.1 脂类的概念和分类 ……………………………………………………… 119
   7.1.2 脂类的主要生理功能 …………………………………………………… 120
   7.1.3 油脂的结构和性质 ……………………………………………………… 120
   7.1.4 类脂和固醇 ……………………………………………………………… 123
   7.1.5 生物膜 …………………………………………………………………… 125
7.2 脂类代谢 ……………………………………………………………………… 127
   7.2.1 脂肪的代谢 ……………………………………………………………… 127
   7.2.2 磷脂的代谢 ……………………………………………………………… 133
   7.2.3 胆固醇的代谢 …………………………………………………………… 134
习题 …………………………………………………………………………… 137

第8章 核酸化学与核酸的代谢

8.1 核酸化学 ……………………………………………………………………… 139

8.1.1　概述 ·· 139
　　8.1.2　核酸的结构与功能 ·· 142
　　8.1.3　核酸的理化性质 ··· 148
8.2　核酸的降解和核苷酸代谢 ··· 151
　　8.2.1　核酸的酶促降解 ··· 151
　　8.2.2　核苷酸的分解代谢 ·· 152
　　8.2.3　核苷酸的合成代谢 ·· 153
8.3　核酸的生物合成 ·· 157
　　8.3.1　DNA的生物合成 ··· 157
　　8.3.2　RNA的生物合成——转录 ·· 162
习题 ·· 166

第9章　蛋白质降解与氨基酸代谢

9.1　蛋白质的营养作用 ·· 167
　　9.1.1　蛋白质的生理需要量 ·· 168
　　9.1.2　蛋白质的营养价值 ·· 169
9.2　蛋白质酶促降解 ·· 169
　　9.2.1　蛋白质酶促降解的相关酶类 ····································· 169
　　9.2.2　蛋白质降解的基本过程 ·· 170
9.3　氨基酸的分解代谢 ·· 171
　　9.3.1　氨基酸的脱氨基作用 ·· 171
　　9.3.2　氨基酸的脱羧基作用 ·· 174
　　9.3.3　氨基酸分解产物的代谢 ·· 176
9.4　氨基酸的合成代谢 ·· 180
　　9.4.1　氨基酸合成途径的类型 ·· 180
　　9.4.2　氨基酸的其他代谢与某些重要生物
　　　　　活性物质 ··· 181
9.5　蛋白质的生物合成——翻译 ··· 186
　　9.5.1　遗传信息传递的中心法则和翻译 ····························· 186
　　9.5.2　蛋白质的生物合成体系 ·· 186
　　9.5.3　参与蛋白质生物合成的酶类 ····································· 189
　　9.5.4　参与蛋白质生物合成的其他因子 ····························· 190
　　9.5.5　蛋白质合成的分子机制 ·· 190
习题 ·· 195

第10章 代谢的调节

- 10.1 物质代谢的相互关系 ··· 196
  - 10.1.1 糖代谢与蛋白质代谢的相互关系 ··· 197
  - 10.1.2 糖代谢与脂肪代谢的关系 ··· 197
  - 10.1.3 脂类代谢与蛋白质代谢的相互关系 ··· 198
  - 10.1.4 核酸代谢与糖、脂肪、蛋白质代谢的相互联系 ··· 198
- 10.2 代谢的调节 ··· 199
  - 10.2.1 三种不同水平的代谢调节 ··· 199
  - 10.2.2 细胞水平的调节 ··· 200
  - 10.2.3 激素水平的调节 ··· 205
  - 10.2.4 整体水平的调节 ··· 207
- 10.3 代谢调控的应用——合成生物学 ··· 208
- 习题 ··· 208

第11章 生物化学实验

- 实验一 牛奶中酪蛋白的制备 ··· 209
- 实验二 果蔬中维生素C含量的测定与比较 ··· 210
- 实验三 影响酶促反应的因素 ··· 212
- 实验四 紫外吸收法测定核酸含量 ··· 216
- 实验五 植物油中碘值的测定 ··· 217
- 实验六 糖的显色反应 ··· 219
- 实验七 还原糖和总糖的测定 ··· 222
- 实验八 邻甲苯胺法测定血糖含量 ··· 224
- 实验九 氨基酸的薄层色谱分离和鉴定 ··· 226
- 实验十 双缩脲法测定血清白蛋白的含量 ··· 228
- 实验十一 蛋白质等电点测定 ··· 229
- 实验十二 蛋白质的盐析与透析 ··· 231
- 实验十三 卵磷脂的提取与鉴定 ··· 232
- 实验十四 血清中磷脂的测定 ··· 234
- 实验十五 动物肝脏RNA的制备及琼脂糖电泳的鉴定 ··· 235

参考文献 ··· 238

第1章 绪 论

导 读

生命的世界精彩纷呈，引人入胜。生物化学本质上就是探索生命的科学，那么它具体都研究哪些内容？这门学科经历了哪些发展过程？它与我们的生产、生活有哪些联系？本章即将介绍。

思政小课堂

1965年9月17日，世界上第一个人工合成的蛋白质——结晶牛胰岛素在中国诞生。这是世界上第一次人工合成与天然胰岛素分子相同化学结构并具有完整生物活性的蛋白质，标志着人类在揭示生命本质的征途上实现了里程碑式的飞跃，在国际国内产生了深远的影响。

在此过程中，多位科学家废寝忘食、夜以继日地工作，发扬团结协作的精神，在经历600多次失败，经过200多步合成后，终于成功合成。这充分体现了中国科学家热爱祖国，献身科学事业，勇攀世界科技高峰的高尚品质。

1.1 生物化学的概念和研究内容

1.1.1 生物化学的概念

生物化学是以生物体为对象、研究生命化学本质的科学。它是从分子水平上探讨生命现象，所以生物化学是生命的化学。生物化学应用物理、化学、生物学的理论和方法去研究生物体内各种物质的组成、结构、化学变化规律以及与生理功能的关系，通过对这些规律的掌握，以期认识和阐明生命现象的本质，并将这些知识应用于工、农、医等实践领域，为人类的物质文明和精神文明建设服务。

生物化学依据研究内容可分为：静态生物化学、动态生物化学以及功能生物化学。

静态生物化学研究蛋白质、核酸、糖类和脂类等生命物质的化学组成、分子结构和理化性质，以及它们在生物机体内的分布和所起的作用。

动态生物化学研究生命物质在生物机体中的新陈代谢及其规律，包括物质代谢、能量代谢及机体与周围环境进行物质和能量交换的规律。

功能生物化学研究生命物质的结构、功能和生命现象之间的关系，包括各种生命物质在生命活动中所起的作用及其结构变化对生命活动的影响。

1.1.2 生物化学的研究内容

生物化学的研究内容非常广泛，可归纳为以下三个方面。

1.1.2.1 生物分子的结构与功能

生物体是由各种组织、器官构成的，而各组织、器官又是以细胞为基本单位。同时，每个细胞是由成千上万种化学物质组成的，包括无机物、有机小分子和生物大分子等。因此，对这些化学物质的组成、结构、性质、功能的研究是生物化学的基础内容。

无机物包括水和无机盐，又称为生物小分子物质。有机小分子包括各种有机酸、有机胺、氨基酸、核苷酸、单糖、维生素等，它们与体内物质代谢、能量代谢密切相关。

生物大分子是生物体结构和功能的基础。主要指蛋白质、酶、核酸、多糖、蛋白聚糖、复合脂类等。生物大分子种类繁多、结构复杂，功能各异。生物大分子的重要特征之一是有信息功能，所以也称为信息分子。对生物大分子的研究，除了确定其一级结构外，更重要的是研究其空间结构及其与功能的关系。生物大分子的结构与功能之间的关系是当今生物化学的研究热点之一。

1.1.2.2 物质代谢及其调节

新陈代谢是生命的最基本特征，它是指生物体与外界的物质、能量交换以及生物体内物质、能量的转变过程。新陈代谢可分为合成代谢和分解代谢两个方向相反的代谢过程。机体在生命活动中，一方面不断地从外界环境摄取氧气和营养物质，并将其转化成自身的组成成分，实现生长发育和组成成分的更新，同时储存能量，这称为合成代谢；另一方面，体内的组成成分又不断地分解，转化成代谢终产物，并将其排出体外，同时释放能量供机体利用，这称为分解代谢。新陈代谢过程中的物质合成代谢和分解代谢总称为物质代谢，能量的释放利用和储存转化则称为能量代谢。物质代谢与能量代谢密切相关，相互依存。

生物体内的物质代谢主要包括糖、脂类、蛋白质、核酸、水和无机盐代谢，其本质是一系列复杂的化学反应过程，它是机体实现自我更新、生长、发育的基础，也是一切生理活动的基础。这些反应过程绝大部分是由酶催化的。在同一细胞中，同一时间有近2000种酶催化着不同的代谢途径中的各种化学反应，并使其互不妨碍，互不干扰，各自有条不紊地以惊人的速度进行，这与神经、激素等的全身性调节作用有关。酶的活性或含量的变化对物质代谢的调节起着重要作用。目前对生物体内的主要物质代谢途径虽已基本清楚，但仍有许多问题有待探讨。

1.1.2.3 基因信息的传递、表达及调控

基因信息的传递、表达及调控又被称为信息生物化学。生物体的另一个重要特征是具

有繁殖能力和遗传能力。通过繁殖保持物种的繁衍，在繁殖中通过自我复制使生物特性代代相传。在生物体内，每一次细胞分裂增殖都包含着细胞核内遗传物质的复制与遗传信息的传递。遗传信息的传递包括遗传、变异、生长、分化等诸多生命过程。个体的遗传信息以基因为单位储存于 DNA 分子中，研究 DNA 的复制、RNA 转录、蛋白质生物合成等基因信息传递过程的机制及基因表达时调控的规律，是生物化学研究的又一主要内容。

随着人类基因组计划（HGP）的最终完成，包含 3 万～4 万个基因的人类染色核苷酸序列已全部测定出来。从基因水平深入了解疾病的发病机制，将为研究疾病的发生、发展、诊断、治疗以及预后提供新的手段。人类基因组及功能基因组的研究将彻底揭开人类生长、发育、健康、长寿的秘密，将极大地提高人类的生存质量。

1.2 生物化学发展简史

我国古代人们在生产、生活实践中就已经运用了生物化学的相关知识。比如，粮食酿酒，利用海藻治疗瘿病（甲状腺肿），利用麸皮（含维生素 B_1）治疗脚气病，等等。

生物化学这一名词的出现大约在 19 世纪末、20 世纪初，但它的起源可追溯得更远，其早期的历史是生理学和化学的早期历史的一部分。例如 18 世纪 80 年代，拉瓦锡证明呼吸与燃烧一样是氧化作用，几乎同时科学家又发现光合作用本质上是动物呼吸的逆过程。又如 1828 年沃勒首次在实验室中合成了一种有机物——尿素，打破了有机物只能靠生物产生的观点，给"生机论"以重大打击。

1860 年巴斯德证明发酵是由微生物引起的，但他认为必须有活的酵母才能引起发酵。1897 年毕希纳兄弟发现酵母的无细胞抽提液可进行发酵，证明没有活细胞也可进行如发酵这样复杂的生命活动，终于推翻了"生机论"。

生物化学的发展大体可分为三个阶段。

第一阶段从 19 世纪末到 20 世纪 30 年代，主要是静态的描述性阶段，对生物体各种组成成分进行分离、纯化、结构测定、合成及理化性质的研究。其中菲舍尔测定了多糖和氨基酸的结构，确定了糖的构型，并指出蛋白质是肽键连接的。1926 年萨姆纳制得了脲酶结晶，并证明它是蛋白质。

此后四五年间诺思罗普等人连续结晶了几种水解蛋白质的酶，指出它们都无例外地是蛋白质，确立了酶是蛋白质这一概念。通过食物的分析和营养的研究发现了一系列维生素，并阐明了它们的结构。

与此同时，人们又认识到另一类数量少而作用重大的物质——激素。它和维生素不同，不依赖外界供给，而由动物自身产生并在自身中发挥作用。肾上腺素、胰岛素及肾上腺皮质所含的甾体激素都是在这一阶段发现的。此外，中国生物化学家吴宪在 1931 年提出了蛋白质变性的概念。

第二阶段约在 20 世纪 30～50 年代，主要特点是研究生物体内物质的变化，即代谢途径，所以称动态生化阶段。其间的突出成就是确定了糖酵解、三羧酸循环以及脂肪分解等重要的分解代谢途径。对呼吸、光合作用以及腺苷三磷酸（ATP）在能量转换中的关键作用有了较深入的认识。1937 年，Krebs 创立了三羧酸循环理论，奠定了物质代谢的基础。1944 年，Avery 完成了肺炎双球菌转化实验，证明 DNA 是遗传物质。

当然，这种阶段的划分是相对的。对生物合成途径的认识要晚得多，在 20 世纪 50～60 年代才阐明了氨基酸、嘌呤、嘧啶及脂肪酸等的生物合成途径。

第三阶段是从 20 世纪 50 年代开始，主要特点是研究生物大分子的结构与功能。生物化学在这一阶段的发展，以及物理学、技术科学、微生物学、遗传学、细胞学等其他学科的渗透，产生了分子生物学，并成为生物化学的主体。1953 年，Waston 和 Crick 提出 DNA 双螺旋结构。

1.3 生物化学与其他生命科学的关系

从生物学的发展历史看，人们对生物体（生命现象）的认识，是从宏观到微观，从形态结构到生理功能。首先是观察生物体的形态，继而解剖观察其组织结构，从器官、组织到细胞，从这些不同层次的观察和研究，曾产生了一系列生物学的分支如分类学、解剖学、组织学、细胞学等。20 世纪 40 年代开始，从对细胞的研究深入到对组成细胞物质的分子结构进行研究。虽然生物化学的起源可以追溯到一个多世纪以前，但生物化学真正蓬勃发展，却始于 20 世纪 40 年代末、50 年代初，由于当时对构成生物体的基础物质——蛋白质和核酸的分子结构得到初步探明，从而促进了生物化学的迅猛发展。生物化学的成就，又带动和促进了生命科学向分子水平发展，生物学的各个分支学科，又衍化出若干分子水平的新学科，像分子分类学、分子遗传学、分子免疫学、分子生物学、分子病理学、分子细胞生物学，终于又独立产生一门崭新的生命科学——分子生物学，从而使人们对生命的本质和生物进化的认识向前大大迈进一步。

生物化学既是现代生物学科的基础，又是其发展前沿。说它是基础，是由于生物科学发展到分子水平，必须借助于生物化学的理论和方法来探讨各种生命现象，包括生长、繁殖、遗传、变异、生理、病理、生命起源和进化等，因此它是各学科的共同语言；说它是前沿，是因为各生物学科的进一步发展要取得更大的进展和突破，在很大程度上有赖于生物化学研究的进展和所取得的成就。事实上，没有生物化学上生物大分子（核酸和蛋白质）结构与功能的阐明，没有遗传密码和信息传递途径的发现，就没有今天的分子生物学和分子遗传学。没有生物化学对限制性核酸内切酶的发现及纯化，也就没有今天的生物工程。由此可见，生物化学与各生物学科的关系是非常密切的，在生物学科中占有重要的地位。

主要以生物化学、生物物理学、微生物学和遗传学为基础发展起来的分子生物学，其主要任务是从分子水平来研究生命现象和生命规律。因此广义而言，生物化学主要研究内容的蛋白质和核酸等生物大分子的结构和功能，也纳入了分子生物学的研究范畴，有时就很难将生物化学与分子生物学分开，二者关系非常密切。正因为如此，国际生物化学协会（The International Union Biochemistry）现已改名为国际生物化学与分子生物学协会（The International Union of Biochemistry and Molecular Biology），中国生物化学学会也已更名为中国生物化学与分子生物学会。

不过，目前人们还是习惯采用狭义的概念，将分子生物学的范畴偏重于核酸（或基因）的分子生物学，主要研究基因或核酸的复制、转录、表达和调节控制等过程。可见生物化学与分子生物学有着各自的侧重点。

1.4 生物化学与现代工、农、医的关系

生物化学是在医学、农业、某些工业和国防部门的生产实践的推动下成长起来的，反过来，它又促进了这些部门生产实践的发展。生物化学在发酵、食品、纺织、制药、皮革等行业都显示了强大的威力。例如皮革的鞣制、脱毛，蚕丝的脱胶，棉布的浆纱都用酶法代替了老工艺。近代发酵工业、生物制品及制药工业包括抗生素、有机溶剂、有机酸、氨基酸、酶制剂、激素、血液制品及疫苗等均创造了相当巨大的经济价值，特别是固定化酶和固定化细胞技术的应用更促进了酶工业和发酵工业的发展。

1.5 生物化学与保健

生物化学的研究成果，从分子水平阐明了健康和维持健康的基本知识。人类的一切生命过程都是极其复杂的物质变化过程。维持健康的前体是合理膳食，从适宜的食物中摄取适当的营养物质。营养物质主要有蛋白质、脂类、糖、维生素、水和无机盐等。运用营养生化的知识，指导人们合理膳食，对抵御疾病、延缓衰老、保证身体健康有重要作用。

由此可见，学习生物化学的基础理论和基本技能，对理解人体的功能、维持机体的健康、认识疾病的本质以及探讨疾病的预防、诊断及治疗是十分必要的。

1.6 21世纪生物化学的发展趋势

生物化学现在的研究前沿包含以下几个方面的内容。

（1）蛋白质三维结构与功能关系的研究　重点在于完整、精确、动态地测定蛋白质在溶液和晶体状态下的三维结构，并分析与其功能的关系。

（2）蛋白质折叠的研究　主要包括生物体内新生肽链的折叠和体外变性蛋白的重折叠，以及以氨基酸序列知识为基础的蛋白质构象预测。

（3）多肽工程和蛋白质工程　主要包括通过有控制的基因修饰和基因合成，对现有的蛋白质和多肽加以定向改造，同时设计并最终生产出比自然界已有的性能更加优良、更加符合人类需要的蛋白质和多肽。

（4）核酸结构与功能的研究　包括 tRNA 结构和功能、核糖体的结构与功能、DNA 复制、RNA 翻译、酶活性 RNA 的结构和功能、snRNA 的结构与功能研究。对反义核酸及酶活性 RNA 的应用研究。

（5）蛋白质功能的研究　包括酶促作用，受体识别，分子间专一性结合的机理，信息通过受体本身或通过分子间的作用而传递的机理。自 20 世纪 80 年代以来，酶学中具有突破性进展的是酶活性 RNA 和抗体酶的发现。酶结构与功能的研究中有效的方法是蛋白质工程和一些物理技术已经可以描绘出酶蛋白的立体构象。固定化酶和生物传感器的研究已经产生了巨大的效益。酶学研究包括三个部分：基础酶学，即酶的结构与功能、动力学、酶分子设计等；应用酶学，即疾病的诊断、治疗、物质测定及酶在工农业中的应用；酶工程，即固相载体、固定化技术、酶传感器等。

（6）基因工程的研究　包括基础研究（如基因信息的表达、传递、调控等的机理研究，

工程化宿主，翻译后加工，肽链折叠等）和关键技术（如基因体外操作和基因转移技术、包涵体后处理、肽链再折叠、高密度培养技术等）研究。生物分子的合成和组装，包括膜脂与膜蛋白的相互作用，膜蛋白的相互作用，物质跨膜传送，跨膜信息传递和脂质体功能等研究。

1.7 生物化学的学习方法

（1）注重归纳总结　生物化学知识点较多而且分散，应对内容及时归纳总结。确定基本框架，再逐步先易后难，最终掌握知识点的联系与区别。

（2）理论联系实践　通过实验验证可以更直观地感受并体会教材中讲述的理论内容，加深印象，便于理解。

 知识链接

2015 年诺贝尔化学奖——生物化学领域获奖

2015 年诺贝尔化学奖在瑞典皇家科学学院揭晓，瑞典科学家托马斯·林道尔（Tomas Lindahl）、美国科学家保罗·莫德里奇（Paul Modrich）以及拥有美国、土耳其国籍的科学家阿齐兹·桑卡（Aziz Sancar）获奖。获奖理由是"DNA 修复的细胞机制研究"。因为他们从分子水平上揭示了细胞是如何修复损伤的 DNA 以及保护遗传信息的。他们的研究工作为人们了解活体细胞如何工作提供了最基本的认识，并有助于很多实际应用比如新癌症疗法的开发。

每一天，DNA 分子都要发生数千次的自发变化，同时，DNA 会在紫外辐射、自由基和其他致癌物质的作用下发生损伤，而且，每当细胞分裂、DNA 发生复制时，缺陷都会产生，这样的事情每天都在人体中重演上百万次。而人们身体内的各种遗传物质并不会瓦解、演变成为一场化学混乱的原因在于，一系列的分子机制持续监视并修复着 DNA。

20 世纪 70 年代早期，科学家们认为 DNA 是一种非常稳定的分子，但托马斯·林道尔（Tomas Lindahl）却发现，DNA 会以一定的速率发生衰变——按此速率，地球上的生物甚至都不该存在和发展下来。这让他揭示了一种分子机制——碱基切除修复——该机制不断地抵消了 DNA 的崩溃。阿齐兹·桑卡（Aziz Sancar）绘制出了核苷酸切除修复机制，细胞利用切除修复机制来修复 UV 造成的 DNA 损伤。天生缺失这种机制的人暴露在太阳光下，可导致皮肤癌的发生。细胞还可利用此机制修复致突变物或其他物质引起的 DNA 损伤。保罗·莫德里奇（Paul Modrich）证明了细胞在有丝分裂时如何去修复错误的 DNA，这种机制就是错配修复。错配修复机制使 DNA 复制出错概率下降为原来的千分之一。这三种发现都是 DNA 修复的机理，其中任何一种出现问题，都会导致疾病。

从 DNA 修复机理出发，可以给人们防治疾病提供各种方法。例如，吸烟和酗酒会改变和影响细胞中的 DNA，从而影响 DNA 修复系统的蛋白质，然后削弱和抑制上述三种 DNA 修复系统以及其他 DNA 修复系统。所以，从生活方式上着手可以增强 DNA 修复系统，从而减少疾病的发生。例如，减少紫外线照射、少喝酒、不吸烟等。

同时，DNA 修复系统和机理的发现也早就应用于疾病治疗，如对乳腺癌和其他多种癌症的治疗。在 DNA 修复系统和机理的指导下，治疗癌症的方式之一是利用癌细胞已经受损或削弱的 DNA 修复系统，加速癌细胞死亡，治愈癌症。

目前，根据 DNA 修复机理研发的药物最为著名的是聚腺苷酸二磷酸核糖转移酶（PARP）抑制剂，这既是当今癌症治疗的一个新靶点，也是利用 DNA 修复原理形成的一种新化疗方法（药物）。PARP 在碱基切除修复的 DNA 单链缺口（SSBs）修复中具有关键作用，因此，抑制其活性能够增强放疗和 DNA 损伤类化疗药物的效果。

在 DNA 修复机理的启示下，如今已有 10 种左右的 PARP 抑制剂在临床使用或进行临床试验。未来，这方面的新药还会层出不穷地产生。

1. 生物化学的研究内容有哪些？
2. 通过网络查找生物化学相关生活方面的应用。

第 2 章 蛋白质化学

 导　读

人体必需的氨基酸都有哪些？蛋白质的结构、性质是什么？镰刀形红细胞贫血症与血红蛋白的结构及功能有怎样的联系？通过本章的学习，答案即将揭晓。

蛋白质是由许多 α- 氨基酸按照一定的序列通过肽键连接而成的，具有稳定的构象，是功能、种类、数量繁多的一类生物大分子。蛋白质是构成生物体细胞和组织的重要组成成分，它占人体干重的 45%。同时，它还普遍存在于整个生物界，是生命的物质基础。人体内有 10 万多种蛋白质，整个自然界中有 100 多亿种不同的蛋白质。

思政小课堂

关于蛋白质变性的解释，最早是由中国生物化学家吴宪提出的。他在 1929 年的第 13 届国际生理学大会上首次提出了蛋白质变性理论，认为蛋白质的变性与其结构的改变有关。1931 年，他在《中国生物学杂志》上正式发表了蛋白质变性学说：蛋白质内部维持其高级结构的化学键受到各种物理、化学因素的影响而被破坏，蛋白质的氨基酸链由有规律的折叠变为无序、松散的形式，从而导致蛋白质的活性丧失，即发生了变性。吴宪的爱国精神、科学追求与治学精神都值得同学们学习。

2.1 蛋白质的分子组成

2.1.1 蛋白质的元素组成

蛋白质的组成因来源不同而有所差别，但从各种生物组织中提取的蛋白质经元素分析表明，它们都含有碳元素（50%～55%）、氢元素（6.0%～7.0%）、氧元素（20%～23%）和氮元素（15%～17%）；大多数蛋白质还含有硫元素（0～4%）；有些蛋白质含有磷元素；少数蛋白质还含有微量金属元素（如铁、铜、锌、锰等）；个别蛋白质还含有碘元素。

蛋白质的组成特点是其氮的含量十分接近且恒定，平均为 16%，即 100g 蛋白质中含有 16g 氮，而每克氮相当于 100/16 即 6.25g 蛋白质。测定生物样品中含氮量比直接测定其中蛋白质量容易得多，测定蛋白质分子中的含氮量一般采用微量凯氏定氮法。只要测出样品中的含氮量，按下式就可以计算出生物样品中蛋白质的大致含量：

每克样品中蛋白质的含量=每克样品中含氮量×6.25

据此可以指导人们的营养膳食及对某些疾病的饮食治疗。

2.1.2 蛋白质的基本组成单位——氨基酸

自然界中不同种类的蛋白质在酸、碱或酶作用下彻底水解后的最终产物为氨基酸，所以氨基酸是蛋白质的基本结构单位。

2.1.2.1 氨基酸的结构

氨基酸是羧酸分子中 α- 碳原子上的一个氢原子被氨基取代而生成的化合物。

自然界中存在的氨基酸有 300 多种，但存在于生物体内合成蛋白质的氨基酸只有 20 种，新近发现的硒代半胱氨酸，被列为第 21 种氨基酸，不过，目前仅在几种蛋白质中发现含有这种氨基酸。

氨基酸的结构可用下式表示，式中 R 为氨基酸的侧链基团，方框内的基团为各种氨基酸的共同结构。

各种氨基酸的结构各不相同，但都具有以下特点。

① 除脯氨酸外，组成蛋白质的氨基酸都为 α- 氨基酸。脯氨酸为 α- 亚氨基酸。

② 除 R 基团为 H 的甘氨酸外，其他各种氨基酸分子中的 α- 碳原子均为手性碳原子，故具有旋光性。氨基酸的构型通常采用 D、L 标记法。从蛋白质水解得到的 α- 氨基酸（除甘氨酸外）都属于 L- 型，即 L-α- 氨基酸。

③ 不同的氨基酸其 R 基团的结构不同导致其性质不同，各种氨基酸的差异就表现在 R 侧链上。因此，它对蛋白质的结构和性质具有重大影响。

在生理 pH 情况下，氨基酸中的羧基几乎以—COO^- 的形式存在，大多数氨基酸也主要以—NH_3^+ 的形式存在。

2.1.2.2 氨基酸的分类

对组成蛋白质的 20 种常见氨基酸的分类方法，主要有 3 种。

（1）根据酸碱性质分类

① 酸性氨基酸　有 2 种，即谷氨酸和天冬氨酸，它们含有一个氨基和两个羧基。

② 碱性氨基酸　有 3 种，即精氨酸、赖氨酸和组氨酸，它们含有一个羧基、两个以上的氨基或亚氨基。

③ 中性氨基酸　有 15 种，是含一氨基一羧基的氨基酸，其中包括两种酸性氨基酸产生的酰胺。

（2）根据氨基酸 R 侧链的结构分类

① 芳香族氨基酸 有 3 种，即苯丙氨酸、酪氨酸和色氨酸，它们的 R 侧链含有芳香环。

② 杂环氨基酸 只有 1 种，即组氨酸，其 R 侧链中含有咪唑基。

③ 杂环亚氨基酸 只有 1 种，即脯氨酸，其 R 侧链取代了氨基的一个氢而形成一个杂环，从而使脯氨酸中没有自由氨基，而只含有一个亚氨基。

④ 脂肪族氨基酸 有 15 种，这与中性氨基酸的 15 种不完全一致。

（3）根据氨基酸 R 侧链的极性分类

① 极性带正电荷的氨基酸 有 3 种碱性氨基酸——赖氨酸、组氨酸和精氨酸，在 pH=7 时带净正电荷。R 侧链上有氨基，在水溶液中可结合氢离子。

② 极性带负电荷的氨基酸 有 2 种酸性氨基酸——谷氨酸和天冬氨酸，在 pH=6～7 时，带净负电荷。R 侧链含有羧基，在水溶液中可释放出氢离子，而分子带负电荷。

③ 极性不带电氨基酸 R 侧链为极性基团，但在中性溶液中不解离。如丝氨酸、苏氨酸、酪氨酸、半胱氨酸、天冬氨酸、谷氨酸及甘氨酸 7 种氨基酸。甘氨酸的 R 侧链为氢，对强极性的氨基、羧基影响很小，其极性最弱，有时将它归于非极性氨基酸。

④ 非极性氨基酸 R 侧链为非极性基团。如丙氨酸、缬氨酸、亮氨酸、异亮氨酸、甲硫氨酸、苯丙氨酸、色氨酸及脯氨酸 8 种氨基酸。非极性氨基酸在水中的溶解度比极性氨基酸小。

不同蛋白质中所含氨基酸的种类和数目各异，有些氨基酸在人体内不能合成或合成数量不足，必须由食物蛋白质补充才能维持机体的正常生长发育，这类氨基酸称为营养必需氨基酸，主要有 8 种（见表 2-1 中带"＊"者）。蛋白质含有的营养必需氨基酸数量越多，其营养价值越高。其余 12 种氨基酸在体内可以自行合成，不一定需要由食物供给，此类氨基酸称为非必需氨基酸。

表 2-1 氨基酸的分类

极性状况	带电荷状况	氨基酸名称	缩写符号（三字）	单字符号	化学结构式	等电点（pI）
极性氨基酸	不带电荷	丝氨酸	Ser	S	$HO-CH_2-\underset{NH_3^+}{\underset{|}{CH}}-COO^-$	5.68
		苏氨酸＊	Thr	T	$CH_3-\underset{OH}{\underset{|}{CH}}-\underset{NH_3^+}{\underset{|}{CH}}-COO^-$	5.60
		天冬酰胺	Asn	N	$H_2N-\underset{O}{\underset{\|}{C}}-CH_2-\underset{NH_3^+}{\underset{|}{CH}}-COO^-$	5.41
		谷氨酰胺	Gln	Q	$H_2N-\underset{O}{\underset{\|}{C}}-CH_2-CH_2-\underset{NH_3^+}{\underset{|}{CH}}-COO^-$	5.65
		酪氨酸	Tyr	Y	$HO-\bigcirc-CH_2-\underset{NH_3^+}{\underset{|}{CH}}-COO^-$	5.66
		半胱氨酸	Cys	C	$HS-CH_2-\underset{NH_3^+}{\underset{|}{CH}}-COO^-$	5.07

续表

极性状况	带电荷状况	氨基酸名称	缩写符号（三字）	单字符号	化学结构式	等电点（pI）
极性氨基酸	带负电荷	天冬氨酸	Asp	D	$^-OOC-CH_2-CH(NH_3^+)-COO^-$	2.98
		谷氨酸	Glu	E	$^-OOC-CH_2-CH_2-CH(NH_3^+)-COO^-$	3.22
	带正电荷	组氨酸	His	H	咪唑环-$CH_2-CH(NH_3^+)-COO^-$	7.59
		赖氨酸*	Lys	K	$H_3N^+-CH_2-CH_2-CH_2-CH_2-CH(NH_3^+)-COO^-$	9.74
		精氨酸	Arg	R	$H_2N-C(NH_2^+)-NHCH_2CH_2CH_2-CH(NH_3^+)-COO^-$	10.76
非极性氨基酸		异亮氨酸*	Ile	I	$CH_3-CH_2-CH(CH_3)-CH(NH_3^+)-COO^-$	6.02
		苯丙氨酸*	Phe	F	$C_6H_5-CH_2-CH(NH_3^+)-COO^-$	5.48
		甲硫氨酸*	Met	M	$CH_3-S-CH_2-CH_2-CH(NH_3^+)-COO^-$	5.75
		脯氨酸	Pro	P	吡咯烷环-COOH	6.48
		色氨酸*	Trp	W	吲哚-$CH_2-CH(NH_3^+)-COO^-$	5.89

注：*为营养必需氨基酸。

2.1.2.3 氨基酸的性质

（1）氨基酸的物理性质　组成蛋白质的氨基酸均为无色晶体。结晶形状因氨基酸的构型而异。熔点极高，一般在200℃以上，加热易放出二氧化碳，而不熔融。比如，甘氨酸的熔点是233℃。$α$-氨基酸大多难溶于有机溶剂，而易溶于强酸、强碱等极性溶剂中，在水中的溶解度也各异，通常酒精能把氨基酸从溶液中析出。

氨基酸的味感随氨基酸不同而有所差异，有的无味、有的味甜、有的味苦，谷氨酸的单钠盐有鲜味，是味精的主要成分。天冬氨酸、甘氨酸、丙氨酸、组氨酸、赖氨酸等也都有鲜味，用于食品增添美味。

除甘氨酸外，所有的氨基酸都有不对称碳原子，因此都有旋光性。

（2）氨基酸的两性解离与等电点　无机盐一般为离子化合物，具有高熔点，能溶解于水而不溶于有机溶剂。氨基酸也具有这两个特点，由此可以推断氨基酸也为离子化合物。实验证明，氨基酸在水溶液中或在晶体状态时都以离子形式存在，与无机盐不同的是它以两性离子的形式存在。即 R—CH—COO$^-$。所谓两性离子是指在同一个氨基酸分子上带有能放
　　　　　　　　　　　　　　　　　　|
　　　　　　　　　　　　　　　　　NH$_3^+$

出质子的—NH$_3^+$离子和能接受质子的—COO$^-$负离子。因此氨基酸是两性电解质。

由于氨基酸中给出质子的酸性基团和接受质子的碱性基团的数目和能力各异，因此它们在水溶液中呈现不同的酸碱性。对于含有1个—COO$^-$和1个—NH$_3^+$的氨基酸而言，当它在水溶液中电离时，由于—NH$_3^+$给出质子的能力大于—COO$^-$接受质子的能力，因此其水溶液呈弱酸性，此时氨基酸主要带负电荷。对于酸性氨基酸而言，它在水溶液中显酸性，氨基酸带负电荷；而对于碱性氨基酸而言，它在水溶液中显碱性，氨基酸带正电荷。因此，氨基酸在水溶液中所带电荷除决定于其本身的结构组成外，还取决于溶液的pH值。

在不同pH值的氨基酸溶液中，氨基酸以阳离子、两性离子和阴离子三种形式存在，它们之间形成一种动态平衡。氨基酸在溶液中的电离可表示如下：

$$\underset{\text{pH}<\text{p}I}{\underset{(\text{I})}{\text{R}-\underset{\underset{\text{COOH}}{|}}{\overset{\overset{\text{NH}_3^+}{|}}{\text{C}}}-\text{H}}} \underset{\text{H}^+}{\overset{\text{OH}^-}{\rightleftharpoons}} \underset{\text{pH}=\text{p}I}{\underset{(\text{II})}{\text{R}-\underset{\underset{\text{COO}^-}{|}}{\overset{\overset{\text{NH}_3^+}{|}}{\text{C}}}-\text{H}}} \underset{\text{H}^+}{\overset{\text{OH}^-}{\rightleftharpoons}} \underset{\text{pH}>\text{p}I}{\underset{(\text{III})}{\text{R}-\underset{\underset{\text{COO}^-}{|}}{\overset{\overset{\text{NH}_2}{|}}{\text{C}}}-\text{H}}}$$

当调节氨基酸溶液的pH值，使氨基酸的氨基和羧基的解离度完全相同时，此时[正离子]=[负离子]，氨基酸主要以两性离子形式（Ⅱ）存在，所带的正、负电荷相等，净电荷为零，呈电中性，在电场中既不向阳极也不向阴极移动，即不泳动。这种使氨基酸处于等电状态时溶液的pH值，称为该氨基酸的等电点，用pI表示。

各种氨基酸由于其组成和结构不同，因此具有不同的pI值。pI值是氨基酸的一种特征参数，每种氨基酸都有各自的pI值（见表2-1）。

由于静电作用，在等电点时，氨基酸的溶解度最小，容易沉淀。利用这一性质可分离制备某些氨基酸，例如生产谷氨酸，就是将微生物发酵液的pH值调到3.22（谷氨酸的等电点），使谷氨酸沉淀析出。利用各种氨基酸的等电点不同，可用电泳法、离子交换法等在实验室或工业生成上进行氨基酸的分离和制备。

（3）紫外吸收——芳香族氨基酸具有特征紫外吸收　构成蛋白质的氨基酸在可见光区都没有光吸收，但在紫外区苯丙氨酸、酪氨酸和色氨酸具有光吸收能力。苯丙氨酸的最大吸收在259nm，酪氨酸的最大吸收在278nm，色氨酸的最大吸收在279nm。蛋白质由于含有这些芳香族氨基酸，所以也有紫外吸收能力，一般采用紫外分光光度计在280nm波长处测其最大光吸收来测定蛋白质的含量。

（4）氨基酸的化学性质

① 显色反应　具有特殊R基团的氨基酸，可以与某些试剂产生独特的颜色反应，如茚三酮、黄色反应、米伦反应（Millon反应）和乙醛酸反应等（见表2-2）。这些颜色反应可作为氨基酸、多肽和蛋白质定性和定量分析的基础。

表 2-2　鉴别具有特殊 R 基团氨基酸的颜色反应

反应名称	试剂	颜色	鉴别的氨基酸
茚三酮	茚三酮	蓝紫色	除脯氨酸和羟脯氨酸（呈黄色）外的氨基酸
黄色反应	浓硝酸，再加碱	深黄色或橙红色	苯丙氨酸、酪氨酸、色氨酸
米伦反应（Millon 反应）	亚硝酸汞、硝酸汞、亚硝酸和硝酸混合液	红色	酪氨酸
乙醛酸反应	乙醛酸和浓硫酸	两液层界面处呈紫红色环	色氨酸
亚硝酰铁氰化钠反应	亚硝酰铁氰化钠溶液	红色	半胱氨酸

② 与甲醛反应　氨基酸在溶液中有如下平衡：

$$R-CH(NH_3^+)-COO^- \rightleftharpoons R-CH(NH_2)-COO^- + H^+$$

氨基酸在溶液中主要以两性离子存在，故不能用酸或碱滴定测定其含量，如用甲醛处理氨基酸时，反应生成一羟甲基氨基酸和二羟甲基氨基酸，使上述平衡向右移动，促使氨基酸分子上的 —NH_3^+ 解离释放出 H^+，从而使溶液酸性增加，就可以酚酞作指示剂用 NaOH 来滴定。反应过程如下：

$$R-CH(NH_3^+)-COO^- + HCHO \rightleftharpoons R-CH(NH-CH_2OH)-COO^- + H^+ \xrightarrow{OH^-} 中和$$
$$\downarrow HCHO$$
$$R-CH(N(CH_2OH)_2)-COO^-$$

由滴定所用的 NaOH 量就可以计算出氨基酸中氨基的含量，即氨基酸的含量。这就是氨基酸的甲醛滴定法。此法也可用于测定蛋白质水解或合成的程度，虽精确度稍差，但仪器设备简单，操作简便，故亦被广泛应用。

③ 与亚硝酸反应　α- 氨基酸，除亚氨基酸（脯氨酸、羟脯氨酸）的亚氨基，精氨酸、组胺酸和色氨酸环中的 N 以外，α- 氨基均可与亚硝酸作用产生羟基酸并放出氮气（N_2）。

$$R-CH(NH_2)-COOH + HNO_2 \longrightarrow R-CH(OH)-COOH + N_2 + H_2O$$

反应放出的 N_2 量的一半来自氨基酸分子的氨基，故可用气体分析仪来加以测定。这是范斯来克（Van Slyke）定氮法的基础。此法常用于氨基酸定量及蛋白质水解程度的测定。

④ 脱羧反应　氨基酸经氨基酸脱羧酶催化脱羧，生成伯胺并相应放出 CO_2 气体。脱羧酶专一性很强，一种氨基酸脱羧酶只能催化一种氨基酸脱羧。例如，大肠杆菌 L- 谷氨酸脱羧酶，只催化 L- 谷氨酸脱羧。

$$R-CH(NH_2)-COOH \xrightarrow{脱羧酶} CO_2 + RCH_2NH_2$$

反应生成的 CO_2 可用瓦氏呼吸计定量测定。释放 CO_2 的物质的量等于溶液中氨基酸物质的量。目前氨基酸发酵生产中普遍用此方法进行生产检验。

2.2 蛋白质的分类和功能

2.2.1 蛋白质的分类

蛋白质的结构复杂，种类繁多，功能各异，分类的方法也有多种，通常根据其分子形状、组成成分和功能进行分类。

2.2.1.1 按蛋白质的形状分类

根据蛋白质的形状可分为球状蛋白质和纤维蛋白质。

（1）球状蛋白质　此类蛋白质形状近似球状或椭圆形，多数溶于水或盐溶液，许多是具有生理活性的蛋白质。如血红蛋白、肌红蛋白、酶、免疫球蛋白等。

（2）纤维蛋白质　纤维蛋白质是指呈纤维状、不溶于水的一类蛋白质。此类蛋白质在生物体作为组织的结构材料，多数为结构蛋白，主要起支持和保护作用。如毛发、甲壳中的角蛋白、皮肤和结缔组织中的胶原蛋白等。

2.2.1.2 按蛋白质的组成分类

根据蛋白质的分子组成特点，可将蛋白质分为单纯蛋白质和结合蛋白质两大类。

（1）单纯蛋白质　只由氨基酸组成的蛋白质称为单纯蛋白质，即水解后终产物仅为氨基酸的一类蛋白质。根据其来源及理化性质，特别是溶解度、热凝固、盐析等差别，又可分为清蛋白、球蛋白、谷蛋白、醇溶蛋白、精蛋白、组蛋白和硬蛋白 7 类。

（2）结合蛋白质　结合蛋白质由单纯蛋白质和非蛋白成分组成，即水解后终产物除氨基酸外，还有非蛋白物质，此非蛋白物质称为辅基。根据辅基的不同，又可分为不同的类别（表 2-3），但只有两者结合在一起才具有生物活性。

表 2-3　结合蛋白质的种类

蛋白质名称	辅基	举例
核蛋白	核酸	染色体蛋白
糖蛋白	糖类	免疫球蛋白、黏蛋白
色蛋白	色素	血红蛋白、细胞色素
脂蛋白	脂类	α-脂蛋白、β-脂蛋白
磷蛋白	磷酸	胃蛋白酶、酪蛋白
金属蛋白	金属离子	铁蛋白、胰岛素

2.2.1.3 按蛋白质的功能分类

根据蛋白质在机体生命活动中所起的作用不同，可将其分为功能蛋白质和结构蛋白质两大类。

（1）功能蛋白质　功能蛋白质是指在生命活动中发挥调节、控制作用，参与机体具体生理活动并随生命活动的变化而被激活或抑制的一类蛋白质。

（2）结构蛋白质　结构蛋白质是指参与生物细胞或组织器官的构成，起支持或保护作用的一类蛋白质。

2.2.2　蛋白质的功能

蛋白质几乎在所有的生物过程中起着关键作用，从最简单的病毒、细菌等微生物到各种动植物，直至高等动物和人类，一切生命过程和种族的繁衍活动都与蛋白质的合成、分解和变化密切相关。蛋白质不仅决定物种的形状和新陈代谢的类型，而且在构成生命的呼吸、心跳、消化、排泄、营养运输、神经传导以及遗传信息控制等生命现象中，最终都是通过蛋白质来表达和实现的，因此，没有蛋白质就没有生命。

各种蛋白质均有其特定的结构和功能。在物质代谢、肌肉收缩、机体防御、细胞信息传递、个体生长发育、组织修复等方面，蛋白质发挥着其他任何物质均不可代替的作用，因此蛋白质是生命活动的物质基础。蛋白质的功能概括为以下方面。

（1）结构功能　蛋白质是一切生物体的细胞和组织的主要组成成分，也是生物体形态结构的物质基础。如胶原蛋白、弹性蛋白等。

（2）调节功能　生物体的一切生物化学反应能有条不紊地进行，是由于有调节蛋白在起作用。调节蛋白如激素、受体、毒蛋白、钙调节蛋白等。

（3）催化功能　生物体的各种组成的自我更新是生命活动的本质，而构成新陈代谢的所有化学反应，几乎都是在一类特殊的生命高分子——酶催化下进行的，目前已发现的酶绝大多数都是蛋白质。

（4）运输功能　生命活动中所需要的许多小分子和离子是由蛋白质来输送和传递的，如 O_2 和 CO_2 在血液中的运输由红细胞中的血蛋白来完成；铁离子由运铁蛋白在血液中运输，并在肝中形成铁蛋白复合物而储存。

（5）储藏功能　乳液中的酪蛋白、蛋类中的卵清蛋白、植物种子中的醇溶蛋白等，它们都有储藏氨基酸的作用，以备机体的胚胎和幼体生长发育的需要。

（6）运动功能　生物体的运动也由蛋白质来完成。肌肉收缩和舒张是由肌动蛋白和肌球蛋白的相对运动来实现的。有肌肉收缩才有躯体运动、呼吸、消化及血液循环。

（7）免疫功能　生物机体产生的用以防御致病微生物和病毒的抗体，就是一种高度专一的免疫蛋白，它能识别外源性生命物质，并与之结合，起到防御作用，免受伤害。

（8）生物膜的功能　生物膜的基本成分是蛋白质和脂类，它和生物体内物质的运转有密切关系，也是能量转换的重要场所。生物膜的通透性、信号传递、遗传控制、生理识别、动物记忆、思维等多方面的功能都是由蛋白质参加完成的。

（9）生长、繁殖、遗传和变异作用　生物的生长、繁殖、遗传和变异等都与核蛋白有关，而核蛋白是由核酸和蛋白质组成的结合蛋白。再者，遗传信息多以蛋白质的形式表达出来。组蛋白和结合蛋白等参与细胞生长与分化的调节。

2.3 蛋白质的分子结构

2.3.1 肽

2.3.1.1 肽键

一个氨基酸的 α-羧基和另一个氨基酸的 α-氨基脱水缩合形成的键称为肽键，又称为酰胺键。

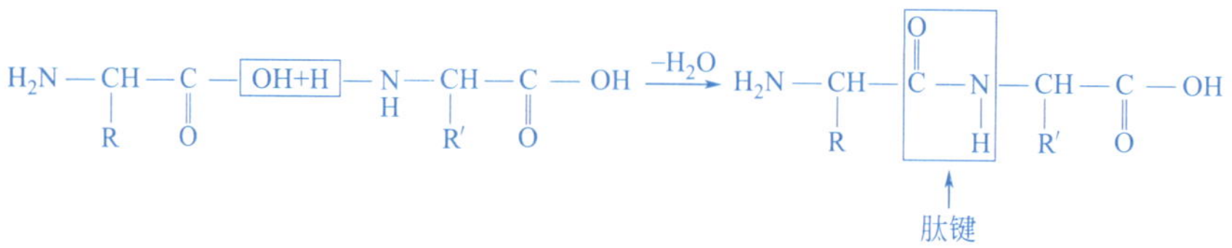

2.3.1.2 肽和多肽链

两个或两个以上的氨基酸通过肽键（—CO—NH—）相连而形成的化合物称为肽。最简单的肽由 2 个氨基酸组成，称为二肽。它是由两分子氨基酸脱水缩合生成；3 个氨基酸分子脱水缩合而成的肽为三肽，以此类推。一般由 20 个以下氨基酸缩合成的肽统称为寡肽，由 20 个以上氨基酸缩合成的肽称为多肽。

在肽链中各个氨基酸单位在结合过程中失去羧基上的羟基和氨基上的氢后，已不是完整的氨基酸，每个剩余部分—NH—CH—CO—称为氨基酸残基。
$\quad\quad\quad\quad\quad\quad\quad\quad\quad\quad\quad\quad\quad\quad\quad\quad\quad\quad\quad\;\;|$
$\quad\quad\quad\quad\quad\quad\quad\quad\quad\quad\quad\quad\quad\quad\quad\quad\quad\quad\;\;R$

天然存在的肽分子大小不等，绝大多数的肽是链状分子。蛋白质分子中的氨基酸残基通过肽键连接成的链状结构称为多肽链，一般可用通式表示如下：

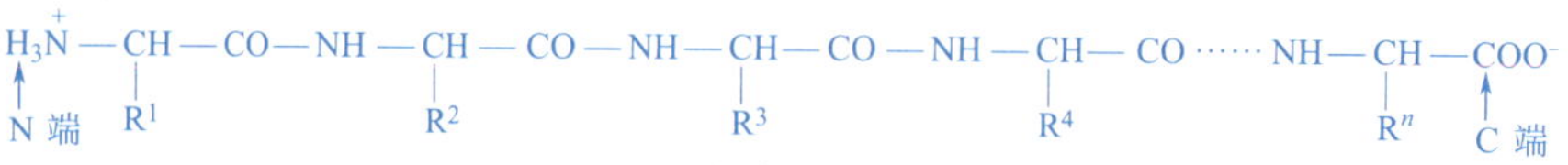

在肽链的一端保留着未结合的—NH_3^+，称为氨基末端或 N 端，而另一端则保留着未结合的—COO^-，称为羧基末端或 C 端。

多肽分子中构成多肽链的基本化学键是肽键，肽键与相邻两个 α-碳原子所组成的基团（—C_α—CO—NH—C_α—）称为肽单元。多肽链就是由许多重复的肽单元连接而成的，它们构成多肽链的主链骨架。各氨基酸的侧链基团称为多肽侧链。每条多肽链氨基酸顺序编号从 N 端开始。书写多肽简式时，一般将 N 端写在左侧端。

通过对一些简单的肽和蛋白质肽键的 X 射线衍射法分析，证明肽单元是平面结构，组成肽单元的 C、O、N、H 四个原子与它们相邻的两个 α-碳原子（即—$C_{\alpha 1}$—CO—NH—$C_{\alpha 2}$—中的六个原子）都处于同一平面内，此平面称为肽键平面（见图 2-1）。

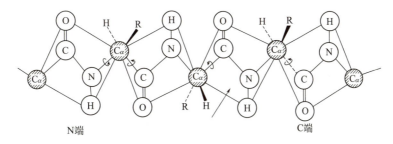

图 2-1 肽键平面示意图

由于肽键平面中的 C—N 键具有部分双键性质，因此 C—N 不能自由旋转。C═O 也不能自由旋转。两侧的 C_α—N 和 C—C_α 键均为 σ 单键，可以自由旋转。肽链的主链骨架也可视为由一系列通过 C_α 原子衔接的肽键平面所组成。肽键平面的旋转所产生的立体结构可呈多种状态，从而导致蛋白质分子呈现各种不同的构象。

蛋白质与多肽均为氨基酸的多聚物，它们都由各种氨基酸残基通过肽键相连。因此，在小分子蛋白质与大分子多肽之间不存在绝对严格的界线，通常将分子量在 10000 以上的称为蛋白质，10000 以下的称为多肽。胰岛素的分子量为 6000，应是多肽，但在溶液中受金属离子（如 Zn^{2+}）的作用后，能迅速形成二聚体，因此被认为是最小的一种蛋白质。

蛋白质的功能和活性不仅取决于多肽链的氨基酸组成、数目及排列顺序，而且还与其空间结构密切相关。根据长期研究蛋白质结构的结果，已确认蛋白质结构有不同层次，人们为了认识方便通常将其分为一级、二级、三级和四级结构。

2.3.2 蛋白质分子的一级结构

蛋白质分子的一级结构是指蛋白质分子的多肽链上各种氨基酸残基的排列顺序。肽键是一级结构中连接氨基酸残基的主要化学键，有的蛋白质还含有二硫键。多肽链中氨基酸的排列顺序是由 DNA 分子中的遗传信息，即 DNA 分子中核苷酸的排列顺序所决定的。不同蛋白质分子的多肽链数量及长度差别很大，有些蛋白质分子有一条多肽链，有的蛋白质分子则由两条或多条多肽链构成。不同种属相同功能的蛋白质分子在氨基酸的组成和顺序上稍有差异。现已有近千种蛋白质的一级结构被测知。

胰岛素是世界上第一个被确定一级结构的蛋白质。胰岛素是由 51 个氨基酸构成的，包括 A、B 两个链，A 链有 21 个氨基酸残基，B 链有 30 个氨基酸残基，两条多肽链之间以两个二硫键连接，A 链内有一个二硫键，其一级结构如图 2-2 所示。

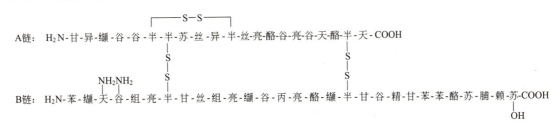

图 2-2 胰岛素一级结构

体内种类繁多的蛋白质，其一级结构各不相同，一级结构是决定蛋白质空间结构和生物学功能的基础。蛋白质一级结构的研究，对认识遗传性疾病的发病机制和疾病的治疗具有重要的意义。

2.3.3 蛋白质分子的空间结构

蛋白质分子的多肽链并不是线型伸展的，而是按照一定方式折叠、盘绕形成特有的三维空间结构。蛋白质的空间结构又称分子构象、立体结构。蛋白质的空间结构是以它的一级结构为基础的。蛋白质的空间结构决定蛋白质的形状、理化性质和生物学活性。

蛋白质的空间结构依其复杂程度不同，分为二级、三级和四级结构。

2.3.3.1 蛋白质分子中的共价键和次级键

蛋白质分子的一级结构是由共价键形成的，如肽键和二硫键都属于共价键。而维持蛋白质空间构象稳定性的是次级键。次级键是非共价键。属于次级键的有氢键、盐键、疏水键或称疏水力、范德华力等（图2-3）。

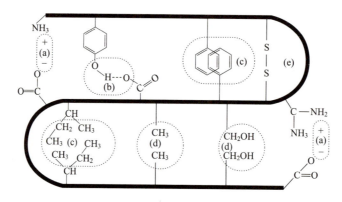

图2-3 蛋白质分子中的化学键

(a) 盐键；(b) 氢键；(c) 疏水键；(d) 范德华力；(e) 二硫键

（1）共价键 二硫键又称硫硫键或二硫桥，是由两个半胱氨酸残基的两个巯基之间脱氢形成的。二硫键是共价键，键能大，比较牢固。二硫键可将不同肽链或同一条肽链的不同部位连接起来，对维持和稳定蛋白质的构象具有重要作用。绝大多数蛋白质分子中都含有二硫键，二硫键越多，蛋白质分子的稳定性越高。例如，生物体内具有保护功能的毛发、鳞甲、角、爪中的主要蛋白质是角蛋白，其所含二硫键数量最多，因而抵抗外界理化因素的能力也较大。同时，二硫键也是一种保持蛋白质生物活性的重要价键，如胰岛素分子中的链间二硫键断裂，则其生物活性也丧失。

（2）次级键

① 氢键 在蛋白质分子中形成的氢键一般有两种：一种是在主链之间形成；另一种在侧链R基团之间形成，如酪氨酸侧链中的酚羟基和丝氨酸中的醇羟基都可与天冬氨酸和谷

氨酸侧链中的羧基以及组氨酸中的咪唑基形成氢键。

② 盐键 盐键又称离子键。许多氨基酸侧链为极性基团，在生理 pH 条件下能解离成阳离子或阴离子，阴、阳离子之间借静电引力形成盐键，盐键具有极性，而且绝大部分分布在蛋白质分子表面，其亲水性强，可增加蛋白质的水溶性。

③ 疏水作用力 疏水作用力是由氨基酸残基上的非极性基团为避开水相而聚积在一起的集合力。绝大多数的蛋白质含有 30%～50% 的带非极性基团侧链的氨基酸残基，这些非极性或极性较弱的基团都具有疏水性，趋向分子内部而远离分子表面的水环境，其互相聚集在一起而将水分子从接触面排挤出去。这是一种能量效应，而不是非极性基团间固有的吸引力。因此，疏水作用力是维持蛋白质空间结构最主要的作用力。

④ 范德华力 在蛋白质分子表面上的极性基团之间、非极性基团之间或极性基团与非极性基团之间的电子云相互作用而发生极化。它们相互吸引，但又保持一定距离而达到平衡，此时的结合力称为范德华力。

氢键、盐键、疏水作用力和范德华力等分子间作用力比共价键弱得多，称为次级键。虽然次级键键能小，稳定性差，但次级键数量众多，在维持蛋白质空间构象中起着重要作用。此外，在一些蛋白质分子中，二硫键和配位键也参与维持和稳定蛋白质的空间结构。

2.3.3.2 蛋白质的二级结构

蛋白质的二级结构是指蛋白质分子多肽链的主链骨架在空间盘曲折叠形成的方式。蛋白质的二级结构主要有 α-螺旋、β-折叠、β-转角和不规则卷曲等几种形式。

（1）α-螺旋 α-螺旋是蛋白质分子中多个肽平面通过氨基酸的 α-碳原子旋转，沿长轴方向，按一定规律盘绕形成的稳定的 α-螺旋构象（图 2-4）。α-螺旋结构的特点如下。

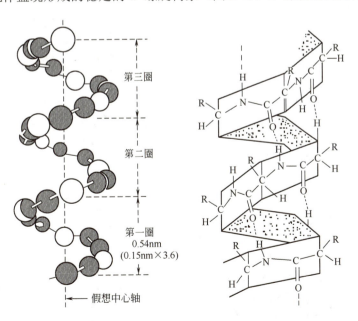

图 2-4 蛋白质的 α-螺旋结构示意图

黑球代表主链上的碳原子；白球代表氮原子

① α-螺旋有右手螺旋和左手螺旋两种，天然蛋白质的 α-螺旋绝大多数为右手螺旋。近年来偶尔也发现极少数蛋白质中存在左手螺旋。

② 这种 α-螺旋体，每相隔 3.6 个氨基酸残基上升 1 圈，此时每个氨基酸残基沿轴上升 0.15nm，螺旋上升一圈的高度（螺距）为 0.54nm。螺旋上升时，每个残基沿轴旋转 100°。

③ α-螺旋体中氨基酸残基侧链伸向外侧，相邻的螺旋之间形成氢键，氢键的取向几乎与中心轴平行。氢键是由氨基酸残基的 N—H 与前面相隔三个氨基酸残基的 C＝O 形成的。α-螺旋体的结构允许所有肽键都能参与链内氢键的形成，因此 α-螺旋的构象是相当稳定的。氢键是维系 α-螺旋的主要次级键。螺旋体内氢键形成的示意图如图 2-5 所示。

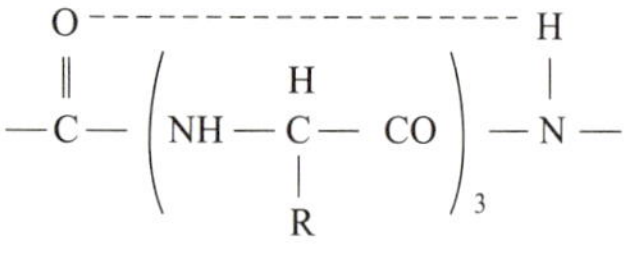

④ 影响 α-螺旋形成的主要因素是氨基酸侧链的大小、形状和所带电荷等性质。

多肽链中若有脯氨酸出现，由于脯氨酸是亚氨基酸，N 原子上没有 H 原子，不能形成链内氢键，而阻断了 α-螺旋，使多肽链发生转折。侧链 R 基团的大小、形状以及电荷状态对 α-螺旋的形成及稳定均有影响。如在酸性或碱性氨基酸集中的区域，由于同性相斥，不利于 α-螺旋的形成。在较大的 R 基团（比如苯丙氨酸、色氨酸、异亮氨酸）集中的区域，由于空间位阻也会妨碍 α-螺旋的形成。

图 2-5　螺旋体内氢键形成
虚线表示氢键

（2）β-折叠　β-折叠层又称 β-片层结构，是多肽主链的另一种有规律的结构单元，是主链骨架充分伸展的结构。这种结构一般由两条以上的肽链或一条肽链内的若干肽段共同参与形成，它们平行排列，并在两条肽链或一条肽链的两个肽段之间以氢键维系而成。为了在相邻的主链骨架之间能形成最多的氢键，避免相邻侧链 R 基团之间的空间阻碍，各条主链骨架须同时作一定程度的折叠，从而产生一个折叠片层，称为 β-折叠（图 2-6）。

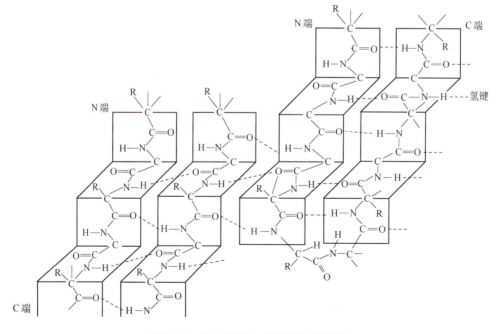

图 2-6　蛋白质的 β-折叠结构示意图

（3）β-转角　大多数蛋白质都呈紧密的球状分子，这是由于它们的多肽链的主链常出现180°回折的发夹状结构，这种回折的结构称为β-转角。β-转角一般由4个连续的氨基酸残基构成，第一个氨基酸残基的羧基氧 C=O 和第四个氨基酸残基的氨基氢 NH 之间形成氢键，以维持β-转角的稳定。

（4）不规则卷曲　在有些多肽链的某些片段中，由于氨基酸残基的相互影响，而使肽键平面不规则地排列以致形成无一定规律的构象，称为不规则卷曲。这部分结构虽然没有规律性，但同样表现出重要的生物学功能。

在蛋白质分子中，可以同时存在上述几种二级结构或以某种二级结构为主的结构形式，这取决于各种残基在形成二级结构时具有的不同倾向或能力。例如，谷氨酸、甲硫氨酸、丙氨酸残基最易形成α-螺旋；缬氨酸、异亮氨酸残基最有可能形成β-折叠层；而脯氨酸、甘氨酸、天冬酰胺和丝氨酸残基在β-转角的构象中最常见。

2.3.3.3　蛋白质的三级结构

三级结构是蛋白质分子在二级结构的基础上进一步盘曲折叠形成的三维结构，是多肽链在空间的整体排布（图2-7）。在蛋白质三级结构中，多肽链上相互邻近的二级结构紧密联系形成一个或数个发挥生物学功能的特定区域，称之为"结构域"，这种"结构域"是酶的活性部位或是受体与配体结合的部位，大多呈裂缝状、口袋状或洞穴状。

三级结构主要靠多肽链侧链上各种功能基团之间相互作用所形成的次级键来维系，其中有氢键、离子键、疏水作用力和范德华力等，其中起主要作用的是疏水作用力。

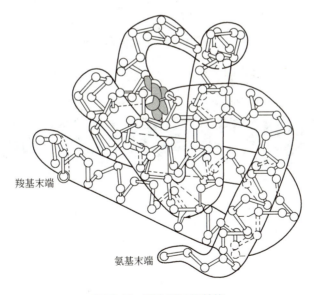

图2-7　蛋白质三级结构

2.3.3.4　蛋白质的四级结构

蛋白质的四级结构是指由两个或两个以上具有独立三级结构的多肽链通过非共价键相

互作用形成的三维空间结构,其中每条具有独立三级结构的多肽链称为亚基。蛋白质的四级结构涉及亚基的种类和数目,以及亚基在整个分子中的立体排布、亚基间相互作用和接触部位的布局,但不包括亚基内部的空间结构。亚基单独存在时一般没有生物活性,只有形成四级结构才具有完整的生物活性。

维系蛋白质四级结构的化学键主要是疏水作用力,此外,氢键、离子键及范德华力也参与四级结构的形成。

蛋白质中亚基可以相同,也可以不同。如血红蛋白是由4个亚基组成,其中两条α-链、两条β-链,α-链含有141个氨基酸残基,β-链含有146个氨基酸残基。每条肽链都卷曲成球状,都有一个空穴容纳1个血红素,4个亚基通过侧链间次级键两两交叉紧密相嵌形成一个具有四级结构的球状血红蛋白分子(图2-8)。

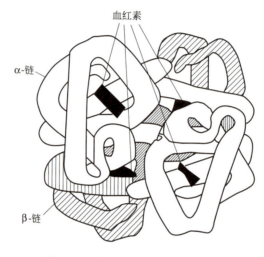

图2-8 血红蛋白四级结构示意图

蛋白质分子的一、二、三、四级结构比较见表2-4。

表2-4 蛋白质分子的一、二、三、四级结构比较

结构	概念	特点	稳定各级结构的化学键
一级结构	指蛋白质分子的多肽链上各种氨基酸残基的排列顺序	一级结构是由基因上遗传密码的排列顺序决定的	主要是肽键,还有二硫键
二级结构	指蛋白质分子多肽链的主链骨架在空间盘曲折叠形成的方式	主要有α-螺旋、β-折叠、β-转角和不规则卷曲等几种形式	稳定二级结构的主要是氢键
三级结构	指蛋白质分子在二级结构的基础上进一步盘曲折叠形成的三维结构,是多肽链在空间的整体排布	三级结构包括每一条肽链内的全部二级结构的总和及所有侧基原子的空间排布和它们相互作用关系	主要是疏水作用力
四级结构	指由两个或两个以上具有独立三级结构的多肽链通过非共价键相互作用形成的三维空间结构	四级结构中每条具有独立三级结构的多肽链称为亚基	主要是疏水作用力

2.3.4 蛋白质结构和功能的关系

不同蛋白质分子中氨基酸的种类和数量不同,以及排列的顺序、空间结构不同,这就使得蛋白质的种类非常繁多并具有多种多样的功能及许多特殊的性质。研究蛋白质的空间构象和生物功能的关系,已成为当前分子生物学的一个重要方面。但是蛋白质的空间构象归根到底还是决定于其一级结构和周围环境的影响,因此研究一级结构和功能的关系是十分重要的。

2.3.4.1 蛋白质分子一级结构和功能的关系

蛋白质一级结构是空间结构的基础,各种蛋白质因其氨基酸的种类、数量和排列顺序的不同,形成的空间结构则不同。空间结构是蛋白质生物学功能表现所必需的,因此蛋白质的一级结构也与其功能密切相关。

① 一级结构不同,功能不同;一级结构相似,功能相似。大量的实验结果表明,一级结构相似的多肽或蛋白质,空间结构相似,功能也相似。如神经垂体释放的催产素和抗利尿激素都是环八肽,其中只有两个氨基酸不同,而其余六个氨基酸残基是相同的,因此催产素和抗利尿激素的生理功能有相似之处,即催产素兼有抗利尿激素的作用,而抗利尿激素也兼有催产素的作用。当然,彼此兼有的生物学功能要比各自功能弱得多。

```
                    ┌─S─────S─┐
抗利尿激素:    H₂N-半-酪-苯-谷-天-半-脯-精-甘

                    ┌─S─────S─┐
催产素:         H₂N-半-酪-异-谷-天-半-脯-亮-甘
```

不同结构的蛋白质具有不同的功能。任何不同功能的蛋白质,彼此之间的结构是完全不同或不完全相同的,即各种蛋白质的特定功能是由其特殊的结构所决定的。在生理功能方面,胃蛋白酶之所以不同于胰蛋白酶,血红蛋白不同于肌红蛋白,胰岛素不同于生长激素等,都是以其特定结构为基础的。

② 一级结构改变,导致功能改变。蛋白质一级结构的改变,导致功能的改变。如血红蛋白的 β- 链上含有 146 个氨基酸,由于遗传物质(DNA)的突变,使其 β- 链第 6 位的基团发生变化,血红蛋白的一级结构因这一细微的变异,引起一种

图 2-9　正常红细胞(左)与镰刀状红细胞(右)

遗传性疾病——镰刀形红细胞贫血症,它是最早被发现的一种分子病,在美国黑人中发病率高达 10%(见图 2-9)。这种由于基因突变引起蛋白质一级结构中个别氨基酸的改变,从而导致的机体疾病,称为"分子病"。

对血红蛋白分子的一级结构进一步分析发现,正常人的血红蛋白(HbA)与患者的血红蛋白(HbS)的 α- 链完全相同,而唯一的区别是 β- 链上第 6 位的氨基酸基团谷氨酸(Glu)被缬氨酸(Val)所代替,如下所示:

HbA	Val–His–Leu–Thr–Pro– Glu –Glu–Lys	
HbS	Val–His–Leu–Thr–Pro– Val –Glu–Lys	
β-链序列	1 2 3 4 5 6 7 8	

研究蛋白质一级结构和功能的关系，主要研究多肽链中不同部位的残基与生物功能的关系。许多研究结果表明，一级结构中，有的部位既不能缺失，也不能更换，否则就会丧失活性；有的部位则可以改变，切除或更换别的残基均不能影响生物的活性；还有的部位必须切除之后，蛋白质分子才显活性。不同部位的残基对功能的影响，实质是影响了蛋白质分子特定的空间构象的形成。

2.3.4.2 蛋白质分子空间结构与功能的关系

蛋白质空间结构与生物学功能是统一的、对应的关系，只有蛋白质具备了特定的空间结构，它才具有相应的生物学功能，空间结构的破坏会造成生理功能的丧失。

蛋白质的生物学功能与它的空间结构密切相关的更典型例子是蛋白质或酶分子的变构效应和变构调节。如血红蛋白是两个 α- 亚基和两个 β- 亚基组合而成的四聚体，具有稳定的高级结构，每个亚基含有一个亚铁血红素辅基，辅基中的铁 Fe^{2+} 能与 O_2 结合，但和氧的亲和力很弱，血红蛋白分子各个亚基功能相同，都是运输 O_2 和 CO_2。血红蛋白分子的四个亚基通过盐键彼此缔合，当一个 α- 亚基与 O_2 结合时发生构象的变化，盐键断裂，使整个血红蛋白分子的空间结构发生改变，由原来的紧密型变成松弛型，从而加速了其他 3 个亚基与 O_2 的结合，对氧的亲和力增强。这一特性对红细胞内血红蛋白的运氧功能有重要调节作用。蛋白质分子因与某种小分子物质相互作用发生空间结构变化，从而改变了该种蛋白质与其他分子进行反应的能力，这种现象称为变构作用或变构效应。这种在生物体内广泛存在的变构调节机制充分说明了蛋白质的四级结构与功能之间的密切关系。

2.4 蛋白质的性质

2.4.1 蛋白质的分子量

蛋白质是高分子化合物，分子量一般在 1 万～100 万，甚至更大一些。这是蛋白质分子最突出的特性，并且不同种类的蛋白质分子在分子大小方面有一定差别。

蛋白质的分子量很大，因此用测定小分子物质分子量的方法如冰点降低、沸点升高等方法都不适用，测定蛋白质分子量的方法很多，除了根据蛋白质的化学成分来测定外，主要还是利用蛋白质的物理化学性质来测定。这些方法是渗透压法、超离心法、凝胶过滤法、聚丙烯酰胺凝胶电泳法等，其中渗透压法较简单，对仪器设备要求不高，但灵敏度较差。用凝胶过滤法和聚丙烯酰胺电泳所测定的蛋白质分子量也是近似值，最准确且可靠的方法是超离心法，需要超速离心机。

一般把单位（厘米）离心场力的沉降速率称为沉降系数，用 S 表示。其度量单位以秒计。1 个 S 单位，为 1×10^{-13}s，因此，8×10^{-13}s 的沉降系数用 8S 表示。可用 S 值表示蛋白质分子的大小，S 越大，蛋白质的分子量越大；S 越小，蛋白质的分子量越小。

2.4.2 蛋白质的两性解离和等电点

蛋白质分子和氨基酸类似，也是一种两性电解质，具有两性解离和等电点的性质。蛋白质在溶液中被解离成正离子或负离子，主要受溶液的 pH 值的影响。蛋白质分子在水溶液中存在下列解离平衡：

$$P\begin{matrix}COOH\\NH_3^+\end{matrix} \underset{H^+}{\overset{OH^-}{\rightleftharpoons}} P\begin{matrix}COO^-\\NH_3^+\end{matrix} \underset{H^+}{\overset{OH^-}{\rightleftharpoons}} P\begin{matrix}COO^-\\NH_2\end{matrix}$$

正离子　　　　两性离子　　　　负离子
pH < pI　　　 pH = pI　　　　pH > pI

蛋白质在溶液中的带电状态主要取决于溶液的 pH 值。当蛋白质所带的正、负电荷数相等时，净电荷为零，此时溶液的 pH 值称为蛋白质的等电点，用 pI 表示。不同的蛋白质各具有特定的等电点。

在等电点时，因蛋白质所带净电荷为零，不存在电荷相互排斥作用，蛋白质颗粒易聚积而沉淀析出，此时蛋白质的溶解度、黏度、渗透压、膨胀性及导电能力等都最小。若蛋白质溶液的 pH 值小于等电点，则蛋白质主要以阳离子形式存在，在电场中向负极泳动；反之，若蛋白质溶液的 pH 值大于等电点，则蛋白质主要以阴离子形式存在，在电场中向正极泳动，这种现象称为电泳。不同的蛋白质其颗粒大小、形状不同，在溶液中带电荷的性质和数量也不同，因此它们在电场中泳动的速度必然不同，常利用这种性质来分离提纯蛋白质。

体内各种蛋白质的等电点不同，大多数均偏弱酸性，pI 值为 5 左右，所以在人体体液 pH 值 7.4 的环境中，体内蛋白质解离成带负电荷的负离子。几种蛋白质的等电点见表 2-5。

表 2-5　几种蛋白质的等电点

蛋白质	缓冲溶液	浓度 /（mol/L）	等电点
血红蛋白	Na_2HPO_4-NaH_2PO_4	0.1	6.7
大豆球蛋白	Na_2HPO_4-NaH_2PO_4	0.1	5.0
血清蛋白	NaAc	0.1	4.7

2.4.3 蛋白质的胶体性质

蛋白质分子的分子大，分子颗粒的直径一般在 1～100nm 之间，属于胶体分散系，因此蛋白质具有胶体溶液的特性，如布朗运动、丁达尔效应以及不能透过半透膜、具有吸附性质等。当蛋白质分子在水溶液中时，暴露在分子表面的许多亲水基团（如氨基、羧基、羟基、巯基以及酰氨基等）可结合水，使水分子在其表面定向排列形成一层水化膜，将蛋白质分子互相隔开，从而使蛋白质颗粒均匀地分散在水中难以聚集沉淀；同时，蛋白质溶液在非等电点时，其分子表面总带有一定的同性电荷，同性电荷相斥而阻止蛋白质分子凝聚，相同的电荷还与其周围电荷相反的离子形成稳定的双电层，这些是蛋白质溶液作为稳定的胶体系统的主要原因。

人体的细胞膜、线粒体膜、血管壁、肾小球基底膜、腹膜等都是具有半透膜性质的生物膜，蛋白质分子有规律地分布在膜内，能使蛋白质和小分子物质分开，对维持细胞内外的水和电解质平衡具有重要的生理意义。临床上使用的腹膜透析、血液透析就是利用了蛋白质不透过半透膜的原理。

2.4.4 蛋白质的沉淀作用

维持蛋白质溶液稳定的主要因素是蛋白质分子表面的水化膜和所带的电荷，如果用物理或化学的方法破坏稳定蛋白质溶液的这两种因素，则蛋白质分子发生凝聚，并从溶液中沉淀析出，这种现象称为蛋白质的沉淀。使蛋白质发生沉淀的方法有多种，例如，在蛋白质溶液中加入适当的脱水剂去除蛋白质分子表面的水化膜，或改变蛋白质溶液的pH值达到其等电点，而使蛋白质呈等电状态，蛋白质就会相互凝聚，沉淀析出。

对于不同的蛋白质胶体溶液所采用的沉淀方法不同，有些蛋白质（如白明胶）两种稳定因素的作用都很强，只有两种因素都被消除后才会产生沉淀；有些蛋白质只有一种因素起主要作用，此时只要去除这种主要的稳定因素，蛋白质就可以发生沉淀，如酪蛋白溶液，将其pH值调至等电点时即产生沉淀，这表明酪蛋白胶体溶液的主要稳定因素是电荷的影响。沉淀蛋白质的方法有下列几种。

2.4.4.1 盐析法

向蛋白质溶液中加入高浓度的中性盐，而使蛋白质沉淀析出的现象称为盐析。常用的盐析剂有硫酸铵、硫酸钠、氯化钠和硫酸镁等。盐析作用的实质是破坏蛋白质分子表面的水化膜并中和其所带的电荷，从而使蛋白质产生沉淀。不同的蛋白质其水化程度和所带电荷不相同，因而所需的各种中性盐的浓度各异，可以利用此种特性，调节盐的浓度使不同的蛋白质分段沉淀析出，达到分离蛋白质的目的，这种蛋白质分离的方法称为分段盐析。如在血清中加入硫酸铵至浓度为2.0mol/L时，球蛋白首先析出；滤去球蛋白，再加入硫酸铵至浓度为3.3～3.5mol/L则清蛋白析出。

在低温下，短时间内应用盐析法所沉淀的蛋白质，仍保持原有的生物活性并不变性，经过透析法或凝胶色谱法除掉盐后的蛋白质又能溶于水。盐析法是一种有效的分离提纯蛋白质的方法。

2.4.4.2 有机溶剂沉淀蛋白质

在蛋白质溶液中加入乙醇、丙酮和甲醇等一些极性较大的有机溶剂时，由于这些有机溶剂与水的亲和力较大，能破坏蛋白质颗粒的水化膜而使蛋白质沉淀。在等电点时加入这类溶剂更易使蛋白质沉淀析出。如果操作在冰冷的条件下进行，可保持蛋白质不变性。有机溶剂沉淀蛋白质也是常用的分离蛋白质的方法之一，但使用有机溶剂时，如不注意用量，容易使蛋白质的生物活性丧失，一般常用浓度较稀的有机溶剂在低温下操作，使蛋白质沉淀析出。产生的沉淀不宜在有机溶剂中放置过久，以防止蛋白质变性而失去活性。医用消毒酒精就是利用蛋白质变性的原理杀灭病菌的。

2.4.4.3 重金属盐沉淀蛋白质

蛋白质在 pH 值高于等电点的溶液中以阴离子的形式存在，当加入重金属离子，如 Ag^+、Hg^{2+}、Cu^{2+}、Pb^{2+} 等（用 M^+ 表示），能与带负电荷的羧基阴离子结合，生成不溶性盐而沉淀。

$$P\begin{matrix}COO^-\\NH_2\end{matrix} \xrightarrow{M^+} P\begin{matrix}COOM\\NH_2\end{matrix}\downarrow$$

重金属盐容易使蛋白质变性。临床上利用蛋白质与重金属盐结合形成不溶性沉淀这一性质，抢救误服重金属盐的中毒病人。例如，给病人口服大量乳品或鸡蛋清，然后再用催吐剂将结合的重金属盐呕出以解毒。

2.4.4.4 生物碱试剂或酸类沉淀蛋白质

蛋白质在 pH 值低于等电点的溶液中以阳离子的形式存在，当加入某些生物碱试剂（如苦味酸、鞣酸、钨酸等）或某些酸类（如三氯乙酸、磺基水杨酸等）（用 X 表示）时，较为复杂的酸根离子能与带正电荷的蛋白质氨基结合，生成沉淀析出。

$$P\begin{matrix}COOH\\NH_3^+\end{matrix} \xrightarrow{X} P\begin{matrix}COOH\\NH_3^+X\end{matrix}\downarrow$$

使用这类试剂往往会引起蛋白质变性，因而不适宜用于制备具有生物活性的蛋白质。在临床检验和生化实验中，常用这类试剂去除血液中有干扰的蛋白质，还可用于尿中蛋白质的检验。

由上述可见，蛋白质的变性与沉淀有一定的关系，沉淀的蛋白质不一定变性，变性的蛋白质不一定沉淀，但变性易引起沉淀，这取决于沉淀的方法和条件以及对蛋白质空间构象有无破坏。

2.4.5 蛋白质的变性

蛋白质分子在受到某些物理因素（如热、高压、紫外线及 X 射线照射等）或化学因素（如强酸、强碱、尿素、重金属盐及三氯乙酸等）的作用时，可改变或破坏蛋白质分子空间结构，致使蛋白质生物活性丧失以及理化性质改变，这种现象统称为蛋白质的变性；性质改变后的蛋白质称为变性蛋白。

蛋白质具有严密的立体结构，主要靠分子中的次级键和二硫键等在空间将肽链或链中的某些肽段连接在一起。在外界理化因素的作用下，这些键受到破坏，多肽链在空间的伸展从有规律的结构转变为松散紊乱的结构。变性后的蛋白质分子形状发生改变，原来包藏在分子结构内部的疏水基团大量暴露在分子表面，而原来分子表面的亲水基团则被遮掩，使蛋白质水化作用减弱，蛋白质溶解度也减小。同时，由于结构松散而使分子表面积增大，流动阻滞，黏度也增大，不对称性增加，导致失去结晶性；并且由于多肽链展开而使酶与肽键接触机会增多，因而变性蛋白质比天然蛋白质更易被酶水解消化。变性作用使蛋白质分子的空间结构遭受破坏，从而使酶、抗体、激素等失去活性。

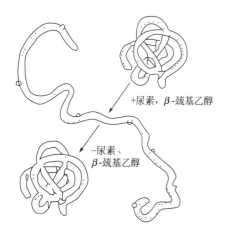

图 2-10 核糖核酸酶的变性和恢复过程示意图

（1）蛋白质变性的实质　蛋白质变性的实质是外界因素破坏了维持和稳定其空间构象的各种次级键，使其特定的空间结构发生了改变或破坏，一般并不涉及一级结构，肽键未断裂，化学组成没有改变。如果去除变性因素，有些蛋白质仍可恢复或部分恢复其原有的构象和功能，这一过程称为蛋白质的复性。大多数蛋白质变性时其空间结构破坏严重，不能恢复，称为不可逆变性，但有些蛋白质在变性后，除去变性因素仍可恢复其活性称为可逆变性或复性。例如核糖核酸酶，它的空间结构依靠分子中的4个二硫键及多个氢键维持。当用β-巯基乙醇使分子中的4个二硫键还原，然后再加尿素使分子中的氢键破坏，多肽原有的特定空间结构变成无规则线团，失去原有的催化功能。如果用透析的方法清除尿素及β-巯基乙醇，使多肽链上的巯基缓慢、温和地氧化，重新形成二硫键和氢键，则酶分子恢复原来的空间结构，酶的活性也逐渐恢复（图2-10）。

（2）蛋白质变性后的特征

① 物理性质的改变　变性后的蛋白质溶解度降低易发生沉淀，旋光值改变，黏度上升，结晶能力丧失。

② 化学性质的改变　变性后的蛋白质易被蛋白酶水解，所以蛋白质变性后较易消化，蛋白质变性后，使原来位于分子内部的基团，如酚基、巯基等转向分子表面，从而表现或增强了对某些试剂的反应。

③ 生物学性质的改变　蛋白质变性后即失去了原有的生物学活性。例如酶失去其催化活性、激素失去其调节活性、细菌失去其致病性、抗体失去其生物活性。

（3）蛋白质变性的应用　蛋白质的变性具有重要的实际意义。

① 医用消毒　常用高温、紫外线和酒精等进行消毒，就是促使细菌或病毒的蛋白质变性而失去致病和繁殖能力。

② 临床上急救重金属盐中毒病人　常先服用大量牛奶和蛋清，使蛋白质在消化道中与重金属盐结合成变性蛋白，从而阻止有毒重金属离子被人体吸收。

③ 临床检验　利用蛋白质变性后易结絮沉淀的现象检查尿蛋白等。

④ 食品加工　利用蛋白质变性后天然构象被破坏，肽键暴露易水解的原理，加工食物、水解蛋白。比如，豆腐是大豆蛋白质的溶液通过加热、加盐而得到的变性蛋白质凝固体。

⑤ 防止蛋白质变性　在制备或保存酶、疫苗、激素和抗血清等蛋白质制剂时，必须考虑选择合适的条件，防止其生物活性的降低或丧失。

2.4.6　蛋白质的紫外吸收特征及呈色反应

2.4.6.1　蛋白质的紫外吸收特征

蛋白质分子中常含有酪氨酸和色氨酸残基，这两种氨基酸分子中的共轭双键在280nm波长处有特征吸收峰。在此波长处，蛋白质的吸光度值与其浓度呈正比关系。因此，常利用蛋白质的紫外吸收特性来测定其含量。

2.4.6.2 呈色反应

蛋白质是一种结构复杂的高分子化合物，分子内存在许多肽键和某些带有特殊基团的氨基酸残基，因此可以与不同的试剂产生各种特有的颜色反应。这些颜色反应常用于蛋白质的定性和定量分析。

（1）茚三酮反应　在 pH 值 5～7 的溶液中，蛋白质与茚三酮反应可产生蓝紫色，此反应可用于蛋白质的定量和定性。

（2）双缩脲反应　双缩脲是 2 分子尿素加热缩合的产物。双缩脲在碱性条件下与硫酸铜反应生成紫红色络合物。蛋白质分子中含有许多与双缩脲结构相似的肽键，因此也能发生类似反应，颜色由浅红色到紫红色，肽键越多产生的颜色越红。通常可用此反应来定性鉴定蛋白质，也可根据反应产生的颜色在 540nm 处进行比色分析，定量测定蛋白质的含量。

（3）黄色反应　加浓硝酸于蛋白质溶液即有白色沉淀生成，再加热则变黄，遇碱则使颜色加深而呈橙黄，这是由于蛋白质中含有酪氨酸、苯丙氨酸及色氨酸，这些氨基酸具有苯基，而苯基与浓硝酸起硝化作用，产生黄色的硝基取代物，遇到碱又形成盐，后者呈橙黄色的缘故。皮肤接触到硝酸变成黄色，也是这个道理。

（4）乙醛酸反应　蛋白质溶液中加入乙醛酸，混合后，缓慢地加入浓硫酸，硫酸沉在底部，液体分为两层，在两液层界面处出现紫红色环，这是蛋白质中的色氨酸与乙醛酸反应引起的颜色反应，故此法可用于检查蛋白质中是否含有色氨酸。

（5）米伦反应　含有酪氨酸的蛋白质溶液，加入米伦试剂（硝酸汞、亚硝酸汞、硝酸及亚硝酸的混合液）后加热即显红色，此系米伦试剂与蛋白质的酪氨酸的酚基发生反应之故。

（6）酚试剂（福林试剂）反应　蛋白质分子中酪氨酸的酚基在碱性条件下与酚试剂（磷钼酸-磷钨酸化合物）作用，生成蓝色化合物。比色法可用于蛋白质的定性、定量测定。该反应的灵敏度比双缩脲反应高 100 倍。

上述的颜色反应都是由蛋白质中氨基酸的某种特殊基团所引起的，故可用来检查蛋白质的氨基酸组成，有些非蛋白质物质也含这些特殊基团，也会出现颜色反应。为区别非蛋白质物质，可在做颜色反应后，再利用蛋白质的胶体性质，用沉淀反应加以证明，非蛋白质物质无蛋白质的沉淀反应。

2.5 蛋白质及氨基酸的分离纯化与测定

蛋白质的分离纯化是研究蛋白质结构与功能的基础。无论是对蛋白质结构与功能的研究，还是生产人们所需要的蛋白质产品，都涉及蛋白质的分离纯化。蛋白质分离纯化的工艺过程，既要考虑尽可能多地除去杂蛋白，也要考虑提高所需要蛋白质的产量，即提高产品的回收率。通常用比活性来反映蛋白质的纯度。比活性是指单位蛋白质重量中的生物活性。用活性单位/毫克蛋白表示。目前，蛋白质分离与纯化的发展趋势是精细而多样化技术的综合利用，但基本原理均是以蛋白质的性质为依据。实际工作中应按不同的分离要求和可能的条件选择不同的方法。

从物质组织制备蛋白质的方法可概括为提取、分离和纯化。

2.5.1 蛋白质的提取

蛋白质的提取是从各种材料中将蛋白质提取出来的过程，包括以下步骤。

（1）材料的选择 蛋白质的提取首先要选择适当的材料，选择的原则是材料应富含所需蛋白质，且来源方便。原料确定后，还应注意保管。

（2）组织细胞的粉碎 一些蛋白质以可溶形式存在于体液中，可以直接分离。但多数蛋白质存在于细胞内，并结合在一定的细胞器上，故需选择适当的方法，将组织和细胞破碎。一般用超声波、电动搅拌器、匀浆器破碎动物组织和细胞；加砂研磨、高压挤压、纤维素酶破碎植物组织和细胞匀浆是机体软组织破碎最常用的方法；植物组织可用石英砂和适当提取液混合研磨；微生物的细胞壁非常坚韧，可采用超声波、高压挤压、酶解等物理、化学或机械方法加以破碎。

（3）提取 组织和细胞破碎后，根据它们的溶解性，加入适当的溶剂将所需的蛋白质提取出来。清蛋白可用水来提取；球蛋白可用中性盐提取；谷蛋白可用稀酸或稀碱提取。为了有利于提取，可用较低或较高 pH 的提取液。必须注意提取时所用的溶剂量要适当，否则将增加回收产品的困难。在提取过程中，通常要保持低温。蛋白质提取的条件很重要，总的要求是要尽量提取所需的蛋白质，又要防止蛋白酶的水解和其他因素对蛋白质特定构象的破坏作用。蛋白质的粗提取液可进一步分离和纯化。

2.5.2 蛋白质的分离纯化

从破碎组织或细胞中提取的蛋白质溶液，含有许多不同分子量的蛋白质，为获得其中某一种蛋白质，必须进一步分离纯化，将需要的蛋白质与同时存在的其他蛋白质分开。对蛋白质的分离纯化，是根据蛋白质的性质确定的。分离纯化的方法很多，常用的方法如下。

2.5.2.1 根据溶解度不同

（1）等电点沉淀 蛋白质在等电点时的溶解度最小。当蛋白质混合物的 pH 值被调到其中一种成分的等电点时，该蛋白质将大部分或全部沉降下来，其他蛋白质的等电点高于或低于该蛋白质，为此仍保留在溶液中。这样沉淀出来的蛋白质保持着天然构象，能再溶解。

（2）盐析 利用盐析法分离和纯化蛋白质已有 100 多年的历史。不同性质的蛋白质可通过加入不同浓度的中性盐而分别从溶液中沉淀出来，此法为分级沉淀法。常用饱和硫酸铵溶液来沉淀蛋白质，调整不同饱和度的硫酸铵溶液，可将不同的蛋白质分开。此法为最常用的方法之一。

（3）有机溶剂沉淀法 利用有机溶剂能降低蛋白质在水中的溶解度，使蛋白质沉淀，对蛋白质进行分离纯化。常用的有机溶剂有乙醇、甲醇、丙酮等。在低温条件下缓慢向蛋白质溶液中加入冷到 $-40℃$ 以下的有机溶剂，在一定的 pH 和离子强度下，蛋白质会发生沉淀，控制有机溶剂的浓度，可以达到分离不同蛋白质的目的。由于在室温下有机溶剂能使多数蛋白质失活，因此，整个分离纯化的过程，必须保持低温。

2.5.2.2 根据电离性质不同

蛋白质是两性电解质,在一定的 pH 条件下,不同的蛋白质所带电荷的质和量各异,可用电泳法或离子交换色谱法进行分离纯化。

(1) 电泳法 带电质点在电场中向相反电荷的方向运动,这种性质称为电泳。蛋白质除在等电点外具有电泳性质。

电泳的方法很多,已经成为鉴定生物大分子并分析它们纯度的基本工具。由于电泳装置、电泳支持物的不断改进和发展以及电泳的目的不同,其已经构成形式多样、方法各异但本质相同的系列技术。将蛋白质溶于缓冲液中通电进行的电泳称为自由界面电泳;将蛋白质溶液点在浸了缓冲液的支持物上进行的电泳称为区带电泳。用滤纸作支持物的称纸上电泳,用凝胶(如淀粉、琼脂、聚丙烯酰胺等)作支持物的称凝胶电泳。在玻璃管中进行的凝胶电泳,蛋白质的不同组分形成环状,称为圆盘电泳。在铺有凝胶的玻璃板上进行的电泳称为平板电泳。纸上电泳和凝胶电泳比较简便,实验室用得较多。

(2) 离子交换色谱法 离子交换色谱法是一种常用的分离纯化的方法。离子交换色谱作用是指一个溶液中的某种离子与一个固体中的另一种具有相同电荷的离子相互调换位置,即溶液中的离子跑到固体上去,把固体上的离子替换下来。最常用的是使用各种类型的离子交换剂的柱色谱法。离子交换剂是通过化学反应将带电基团引入到惰性支持物上形成的。如果带电基团带负电,则能结合阳离子,称为阳离子交换剂;如果带电基团带正电,则能结合阴离子,称为阴离子交换剂。

分离蛋白质是根据在一定 pH 值条件下蛋白质所带电荷不同而进行的分离方法。常用于蛋白质分离的离子交换剂有弱酸型的羧甲基纤维素(CM-纤维素)和弱碱型的二乙基氨基乙基纤维素(DEAE-纤维素),前者为阳离子交换剂,后者为阴离子交换剂。还有改进型 CM-Sephadex(葡聚糖凝胶)、DEAE-Sephadex 等。

蛋白质与离子交换剂的结合是靠相反电荷间的静电吸引,吸引力的大小与溶液的 pH 值有关。常通过改变溶液中盐类离子强度和 pH 值来完成蛋白质混合物的分离,结合力小的蛋白质先被洗脱出来。

(3) 凝胶过滤法 凝胶过滤即凝胶过滤色谱,又称为分子筛色谱,是一种柱色谱。它是 20 世纪 60 年代发展起来的一种快速简便的生物化学分离分析方法,目前已经在生物化学、分子生物学以及医药学等领域中得到了广泛的应用。

凝胶过滤是指某混合物随流动相经固定相(凝胶)的凝胶柱时混合物中各组分按其分子大小不同而被分离的技术。固定相是一种不带电荷的具有三维空间的多孔网状结构物质,凝胶的每个颗粒的细微结构如同一个筛子,小的分子可以进入凝胶网孔,而大的分子则被阻于凝胶颗粒之外,因而具有分子筛的性质。

凝胶过滤是根据分子大小来分离蛋白质混合物的最有效的方法之一,常用的凝胶有交联葡聚糖凝胶(商品名为 Sephadex)、聚丙烯酰胺凝胶(商品名为 Bio-gel P)和琼脂糖凝胶(商品名为 Sepharose)。当含有不同分子大小的蛋白质混合液通过装填有高度水化的惰性多聚体(常用葡聚糖凝胶和琼脂糖凝胶)的色谱柱时,这些物质随洗脱液的流动而移动,分子量不同的蛋白质分子流速不同,分子量大的蛋白质因不能进入凝胶粒内网状结构,便直接沿着凝胶粒间空隙随洗脱液移动,流程短,移动速度快,故先流出来;而分子量小的蛋白质因能进入容纳它的空穴进入凝胶颗粒内部，然后再扩散出来，故流程长，移动速度慢，最后流出。从而达到将不同分子量大小的蛋白质相互分离的目的。凝胶过滤色谱的原理见图 2-11。

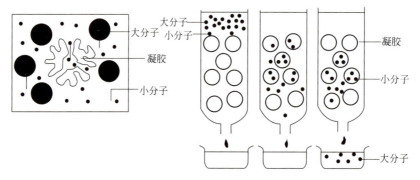

图 2-11 凝胶过滤色谱的原理

关于蛋白质的分离纯化的方法本节只介绍了其概况，具体操作方法需参考有关书籍。

2.5.3 蛋白质的分析检测

2.5.3.1 蛋白质含量测定

蛋白质含量测定最常用的方法有凯氏定氮法、紫外吸收法、双缩脲法、酚试剂法。

（1）凯氏定氮法（Kjeldal 法） 这是测定蛋白质含量的经典方法。其原理是蛋白质具有恒定的含氮量，平均为 16%，因此测定蛋白质的含氮量即可计算出其含量。含氮量的测定是将样品与浓硫酸共热，含氮的样品即分解产生氨，氨又与硫酸作用，生成硫酸铵，此过程称为"消化"。然后经强碱碱化使硫酸铵分解释放出氨，借蒸汽将氨蒸馏出来，用硼酸吸收，根据此酸液被中和的程度，计算出含氮量。从总含氮量换算成粗蛋白质的含量。

（2）紫外吸收法 含有酪氨酸和色氨酸的蛋白质在 280nm 处有特征性的最大吸收峰，可用于蛋白质的定量。此法简单、快速、不损失样品，测定蛋白质的浓度范围是 0.1～0.5mg/ml。

2.5.3.2 蛋白质纯度鉴定

蛋白质纯度是指在一定条件下的相对均一性。蛋白质纯度鉴定的方法很多，如结晶法、超速离心沉淀法、等电聚焦电泳法、溶解度分析法、生物活性测定及免疫学分析法等。

因为蛋白质的纯度标准主要取决于测定方法的检测极限，用低灵敏度的方法证明是纯的样品，改用高灵敏度的方法则证明是不纯的。所以在确定蛋白质的纯度时，应根据要求选用多种不同的方法从不同的角度测定其均一性，综合分析判断才能得出比较切合实际的结论。

蛋白质组学与生物信息学简介

随着生命科学的研究进入后基因组时代，对复杂的生命活动展开研究，必然需要在整体、动态的层面上对蛋白质全面了解。因此，蛋白质组学本质上指的是在大规模水平上研究蛋白质的特征，包括蛋白质的表达水平、翻译后的修饰、蛋白质与蛋白质相互作用等，由此获得蛋白质水平上的关于疾病发生、细胞代谢等过程的整体而全面的认识。蛋白质组学研究的技术主要包括：双向电泳、质谱技术、计算机图像分析、大规模数据处理技术。在不远的未来，蛋白质组学的研究将更加深入而广泛，与其他学科的交叉研究将更加频繁。在应用研究方面，蛋白质组学将成为药物靶标和探寻疾病分子标记的最有效方法之一。

生物信息学是一门利用计算机技术研究生物系统的规律的学科，即以计算机为工具对生物信息进行储存、检索和分析的科学。它是以基因组 DNA 序列信息分析作为源头，在获得蛋白质编码区的信息后进行蛋白质空间结构模拟和预测，然后依据特定蛋白质的功能进行药物设计。生物信息学的 3 个重要组成部分包括基因组信息学、蛋白质空间结构模拟以及药物设计。

 习 题

1. 将亮氨酸和精氨酸溶于 pH=6.8 的缓冲溶液中，在直流电场中它们会向同一方向泳动吗？
2. 什么是必需氨基酸？
3. α-氨基酸在酸性溶液中一定以阳离子的形式存在，而在碱性溶液中一定以阴离子的形式存在，对不对？
4. 蛋白质分子元素组成的特点是什么？
5. 蛋白质的一级结构和空间结构指的是什么？它们之间有何关系？维持各级结构的主要化学键是什么？
6. 说明蛋白质的结构和功能的关系。
7. 什么是蛋白质的等电点？蛋白质处于等电点时有什么特征？
8. 何谓蛋白质的变性作用？使蛋白质变性的因素有哪些？变性有何意义？
9. 沉淀蛋白质的方法有哪些？
10. 蛋白质有哪些生物功能？

第 3 章 酶

导 读

酶是人体生命活动重要的催化剂。啤酒的发酵使用了哪种酶？酶在疾病的治疗方面发挥了怎样的作用？它的分子结构是什么样的？为何它具有高效的催化效率？本章即将介绍。

思政小课堂

邹承鲁先生是国际著名生物化学家、近代中国生物化学的奠基人之一，建立了酶活性不可逆抑制动力学的理论体系，提出了酶活性部位柔性的学说。是一位富有激情的爱国主义者，他一生淡泊名利，学识渊博，远见卓识。

3.1 概述

3.1.1 酶的概念

3.1.1.1 酶的概念

酶是由活细胞合成的具有极高催化效率的一类蛋白质，又称为生物催化剂。到目前为止已经发现 2000 余种酶，均证明酶的化学本质是蛋白质。1982 年，Thomas Cech 从四膜虫 rRNA 前体加工研究中首先发现 rRNA 前体本身也具有催化作用，从而提出核酶的概念，但这种具有酶催化活力的 RNA 数量较少。1986 年研制成功了抗体酶。随着脱氧核糖核酸重组技术及聚合酶链反应技术的广泛应用，使酶结构与功能的研究进入到新阶段。

酶所催化的反应称为酶促反应。在酶促反应中被酶催化的物质称为底物，反应的生成物称为产物。酶所具有的催化能力称为酶的活性。酶失去催化能力称为酶的失活。

生物体内新陈代谢一系列复杂的化学反应，几乎都是由酶催化的。生物体内对代谢调控也是通过对酶活性的调节来实现的，因此酶在生命活动中占有极其重要的地位。可以说，没有酶就没有生命。

3.1.1.2 酶的化学本质——大多数酶是蛋白质

关于酶的化学本质，历史上曾引起激烈的争论。在 1926 年 James Summer 从刀豆中纯化，得到脲酶晶体，并且证明脲酶是蛋白质。1929 年 Northrop 结晶出胃蛋白酶，也证明它是一种蛋白质。此后人们逐渐接受酶是一种具有催化活性的蛋白质。酶是蛋白质可以从以下几个方面来证明。

① 已经提纯的结晶酶，经分析证明它们都是蛋白质，且经多次重结晶，它们的均一性和活性也不改变。酶蛋白彻底水解全部生成 α- 氨基酸，并且组成酶蛋白的氨基酸也都是组成蛋白质的 20 种氨基酸。

② 酶是两性电解质。酶在不同 pH 溶液中，能以阳离子、阴离子和两性离子形式存在。在等电点时易沉淀，在电场中和蛋白质一样向某一电极移动。

③ 酶蛋白具有一级结构，也有空间结构，从组成来看，也有简单蛋白质和结合蛋白质两类。许多酶的氨基酸排列顺序已被测定。

④ 酶具有胶体物质的一系列特性。其水溶液具有亲水胶体的性质，不能透过半透膜。在超速离心机中，它的沉降速率与蛋白质大体相同。

⑤ 酶受蛋白水解酶作用丧失活性。

⑥ 引起蛋白质变性的化学及物理因素，同样也能使酶丧失活性。如酸、碱、重金属盐、生物碱沉淀剂、加热、振荡和紫外照射等。

因此，可以确认酶是蛋白质。

几十年来，人们认为所有的酶都是蛋白质，这几乎成了定律，但近年来一些研究指出某些 RNA 分子也有催化活性。1982 年美国 T.R. Cech 等发现四膜虫的 rRNA 前体在鸟苷存在，在完全无蛋白质的情况下能进行自我拼接，因而首次提出 RNA 具有酶活性的概念。1983 年 S. Altman 和 N. Pace 发现核糖核酸酶 P 可催化大肠杆菌 tRNA 前体在 5′端切去一个寡核苷酸片段转变为成熟的 tRNA，核糖核酸酶 P 由 20% 蛋白质和 80%RNA 组成，研究指出其中的蛋白质组分无催化活性，而 RNA 组分有酶的催化活性，这是 RNA 具有催化活性的又一例证。他们定义这类酶为核酶。这以后发现的 RNA 催化剂越来越多，它们在 tRNA、rRNA 和 mRNA 的生化反应中表现出催化活性，因而越来越受到人们的重视。

3.1.2 酶催化作用的特点

3.1.2.1 酶催化的高效性

酶作为催化剂用量少而催化效率高。酶催化反应的能力比一般催化剂高 $10^6 \sim 10^{13}$ 倍，如脲酶水解尿素的反应速率比酸水解尿素高 7×10^{12} 倍；过氧化氢酶催化 H_2O_2 的速度是 Fe^{2+} 催化其分解速率的 8.3×10^9 倍。这主要是因为酶能大大地降低反应所需的活化能。

酶虽然在细胞中的相对含量很低，但能使一个慢速反应变为快速反应。催化效率以分子比表示，酶催化反应的反应速率比非催化反应高 10～100 倍，比其他催化反应高 10 倍（表 3-1）。

表 3-1　天然酶催化效率

酶	非催化半衰期	非催化反应速率	催化反应速率	速率提高倍数
葡萄球菌核酸酶	13 万年	1.7×10^{-13}	95	5.6×10^{14}
酮类固醇异构酶	7 周	1.7×10^{-7}	66000	3.9×10^{11}
丙糖磷酸异构酶	1.9 天	4.3×10^{-6}	4300	1.0×10^{9}
分支酸变位酶	7.4h	2.6×10^{-5}	50	1.9×10^{6}

3.1.2.2　酶催化的高度专一性

一种酶只能作用于某一类或某一种特定的物质。酶对催化的反应和反应物有严格的选择性。一种酶只作用一种或一类底物。如糖苷键、酯键、肽键等它们分别需要在具有一定专一性的酶（淀粉酶、脂肪酶、蛋白酶）作用下才能被水解。而对其他类物质则没有催化作用。按其专一的程度可分为三类。

（1）绝对专一性　酶只能对一种底物产生一定的催化作用，酶对底物严格的选择性称为酶的绝对专一性。例如脲酶只能催化尿素的分解反应，而对它的衍生物不起作用。过氧化氢酶只能催化过氧化氢的分解。延胡索酸水化酶只作用于延胡索酸或苹果酸，而不作用于结构类似的其他化合物。

$$\text{H—C—COO}^- \atop \text{COO}^-\text{—C—H} \quad +H_2O \xrightleftharpoons{\text{延胡索酸水化酶}} \quad \text{H}_2\text{C—COO}^- \atop \text{HO—C—COO}^- \atop \text{H}$$

延胡索酸　　　　　　　　　　　　　苹果酸

（2）相对专一性　酶能作用于一类化合物或一种化学键，这种酶对底物相对严格的选择性称为酶的相对专一性。例如，酯酶能水解不同羧酸与醇所合成的酯键，而对 R-COOR′ 中的 R，R′ 基团没有严格的要求，既能催化水解甘油酯类，也能催化丙酰胆碱、丁酰胆碱或乙酰胆碱等，只是水解速率不同；二肽酶可水解由不同氨基酸所组成的二肽的肽键。

（3）立体构型专一性　某些底物具有立体异构体，一种酶只能作用于底物的一种立体异构体，此现象称为酶的立体构型专一性。例如 L-精氨酸酶只对 L-精氨酸起分解作用，而对 D-精氨酸则无作用。

3.1.2.3　酶活性的可控性

酶与体内的其他代谢物一样，其自身也要不断进行新陈代谢，通过改变酶的合成和降解速率调节酶含量，从而影响酶活性。调节控制酶活性的方式很多，包括酶原活化、酶的共价修饰调节、抑制剂调节、反馈调节和激素调节等。

3.1.2.4　酶活性的不稳定性

由于酶的化学本质是蛋白质，所以一切能使蛋白质变性的理化因素如高温、高压、强酸、强碱和紫外线等都容易使酶失去活性，所以酶的催化作用是在比较温和的条件下进行的，如常温、常压、接近中性 pH 等。

3.1.2.5 酶的自我更新

酶是细胞内特定基因的表达产物。基因决定了酶的结构、催化功能等性质。酶在体内通过不断地合成和分解来实现自我更新。

3.1.3 酶的命名和分类

迄今为止已发现 4000 多种酶，而且随着科学的发展，还会发现更多的酶。为了使用和研究方便，需要对酶进行统一的分类和命名。

3.1.3.1 酶的命名

（1）习惯命名法　1961 年以前使用的酶名称都是沿用过去的习惯，大多数酶依据其底物和反应的类型来命名。

① 根据酶作用的底物命名，如催化水解淀粉的酶叫淀粉酶，催化水解蛋白质的酶称为蛋白酶。

② 根据其所催化的反应性质来命名，如水解酶催化底物分子水解，转氨酶催化一种化合物上的氨基转移至另一化合物上。

③ 有的酶结合上述两个原则来命名，例如琥珀酸脱氢酶是催化琥珀酸脱氢反应的酶。为了区别同一类酶还冠以酶的来源，如胃蛋白酶、胰蛋白酶等。

习惯命名比较简单，应用历史较长，但缺乏系统性。有时出现一酶数名或一名数酶的情况。

（2）系统命名法　1961 年国际酶学委员会（IEC）提出了一套系统命名法，使一个酶只有一个名称。系统名称应当明确标明酶的底物及催化反应的性质。例如草酸氧化酶（习惯名称）写成系统名称时，应将它的两个底物即"草酸"及"氧"同时列出，并用"："将它们隔开，它所催化的反应性质为"氧化"也需指明，所以它的系统名称为"草酸：氧氧化酶"。另外，按照系统分类法，每个酶还有一个特定的编号。这种系统命名原则及系统编号是相当严格的，一种酶只可能有一个名称和一个编号。

3.1.3.2 酶的分类

（1）根据酶所催化的反应类型分类　根据酶所催化的反应类型，国际酶学委员会将酶分为以下六大类（表 3-2）。

① 氧化还原酶类　氧化还原酶类催化氧化还原反应。大体上可概括为脱氢酶和氧化酶两大类。如乳酸脱氢酶、黄嘌呤氧化酶、过氧化氢酶、琥珀酸脱氢酶等。

② 转移酶类　转移酶类催化功能是基团的转移反应。使一个底物的基团或原子转移到另一底物分子上，如酮戊二酸氨基转移酶、氨基转移酶、甲基转移酶等。

③ 水解酶类　水解酶类使底物加水分解。如蛋白水解酶、淀粉酶、核酸酶、肽酶、磷

酸酯酶等。

④ 裂合酶类 裂合酶类（或称裂解酶类）使底物失去或加上某一部分。这类酶包括醛缩酶、水化酶及脱氨酶等。例如，二磷酸酮糖裂合酶、苹果酸裂合酶、羧基裂合酶、柠檬酸裂合酶等。

⑤ 异构酶类 异构酶类使底物分子内部排列改变，如磷酸丙糖异构酶、磷酸甘油酸变位酶、消旋酶等。

⑥ 合成酶 合成酶（或称连接酶）是使两个底物结合的酶。如氨连接酶、tRNA 连接酶等。

表 3-2 酶的国际系统分类

名称	反应通式	实例
氧化还原酶	$AH_2+B \rightleftharpoons A+BH_2$	乳酸脱氢
转移酶	$A-R+B \rightleftharpoons A+B-R$	L-天冬氨酸与 α-酮戊二酸的反应
水解酶	$A-B+H_2O \rightleftharpoons AH+BOH$	淀粉水解
裂解酶	$A-B \rightleftharpoons A+B$	苹果酸裂合酶
异构酶	$A \rightleftharpoons B$	葡萄糖异构果糖
合成酶	$A+B+ATP \rightleftharpoons A-B+ADP+Pi$	L-谷氨酸合成 L-谷氨酰胺

（2）根据酶蛋白分子的特点和分子的大小分类 根据酶蛋白分子的特点和分子的大小又可将酶分为三类。

① 单体酶 单体酶一般由一条肽链组成，例如溶菌酶、羧肽酶等，但有的单体酶是由多条肽链组成，如胰凝乳蛋白酶是由 3 条肽链组成。单体酶一般多是催化水解反应的酶，分子量在 13000～35000 之间。

② 寡聚酶 寡聚酶由几条或几十条多肽链组成，这些亚基可以是相同的多肽链，也可以是不同的多肽链。亚基之间不是共价结合，彼此很容易分开。寡聚酶的分子量从 35000 到几百万，例如己糖激酶和 3-磷酸甘油醛脱氢酶等。

③ 多酶复合体 多酶复合体是由几种酶彼此嵌合形成的复合体。它有利于一系列反应的连续进行。这类多酶复合体，分子量很高，一般都在几百万以上。例如在脂肪酸合成中的脂肪酸合成酶复合体。

3.2 酶的结构和功能

酶的分子结构是酶功能的物质基础。酶蛋白也是由组成一般蛋白质的 20 种氨基酸组成的。有些酶只有一条肽链，如 RNA 酶、胃蛋白酶和溶菌酶等。有的含一条以上的肽链，例如胰凝乳蛋白酶分子就是由三条肽链所组成。那么为什么构成酶的蛋白质有催化活性而非酶蛋白却没有呢？酶蛋白之所以不同于非酶蛋白，各种酶之所以有催化性和专一性，都是由其分子结构决定的。下面就其结构与功能的关系作一介绍。

3.2.1 酶的分子组成

酶根据其分子组成分为单纯酶和结合酶。单纯酶完全由氨基酸组成，其分子组成全为蛋白质，不含非蛋白质物质，如大多数水解酶类；结合酶为缀合蛋白质（结合蛋白质），其分子中除蛋白质外，还有非蛋白质物质，如氧化还原酶类。结合酶的蛋白质部分称酶蛋白，非蛋白质部分称辅酶或辅基，酶蛋白与辅酶组成的完整分子称全酶。

全酶 = 酶蛋白 + 辅酶

单纯酶的蛋白质本身即具有催化活性，但结合酶其酶蛋白必须与特异性的辅酶结合才有催化活性。即只有全酶方起催化作用，分开后的酶蛋白或辅酶都无催化作用。

有些辅酶与酶蛋白结合紧密、不易分开，有的结合疏松，前者一般称辅基，后者称辅酶。

辅酶是指直接参加催化反应的有机化合物。按照近代意义，游离金属离子，如 Mg^{2+}、Mn^{2+} 等，不能称辅酶，只能称辅助因子，因为金属离子只是间接参加催化，有的仅仅是维持酶分子的—SH 的还原状态；有的只是帮助形成活性必需的立体构型。

辅酶相同而酶蛋白不同的几种酶能催化同一种化学反应，但各作用于不同的底物。例如乳酸脱氢酶与苹果酸脱氢酶有同样的辅酶（NAD），但酶蛋白不同，它们虽然同样能催化脱氢作用，但前者只能使底物乳酸脱氢，而后者只能使苹果酸脱氢。反之，一种酶蛋白只能与某一特定的辅酶结合形成一种全酶。如果此辅酶被替换，此时的酶不具有催化活性。

3.2.2 酶的活性部位和必需基团

酶是生物大分子，其分子远比催化的底物大得多，酶分子中有各种功能基团，但并不是都与酶活性有关，把与酶活性相关的基团称为酶的必需基团。常见的必需基团有丝氨酸的羟基，组氨酸上的咪唑基，半胱氨酸上的巯基，谷氨酸和天冬氨酸侧链上的羧基等。在酶蛋白的一级结构上，它们可能相距较远，通过肽链的盘绕、卷曲和折叠，致使它们空间位置上相互靠近，集中在一起形成具有一定空间结构的区域，该区域能与专一的底物结合，并将底物变成产物，这一区域称酶的活性中心，见图 3-1。活性中心位于酶分子表面，或为裂缝，或为凹陷，它的形成是以酶分子的特定构象为基础的，酶分子结构中的其他部分，对酶的功能并不是毫无意义的，因为它们为酶的活性中心的形成提供了结构基础。将那些位于活性中心外，但对维持活性中心构象必需的基团，称为活性中心外必需基团。一个酶的活性部位是一个三维结构，组成活性部位的氨基酸残基或残基组可能位于同一肽链的不同部位，也可能位于不同的肽链上。例如组成卵清溶菌酶活性部位的 Glu35 和 Asp52 即位于同一肽链（图 3-2），而胰凝乳蛋白酶活性部位的 His57 同 Ser195 则分别位于两条肽链中（图 3-3）。

一些必需基团参加与底物结合，形成酶与底物的结合物，称为结合基团；另一些基团影响底物中某些化学键的稳定性，催化底物发生化学反应并使之转变成产物，称为催化基团。活性中心内有些必需基团既具有结合功能又具有催化功能。结合酶的辅酶或辅基常构成活性中心的组成部分。

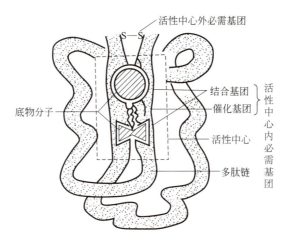

图 3-1 酶的活性中心示意图

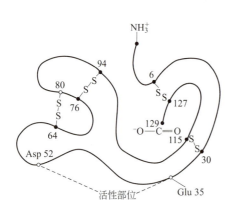

图 3-2 卵清溶菌酶的活性部位示意

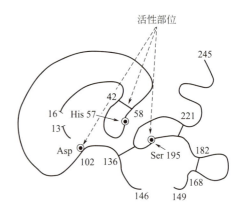

图 3-3 胰凝乳蛋白酶的活性部位

3.2.3 酶原的激活

有些酶在细胞内或初分泌时合成，没有催化活性，这种无活性的酶前体称为酶原。消化道中的酶类及血液中凝血系统的酶类，均是以酶原形式存在的，是机体对自身保护的一种反应。无活性的酶原在一定条件下能转变成有活性的酶，此过程称为酶原的激活。酶原激活的实质是酶的活性中心形成或暴露的过程，它的具体机理是在专一的蛋白酶或其他离子（如 H^+）的作用下，水解掉一个或几个肽键，释放出对应的小肽，使分子构象发生一定程度的改变，从而形成酶的活性中心所必需的构象，具有酶的催化能力。例如胰蛋白酶原分泌至小肠后，在肠激酶的作用下，专一地切断肽链 N 端 6 位赖氨酸与 7 位异亮氨酸之间的肽键，释放出一个 6 肽，改变分子构象，形成酶的活性中心，从而转变成有催化活性的胰蛋白酶（图 3-4），使肠道中的蛋白质消化水解。

酶原只是在特定的部位和条件下才能被激活，表现出酶的活性，这是有重要生理意义的。消化系统中的几种蛋白酶均以酶原的形式分泌出来，避免了分泌细胞的自身消化，同时又便于酶原运输到特定部位发挥作用，从而保证体内代谢过程的正常进行。急性胰腺炎就是因为存在于胰腺中的胰蛋白酶原等在胰腺中被激活所致。

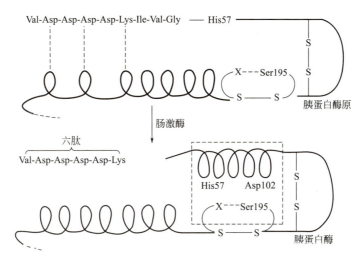

图 3-4 胰蛋白酶原的激活作用

有些酶对其自身的酶原有激活作用，称酶原的自身催化。例如胃液中的 H^+ 将少量胃蛋白酶原激活成胃蛋白酶后，该少量胃蛋白酶在短时间内就能使更多的胃蛋白酶原转变成有活性的酶，对食物中蛋白质进行消化。这是临床上对某些消化不良的病人用胃酶合剂进行辅助治疗的基础。

几种酶原及其活性酶见表 3-3。

表 3-3　几种酶原及其活性酶

酶原	活性酶	激活剂
凝血酶原	凝血酶	凝血酶原激酶 $+Ca^{2+}$
胃蛋白酶原	胃蛋白酶	蛋白酶或 H^+
胰蛋白酶原	胰蛋白酶	胰蛋白酶或肠激酶

3.2.4　几种重要的调节酶

3.2.4.1　别构酶（变构酶）

有些酶分子除具有与底物结合的活性部位外，还具有与非底物的化合物结合的部位。这种部位不同于活性部位，而与其结合的物质都对反应速率有调节作用，所以称别构部位或调节部位。与别构部位结合的物质称为别构剂或调节剂。别构剂主要有底物、产物及小分子核苷酸类物质。别构剂与酶的别构部位结合后，引起酶的构象改变，从而影响酶的活性部位，改变酶的反应速率，可使酶的活力增高或降低。具有别构部位的酶称为别构酶，别构酶对代谢调控有重要作用。

调节代谢的别构酶大多数为寡聚酶，一般由两个或两个以上亚基组成。其中一组亚基称为催化亚基，起催化作用；另一组称为调节亚基，调节酶的反应速度。后者与别构剂结合后可引起酶分子构象发生改变，增加或降低了底物与酶分子的亚基上活性部位的亲和力（或结合力），从而改变酶的活性，这种通过构象变化产生的协同效应称为酶的别构效应。

这种调节方式称为酶的别构调节。使酶活性增加的别构剂称为别构激活剂,所发生的效应称为别构激活;使酶活性下降的别构剂称为别构抑制剂,所发生的效应称为别构抑制。细胞可以通过酶的别构效应使酶活性升高或降低以调节其代谢。

3.2.4.2 同工酶

同工酶是指能催化同一种化学反应,但其酶蛋白本身的分子结构、组成有所不同的一组酶,它们的生物学功能、理化性质和免疫学性质及反应机理也是不相同的。同工酶是由不同基因或等位基因编码的多肽链所组成的。同工酶是长期进化过程中基因分化的产物。大多数同工酶是由不同亚基组成的聚合物,因其亚基种类、数目或比例不同,导致分子结构的差异,决定了同工酶在功能上的差异,从而使得它们的理化性能、免疫学性质等有明显的不同。具有不同分子形式的同工酶能催化相同的化学反应,是因为它们的活性部位在结构上相同或者至少非常相似。

例如,1959年发现的第一个同工酶——乳酸脱氢酶是由4个亚基组成的寡聚酶。其亚基分为A和B两种类型。这两种亚基的分子量都是35000左右。

除了乳酸脱氢酶外,还有异柠檬酸脱氢酶、苹果酸脱氢酶等几百种同工酶。

同工酶的研究不仅是研究代谢、个体发育、细胞分化、分子遗传等方面的有力工具。也是研究蛋白质结构和功能的好材料,而且在临床上、农业上都有应用价值。

3.2.4.3 共价调节酶

共价调节酶是指用共价键与其调节剂结合的调节酶。在有其他酶的作用下,调节剂通过共价键与酶分子结合,以增减酶分子上的基团,从而调节酶活性状态与非活性状态的相互转化,从而调节酶的活性。动物组织的糖原磷酸化酶即为典型的共价调节酶。

3.2.4.4 诱导酶

细胞内酶的合成是受基因和有关代谢物控制的。有不少例证说明只有基因还不足以保证某一种酶的产生,而是需要有关的特殊代谢物同时存在才能产生。例如大肠杆菌的 β-半乳糖苷酶的生物合成需要有乳糖存在。乳糖对 β-半乳糖苷酶的生成起了诱导作用,称为诱导剂,而 β-半乳糖苷酶就叫诱导酶。诱导酶对于代谢调节有重要作用。

3.3 酶的催化机制

3.3.1 酶的催化作用、过渡态、分子活化能

在一个反应体系中,化学反应能否进行与活化分子的多少直接相关,活化分子越多,反应速率越快。所谓活化分子是指其所含能量达到或超过某一限度的分子,其在碰撞中能发生化学反应。某一限度是指能垒;活化分子所处的状态即是我们所指的过渡态。活化能

是活化分子具有的能量与常态分子的能量差。酶的催化作用是降低反应活化能，从而增加活化分子的百分数，使反应越容易进行。

例如，过氧化氢分解为水及氧的反应中，其分子活化能为 75348J/mol，用胶态铂作催化剂，反应活化能降至 48976J/mol，用过氧化氢酶催化时，活化能降至 8372J/mol。由此可以看出，酶的催化效率极高。

酶的催化包含酶如何同底物结合及酶如何能使反应加快两个方面。酶同底物结合已在酶催化作用的中间产物的实验中得到证实。但酶究竟与底物以何种方式结合，目前还停留在设想阶段，而且有不同的观点。一般认为酶同底物的结合发生在酶蛋白的活性部位。

3.3.2　中间产物学说

在酶促反应中，底物先与酶结合成不稳定的酶-底物复合物，然后再分解成酶与产物。如以 E 代表酶，S 代表底物，ES 代表中间产物，P 为产物，则酶促反应可表示如下：

$$E+S \rightleftharpoons ES \longrightarrow E+P$$

由于 E 与 S 结合，致使 S 分子内的某些化学键发生极化，呈不稳定中间状态（或称活化状态），可继续分解到 P 和 E，E 又能与其他 S 结合，继续发挥催化功能，所以少量酶可催化大量底物。在反应过程中，如果是 S → P，所需的活化能比上述有酶参加的反应的活化能大得多。

在双分子反应中（即反应中有两种底物参加），酶先与一种底物（S_1）结合成中间产物（ES_1）后者再与第二底物起作用，其过程表示如下：

$$S_1+E \longrightarrow ES_1 \xrightarrow{S_2} P_1+P_2+E$$

酶-底物复合物已用 X 射线衍射法描绘出 ES 结合图像，以及 ES 之间各基团各原子间的相对位置，在催化反应中，确有中间产物的形成，已被公认为有普遍性。酶与底物的结合一般是通过非共价键如氢键、离子键、疏水作用及范德华力来完成的。

3.3.3　诱导契合学说

前边已经提到酶在催化反应时要和底物形成中间产物，但是酶和底物如何结合成中间产物？又是如何完成其催化作用？Koshland 在 1958 年提出诱导契合学说，认为酶活性部位的构象是柔韧可变的，当酶分子与底物接近时，酶分子受底物的诱导，使其构象发生变化，即酶活性中心的某些氨基酸残基或基团，可以在底物的诱导下，获得正确的空间定位，以适合于与底物契合，进行反应结合成复合物，当酶从 ES 复合物解离出来后，则恢复其原有的构象（图 3-5）。

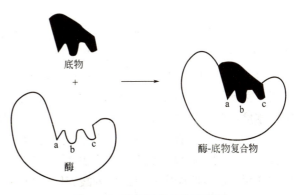

图 3-5　酶的诱导契合示意图

3.3.4 使酶具有高催化效率的因素

酶作用的高效率和高度专一性是长期以来吸引人们研究的问题。关于酶是如何加速化学反应的机理，至今还不完全清楚。现将目前关于酶为什么比一般催化剂具有更高催化效率的看法简单介绍如下。

（1）邻近效应与定向排列　酶将反应所需要的底物按特定顺序和空间定向结合到酶的活性中心，使它们互相接近而获得有利于反应进行的正确定向，使分子之间反应类似于分子内的反应，形成过渡态时熵减少，使分子内反应所需活化能明显低于分子之间反应，可显著提高反应的概率，从而加速化学反应速率。

当底物没有和酶结合时，活性中心的催化基团不能与底物十分靠近，但由于酶活性中心的结构有一种可适应性，即当专一性底物与活性中心结合时，酶蛋白会发生一定的构象变化，使反应所需要的酶中的催化基团与结合基团正确地排列并定位，以便能与底物契合，使底物分子可以"靠近"及"定向"于酶，这也就是前面提到的诱导契合。这样活性中心局部的底物浓度才能大大提高。酶构象发生的这种改变是反应速率增大的一种很重要的原因。反应后，释放出产物，酶的构象再逆转，回到它的初始状态。

（2）共价催化　有些酶以共价催化来提高其催化反应速率。在催化时，酶和底物以共价键形成一个反应活性很高的共价中间产物，以较大的概率转变为过渡状态，从而降低反应的活化能，使化学反应速率加快。

（3）底物构象改变学说（又称底物形变）　当酶和底物结合时，不仅酶的构象发生改变，底物分子的构象也发生变化（图3-6）。酶使底物中的敏感键发生变形，从而使敏感键更容易断裂，并对底物产生张力作用使底物扭曲，促进ES进入过渡状态，使反应加速进行。

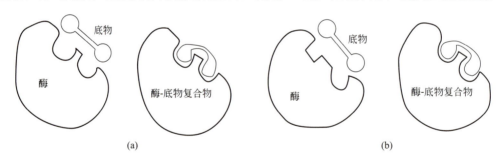

图 3-6　底物和酶结合时的构象变化示意图
(a) 底物分子发生变形；(b) 底物分子和酶都发生变形

（4）酸碱催化　酸碱催化是指广义的酸碱催化，即质子供体及质子受体对酶反应的催化作用。在酶分子上有许多酸性或碱性基团，如氨基、羧基、巯基、酚羟基及咪唑基等（其中组氨酸的咪唑基，既是一个很强的亲核基团，又是一个有效的广义酸碱功能基），它们可作为质子供体或质子受体对底物进行催化，这些反应包括羰基的加水，羧酸酯和磷酸酯的水解，双键的脱水反应，各种分子的重排及取代反应等。

由于酶分子中存在多种质子供体及质子受体，因此酶的酸碱催化作用比一般酸碱催化剂高得多。例如肽键在无酶存在下进行水解时，需要高浓度的H^+或OH^-和在高温下长时间的作用。而以胰凝乳蛋白酶作为酸碱催化剂时，在常温、中性pH下很快就使肽键水解。

以上这些因素确实使酶具有高催化效率，但对某个具体酶而言则有偏重。例如，溶菌酶在催化细菌细胞壁多糖成分的特定糖苷键水解时,起主要作用的是底物构象改变,降低了糖苷键的键能,从而加速这个糖苷键的断裂。而胰凝乳蛋白酶催化特定肽键水解时,起主要作用的是形成酰化共价中间产物和广义酸碱催化。

3.4 酶促反应动力学

酶促反应动力学是研究酶催化反应的速率及其影响因素的科学。酶促反应的速率一般以单位时间内底物被分解的量来表示。酶促反应在开始时速率较大,一定时间后,由于反应产物浓度逐渐增加,反应速率逐渐下降,直至最后完全停止。如果底物浓度相当大,而温度又保持不变,则在反应初期较短时间内,酶的反应速率不受反应产物的影响,可以保持不变。因此测定酶的反应速率一般只测反应开始时的速率,而不测反应达到平衡时所需要的时间。

影响酶促反应的因素有酶浓度、底物浓度、温度、pH、激活剂和抑制剂等。酶反应动力学速率是指反应开始时的速率即初速率,用酶促反应速率大小来反映酶的活性,在讨论某一种因素对反应速率的影响时,其他因素均处于最佳状态。

3.4.1 酶浓度对酶促反应速率的影响

在底物浓度足够大和无酶抑制剂存在时,酶促反应速率与酶浓度成正比(图3-7)。因为酶催化反应时,酶先要与底物形成中间物,当底物浓度大大超过酶浓度时,反应达到最大速率,这时增加酶浓度可增加反应速率,反应速率与酶浓度呈正比关系。

$$v = k[E]$$

式中,k 为反应速率常数;$[E]$ 为酶浓度。

3.4.2 底物浓度对酶促反应速率的影响

3.4.2.1 底物浓度与酶促反应速率的关系

确定底物浓度与酶促反应速率间的关系,是酶促反应动力学的核心内容。在酶浓度和其他条件不变的情况下,底物浓度与反应速率的关系如图3-8所示。

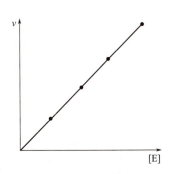

图3-7 酶浓度与反应速率的关系

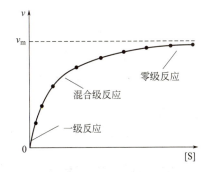

图3-8 底物浓度对酶促反应速率的影响

由图 3-8 可知在底物浓度 [S] 很低时，v 随 [S] 的增加而增加，两者呈正比关系，反应可近似为一级反应，表明酶活性中心未被饱和。

$$v=k[S]$$

式中，k 为反应速率常数；[S] 为底物浓度。

上式只表示反应初速率与底物浓度的关系，不代表整个反应中底物浓度与反应速率的关系。

随着底物浓度逐渐增大，虽然酶促反应速率仍随底物浓度的增加而不断加大，但加大的比例已不是定值，呈逐渐减弱的趋势，表现为混合级反应；当底物的浓度增加到足够大的时候，反应速率达到一个极限值，最后反应速率几乎不再受底物浓度的影响，表现为零级反应。这里反应速率的极限值，称为酶的最大反应速率，以 v_m 表示。

3.4.2.2 米氏方程式

为了说明底物与浓度的关系，1913 年 Michaelis 和 Menten 根据中间产物学说进行数学推导，得出底物浓度 [S] 与酶促反应速率 v 的关系公式，称米氏方程式：

$$v=\frac{v_m[S]}{K_m+[S]}$$

式中，v 为反应初始速率；v_m 为最大速率；K_m 为米氏常数，mol/L。

上式移项得：

$$K_m=[S]\left(\frac{v_m}{v}-1\right)$$

当 $v_m/v=2$ 时，$K_m=[S]$，$v=v_m/2$，即：K_m 是反应速率 v 等于最大速率 v_m 一半时的底物浓度。

K_m 值是酶学研究中的一个重要常数，有重要意义。

① K_m 值是当酶促反应速率为最大速率一半时的底物浓度，即 K_m 值可以表示酶与底物的亲和力。K_m 值越大，酶与底物的亲和力越小；反之，K_m 值越小，酶与底物亲和力越大，表示不需要很高底物浓度，便可达到最大反应速率。

② K_m 值是酶的特征性常数之一。K_m 值只与酶的性质、酶所催化的底物种类有关，与酶浓度无关。各种同工酶的 K_m 值也不同。

③ 由若干酶催化一个连续代谢过程时，如能确定各种酶催化反应底物的 K_m 值及相应的底物浓度时，可推断出其中 K_m 值最大的一步反应为该连续反应中的限速反应，该酶为限速酶（关键酶）。

④ 用 [S] 对反应速率作图不能准确地获得 v_m 和 K_m 数据，因为 v_m 是一个渐近的极限值，不可能从实验中直接得到，而 K_m 是 $v=v_m/2$ 时的 [S] 值，也难以准确测定，为了得到较准确的 K_m 和 v_m，Lineweaver-Burk 将米氏方程式进行双倒数变换，将曲线作图改为直线作图。得到：

$$\frac{1}{v}=\frac{K_m}{v_m}\frac{1}{[S]}+\frac{1}{v_m}$$

以 $1/v$ 对 $1/[S]$ 作图得一直线，其斜率为 $\frac{K_m}{v_m}$，在横轴上的截距为 $-\frac{1}{K_m}$，在纵轴上的截距为 $1/v_m$（见图 3-9）。

3.4.3 pH值对酶促反应速率的影响

酶分子中的可电离基团的电离状态受 pH 值影响。同样，酶作用的底物和辅助因子也具有可电离基团，其电离状态也受 pH 值影响。因此 pH 值的改变既影响酶对底物的结合，也影响酶的催化能力。显然，只有在某一 pH 值时，各种基团处于最佳电离状态，酶的催化效率最高，此 pH 值称为该酶的最适 pH 值。

每一种酶都有一个最适 pH 值，典型的最适 pH 曲线是钟罩形曲线（图 3-10）。偏离最适 pH 值越远，酶活性就越低。各种酶的最适 pH 值不同，大多为中性、弱酸性或弱碱性。少数酶的最适 pH 值远离中性，如胃蛋白酶的最适 pH 值为 1.5，精氨酸酶为 9.80。酶的最适 pH 值受许多因素影响，如酶的来源、纯度、底物、缓冲剂、盐类、作用时间、温度等。现将几种常见酶的最适 pH 值列于表 3-4。

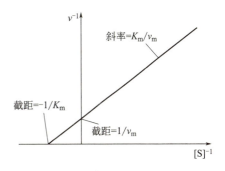

图 3-9 双倒数作图法求 K_m 和 v_m

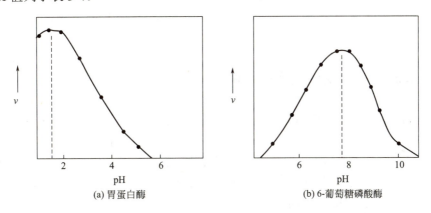

图 3-10 pH 值对胃蛋白酶和 6- 葡萄糖磷酸酶活性的影响

表 3-4 常见酶的最适 pH 值

酶	作用物	最适 pH 值	酶	作用物	最适 pH 值
胃蛋白酶	卵清蛋白	1.5	肝过氧化氢酶	过氧化氢	6.8
脲酶	尿素	6.9	胰酸基肽酶	蛋白质	7.4
胰脂肪酶	丁酸乙酯	7.0	胰蛋白酶	蛋白质	7.8
肠麦芽糖酶	麦芽糖	6.1	肝精氨酸酶	精氨酸	9.8
肠蔗糖酶	蔗糖	6.2	核糖核酸酶	核糖核酸	7.8
唾液淀粉酶	淀粉	6.8			

3.4.4 温度对酶促反应速率的影响

一般化学反应的速率随温度的升高而加快。温度每升高 10℃，反应速率可增加 2～3 倍。当酶的浓度和底物浓度固定时，酶促反应在一定温度范围内（0～40℃）也遵循这个

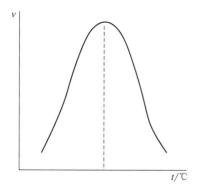

图 3-11 温度对酶促反应速率的影响

规律。这是由于温度升高可加快分子的热运动，增加分子间的碰撞概率。当温度高于某一温度时，酶促反应反而降低，这是由于酶变性、失活而减少了有活性的酶的数量，从而降低催化作用。所以温度对酶促反应具有双重性。当反应在某一温度使二者的影响处于平衡状态，酶促反应速率达到最快，这时的反应体系温度称为酶促反应的最适温度（图3-11）。通常动物体内酶的最适温度一般在 37～40℃之间。而植物体内酶的最适温度一般在 50～60℃之间。仅有极少数的酶能耐稍高的温度，如胰蛋白酶短时间加热到 100℃后，再恢复至室温，仍有活性，而大多数酶加热到 60℃即已丧失活性。

高温可使酶失活而用于高温灭菌。低温不会使酶变性失活，只是酶活性随温度下降而降低，复温后酶又恢复其活性。利用此原理，可低温保存菌种和生物制剂。酶的最适温度与酶促反应进行的时间有关。若酶促反应进行的时间很短暂，则酶可耐受较高的温度，最适温度就较高；相反酶促反应的时间越长，最适温度就越低。

3.4.5 激活剂对酶促反应速率的影响

凡能提高酶活性的物质称为酶的激活剂。有的激活剂是无机离子。无机阳离子有 Na^+、K^+、Ca^{2+}、Mg^{2+}、Cu^{2+}、Zn^{2+}、Co^{2+}、Cr^{3+}、Fe^{2+}，无机阴离子有 Cl^-、Br^-、I^-、CN^-、NO_3^-、PO_4^{3-}，它们都可提高酶的活性。例如 Cl^- 能增强唾液淀粉酶的活性，Mg^{2+} 是一些激酶的激活剂。还有许多激活剂是有机化合物，如胆汁酸盐等，甚至还有蛋白质或多肽类的酶激活剂如钙调蛋白等。激活机理有的是激活剂可能与酶及作用物结合形成复合物而起促进作用；有的是激活剂可能与酶的活性部位以外的部位结合，使酶蛋白构型发生变化，导致酶的活性部位更适宜与底物结合，并催化底物起反应；有的是可能参与酶的活性中心的组成，如某些金属离子，协助酶的催化作用；有的激活剂作为底物（或辅酶）与酶蛋白之间的桥梁，促进酶的催化作用。

3.4.6 抑制剂对酶促反应速率的影响

凡能使酶活性下降但又不使其变性的物质称为酶的抑制剂。通常可将抑制剂引起的抑制作用分成两大类，即不可逆抑制作用和可逆抑制作用。

3.4.6.1 不可逆抑制作用

抑制剂与酶分子的某些基团（主要是必需基团）以共价键方式结合，使酶活性丧失。这些抑制剂一般不能用稀释、透析、超滤等物理方法除去，由它引起的抑制作用称为不可逆抑制作用。按其作用底物的选择性不同又可分为非专一性和专一性两类。

（1）非专一性不可逆抑制　抑制剂与酶分子中一类或几类基团作用，无论是非必需基团还是必需基团，都进行共价结合。由于必需基团受到抑制，故可使酶失活。但这类抑制剂使酶活性受抑制后，可用某些药物解毒，使酶恢复活性。如某些重金属离子（Hg^{2+}、Ag^+、As^{3+}）可与酶分子的巯基进行不可逆结合，许多以巯基为必需基团的酶（巯基酶）会受到抑制，甚至失去活性。但可用二巯基丙醇和二巯丁二钠等含巯基的化合物，使酶复活。路易士气是一种含砷的有毒化合物，能抑制体内巯基酶，失活的巯基酶可用二巯基丙醇（BAL）或二巯丁二钠来进行治疗，路易士气中毒及解毒的机理如下：

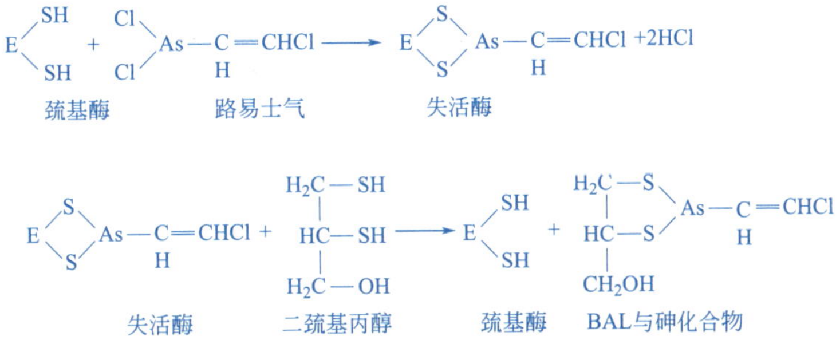

（2）专一性不可逆抑制　有机磷杀虫剂（敌百虫、对硫磷、敌敌畏等）能专一地与胆碱酯酶等羟基酶的羟基作用，与之结合使酶磷酰化而不可逆抑制酶的活性。乙酰胆碱酯酶是一种羟基酶，有机磷杀虫剂中毒时，此酶活性受到抑制，胆碱能神经末梢分泌的乙酰胆碱不能及时分解，引起胆碱能神经兴奋亢进，表现出一系列中毒症状。其严重程度与酶活性的降低有平行关系。临床上用解磷定来治疗有机磷中毒。解磷定能夺取已和胆碱酯酶结合的磷酰基，解除有机磷对酶的抑制作用，使酶复活。

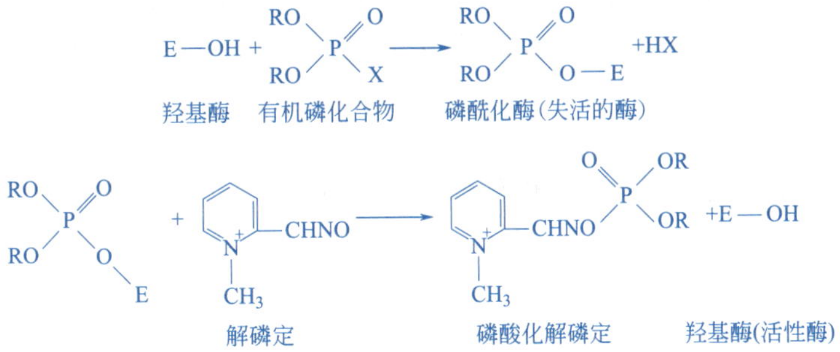

3.4.6.2 可逆抑制作用

抑制剂与酶以非共价键结合，两者结合比较疏松，故用透析等物理方法除去抑制剂后，酶的活性能恢复，此称为可逆性抑制作用。这类抑制又可分为竞争性抑制作用、非竞争性抑制作用和反竞争性抑制作用三类。

（1）竞争性抑制作用　如果抑制剂在结构上与底物相似，那么它就可以同底物竞争性地与酶的活性部位相结合。酶与这种物质结合后，就不能再与底物结合，这种作用称为竞争性抑制作用。如丙二酸、草酰乙酸、苹果酸与琥珀酸脱氢酶的底物琥珀酸结构相似，故它们能竞争与酶活性中心相结合。一旦和酶结合，则生成抑制剂-酶复合物（EI），就不能生成产物，从而降低反应中 ES 的浓度，使酶活性下降。

但是这种抑制是可逆的，如加大底物浓度，抑制作用可解除。抑制作用的强弱取决于底物与抑制剂浓度的相对比例。因此，当底物浓度 [S] 足够高时，相对而言，竞争性抑制剂对酶的竞争作用微不足道，此时几乎所有酶分子均与底物结合，故最大反应速率（v_m）仍可达到。只不过比起无竞争性抑制剂存在时，达到最大速率的底物浓度就要高一些，此时的 K_m 值也相应增高。

竞争性抑制在临床治疗疾病时十分重要。如 5- 氟尿嘧啶（5-FU）、6- 巯基嘌呤（6-MP）和磺胺类药物均是酶的竞争性抑制剂，它们分别抑制嘧啶、嘌呤核苷酸和四氢叶酸的合成酶类，从而达到抑制肿瘤和抑菌的目的。

（2）非竞争性抑制作用　非竞争性抑制剂（I）与底物（S）之间在结构上一般无相似之处。非竞争性抑制剂与酶活性部位以外的部位可逆地结合，不影响底物与酶分子的结合，也不影响酶 - 底物复合物与抑制剂的结合。但结合有 I 的酶无催化活性，ESI 不能进一步分解成产物。正是由于非竞争性抑制剂的存在，并不影响酶对底物的亲和力，故其 K_m 值不变。但由于它与酶结合后，使酶失去催化活性，等于减少活性酶分子，故使最大反应速率（v_m）降低。这种抑制作用称为非竞争性抑制作用。

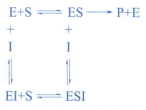

有利尿和强心作用的喹巴因（Quabain）是细胞膜上 Na^+，K^+-ATP 酶的强烈抑制剂，它的抑制作用是一种非竞争性抑制。

（3）反竞争性抑制作用　抑制剂并不直接与酶结合，而是与酶和底物形成的复合物结合，ES 复合物结合为 ESI，使酶失去催化活性，ESI 同样也不能分解成产物，所以 ES 实际生成量（即能分解成产物量）下降。

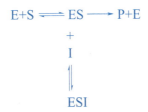

这样,既阻碍产物生成,又阻止底物游离。此种情况恰好与竞争性抑制剂相反,故称为反竞争性抑制作用,导致 K_m 和 v_m 均下降。

现将三种可逆性抑制作用的特点归纳于表 3-5。

表 3-5 三种可逆性抑制作用的特点

影响	竞争性	非竞争性	反竞争性
与 I 结合的组分	E	E 及 ES	ES
对 v_m 的影响	不变	降低	降低
对 K_m 的影响	增加	不变	降低

酶的抑制作用在医学、工农业生产和科学实验上具有一定意义。在医学上,用磺胺作抗菌剂就是利用磺胺的化学结构与对氨基苯甲酸的结构相似,与对氨基苯甲酸竞争,同细菌生存所必需的酶结合,使细菌不能利用对氨基苯甲酸合成所需的叶酸,从而抑制其繁殖。根据最新的研究结果表明,抗生素的作用就是利用它能抑制细菌合成蛋白质的酶系,使其不能生存和繁殖。在农业上,利用化学制剂对害虫生命所需的酶促反应起抑制作用。例如,有机磷可抑制昆虫的胆碱酯酶,导致乙酰胆碱在昆虫体内大量累积,影响神经传导,造成生理功能失调而死。在生物体中的天然抑制剂为酶促反应的自动控制因素之一。

3.5 酶的分离提纯及活力测定

3.5.1 分离提纯

研究酶的性质、作用、反应动力学、结构和功能关系等都需要较高纯度的酶制剂,从而免除其他酶或蛋白质的干扰。对酶进行分离提纯有两方面的目的:一是为了研究酶的理化特性,对酶进行鉴定;二是作为生化试剂及用作药物。根据酶在体内作用的部位,可以将酶分为胞外酶及胞内酶两大类。胞外酶是一类由细胞内产生后分泌到细胞外发挥作用的酶。胞外酶易于分离,如收集动物胰液即可分离出其中的各种蛋白酶及酯酶等。胞内酶存在于细胞内,酶在细胞内往往与细胞结合。如氧化还原酶在线粒体上,蛋白质合成酶在微粒体上,在细胞内起催化作用,必须破碎细胞才能进行分离。酶的分离一般从以下两方面入手:一方面是把酶制剂从很大体积浓缩到较小体积;另一方面是将酶制剂中大量的杂蛋白和其他大分子物质分离出去。分离提纯步骤简述于下。

(1)选材 应选择酶含量高、易于分离的动、植物组织或微生物材料作原料。

(2)破碎细胞 动物细胞可用研磨器、匀浆器、捣碎机等进行破碎。植物细胞和细菌细胞具有较厚的细胞壁,较难破碎,需要用超声波、细菌磨、溶菌酶、某些化学溶剂(如甲苯、去氧胆酸钠)或冻融等处理加以破碎。

（3）抽提　在低温下用水或低盐缓冲液、稀酸或稀碱的水溶液，从已破碎的细胞中将酶溶出。这样所得的粗提液中往往含有很多杂蛋白及核酸、多糖等成分。

（4）分离及提纯　抽提液中含有酶、小分子物质及大分子物质。小分子物质在纯化过程中自然地除去，大分子物质包括核酸、黏多糖和杂蛋白。核酸可用鱼精蛋白或氯化锰使之沉淀去除。黏多糖可用醋酸铅处理。如何将酶与杂蛋白分开，根据酶是蛋白质这一特性，用一系列提纯蛋白质的方法，如盐析（用硫酸铵或氯化钠）、调节 pH、等电点沉淀、有机溶剂（乙醇、丙酮、异丙醇等）分级分离及吸附分离法等。根据酶和杂蛋白带电性质的差异可用离子交换法和电泳法进行分离。根据酶和杂蛋白热稳定性的差别常用选择性热变性法。酶是生物活性物质，在提纯时必须考虑尽量减少酶活力的损失，因此全部操作需在低温下进行。一般在 0～5℃间进行，用有机溶剂分级分离时必须在 −20～−15℃下进行。为防止重金属使酶失活，有时需在抽提溶剂中加入少量 EDTA 螯合剂；为防止酶蛋白—SH 被氧化失活，需要在抽提溶剂中加入少量巯基乙醇。在整个分离提纯过程中不能过度搅拌，以免产生大量泡沫，使酶变性。

（5）结晶　通过提纯获得较纯的酶溶液后，可对酶进行结晶。结晶过程进行得较慢，一般需要几天或几个星期。

（6）保存

① 用硫酸铵沉淀或硫酸铵反透析法使酶浓缩，使用前再透析除去硫酸铵。

② 冰冻干燥：对于已除去盐分的酶液可以先在低温结冰再减压使水分升华，制成酶的干粉，保存于冰箱中。

③ 浓缩液加入等体积甘油后可于 −20℃下长期保存。酶溶液浓度越低越易变性，因此不要保存酶的稀溶液。

3.5.2　酶活力的测定

酶活力是指酶催化一定化学反应的能力。酶活力的测定也就是酶的定量测定。检查酶的含量及存在，不能直接用重量或体积来表示，常用它催化某一特定反应的能力来表示。酶活力的高低是研究酶的特性、进行酶制剂的生产及应用时的一项必不可少的指标。

（1）酶活力与酶反应速率　酶活力的大小可以用在一定条件下所催化的某一化学反应的反应速率来表示，酶催化的反应速率越快，酶的活力就越高；速率越慢，酶的活力就越低。所以测定酶的活力，就是测定酶促反应的速率。酶促反应速率可用单位时间内、单位体积中底物的减少量或产物的增加量来表示，所以反应速率的单位是：浓度/单位时间。将产物浓度对反应时间作图，反应速率即图 3-12 中曲线的斜率；如图所示，曲线的斜率表示单位时间内产物生成量的变化，所以曲线上任何一点的斜率就是该相应时间的反应速率。

从图中可知，反应速率在最初一段时间内几乎保持恒定，随着反应时间的延长，酶促反应速率逐渐下降，引起下降的原因很多，如底物浓度的降低、酶本身部分分子失活、产物对酶的抑制、产物浓度增加而加速了逆反应的进行等。由于反应初速率与酶量呈线

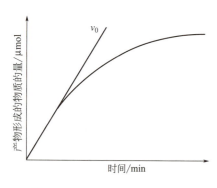

图 3-12　酶促反应的速度曲线

性关系，所以研究酶促反应速率应以酶促反应的初速率为准。用初速率来测定酶制剂中酶的含量。测定产物生成量的方法有：分光光度法、荧光法、电化学法、同位素法等。选择哪一种方法，要根据底物或产物的物理化学性质而定。

（2）酶的活力单位　酶活力的标准单位即国际单位（IU，又称U），1961年国际酶学会议规定：在最适反应条件（温度25℃）下，1min内催化1μmol底物转化为产物所需的酶量定为一个酶活力单位，即1U=1μmol/min。测定酶活力要在最适条件下进行，即最适温度、最适pH、最适底物浓度和最适缓冲液离子强度等。

1972年国际生化学会为了使酶的活性单位与国际单位制中的反应速率mol/s表达方式相一致，推荐了一个新的单位Katal（简称Kat），以便和国际单位制SI取得一致。1Kat定义为在一定条件下1s内转化1mol底物所需要的酶量。U和Kat的关系为1Kat=6×10^7U。

（3）酶的比活力　酶的比活力代表酶的纯度。比活力是指每毫克酶制品所含的酶单位数。对同一种酶来说，比活力越大，表示酶的纯度越高。用纯酶的比活力除未知纯度的酶制品的比活力即得未知酶制品的纯度。

比活力＝酶活力（IU）/酶蛋白质量（mg）

（4）酶的转换数　酶的转换数是指一个酶在底物浓度饱和时，每单位时间（如每秒钟）每一个催化中心所转换的底物分子数，即使多少个底物分子转变为产物。通常指每秒钟每个酶分子转换底物的物质的量（μmol）。

在测定酶活力时必须要注意：①测定的反应速率必须是反应初速率，否则不可能得到准确结果；②酶促反应速率受环境条件影响。因此，在测定活力时，要维持在一套固定条件下进行。

3.6 酶的应用

酶作为一种生物催化剂，由于反应条件温和、高效、专一性强，在工业上用酶反应来代替需要高温、高压、强酸、强碱的化学反应，在简化工艺、降低设备投资与生产成本、节约原料与能源，以及改善劳动条件、减少环境污染等方面，已引起人们的重视。由于酶反应的专一性强、灵敏度高，因此酶制剂、酶生物传感器等已成为现代化科研与医学诊断所不可缺少的有力工具。目前，酶在工业上主要是用于食品发酵、淀粉加工、纺织、制革、洗涤剂及医药、造纸等轻化工业方面，但可以预计，今后在有机合成、环境保护上也将发挥其重要作用。自然界中已经发现的酶有25000多种，其中只有150多种得到应用开发，在工业上有用的酶只有50~60种，而大量制造与应用开发的还只限于淀粉酶、蛋白酶、葡萄糖异构酶、果胶酶、脂肪酶、葡萄糖氧化酶等10多种，且大部分是水解酶类，其中60%为蛋白酶（用于制造加酶洗涤剂及乳酪、啤酒、制革等），30%为碳水化合物水解酶（用于淀粉加工、酿酒、纺织品、果蔬加工、乳品加工等）。许多医学临床检验和复杂的测试分析将用酶法自动分析进行，许多有抗药性的化学药物或抗生素将为酶类药品所取代。

3.6.1 酶在食品工业上的应用

食品工业是最早最广泛应用酶的领域之一。目前已有几十种酶成功地用于食品工业。

例如，葡萄糖的生产、蛋白制品加工、果蔬加工、食品保鲜以及改善食品的品质与风味等。食品加工过程中如何保持食物的色、香、味和结构是很重要的问题，因此加工过程中应避免使用剧烈的化学反应。酶由于反应温和、专一性强、本身无色无味、反应容易控制，因而最适宜用于食品加工。酶在食品加工中最大的用途是淀粉加工，其次是乳品加工、果汁加工、烘烤食品，以及啤酒发酵等（见表3-6）。

表3-6 酶在食品工业中的应用

酶	主要来源	用途
蛋白酶	木瓜、枯草杆菌等	肉类软化、乳酪生产
果胶酶	霉菌	果汁澄清
溶菌酶	蛋清	食品保鲜
淀粉酶	麦芽、米曲霉等	啤酒酿造

3.6.2 酶在轻工业品制造方面的应用

利用酶的催化作用可将原料转变为所需的产品，也可利用酶的作用除去某些不需要的物质而得到所需的产品。

① 酶法生产L-氨基酸　酶法生产L-氨基酸是利用酶或固定化酶的催化作用，将各种底物转化为L-酰基氨基酸，或将DL-酰基氨基酸拆分而生产L-氨基酸。目前有多种酶可用于L-氨基酸的生产。例如，用L-氨基酸酰化酶光学拆分DL-酰基氨基酸生成L-氨基酸。

② 酶法生产核苷酸　核苷酸在食品和医药等方面有重要用途，可利用多种酶进行生产。例如，用5′-磷酸二酯酶水解核糖核酸生产各种5′-核苷酸。用核苷酸磷酸化酶，催化AMP生成ADP和ATP等。

③ 酶法生产有机酸　通过酶的催化作用可以生产有机酸。例如，用延胡索酸酶生产L-苹果酸，延胡索酸通过延胡索酸酶催化作用，生成L-苹果酸。工业上已采用固定化黄色短杆菌或色氨短杆菌的延胡索酸酶连续生产L-苹果酸。

④ 酶法制酱　在酱油或豆酱的生产中，利用蛋白酶催化大豆蛋白质水解，可以大大缩短生产周期，提高蛋白质的利用率。用蛋白酶还可以生产出优质低盐酱油或无盐酱油。此外，在酱油酿造过程中，添加一些纤维素酶等可以提高原料利用率。

⑤ 酶法制糖　主要是分解棉籽糖，清洗甘蔗糖设备及降低蔗汁黏度。此外，还用于由葡萄糖直接变为果糖等。

3.6.3 酶在医药工业中的应用

酶在药物制造方面的应用是利用酶的催化作用将前体物质转变为药物。这方面的应用日益增多。现已有不少药物包括一些贵重药物都是由酶法生产的。例如，用青霉素酰化酶合成各种新型的β-内酰胺抗生素，包括青霉素和头孢霉素；用蛋白酶生产各种氨基酸和蛋白质水解液；用核糖核酸酶生产核苷酸类物质；用核苷磷酸化酶生产阿拉伯糖腺嘌呤核苷；

用蛋白酶和羧肽酶将猪胰岛素转化为人胰岛素等。用于疾病治疗的酶见表 3-7。

表 3-7　用于疾病治疗的酶

酶	来源	用途
纤维素酶	霉菌	治疗消化不良
凝血酶	细菌、酵母	治疗出血
L-天冬酰胺酶	大肠杆菌	治疗白血病
凝血酶	血液	血液凝固

 知识链接

科学家发现脑蛋白酶可以控制情绪

科学家们发现一种叫作 Rines 的酶，这种酶具有调节 MAO-A 的功能，MAO-A 是大脑中一种控制情绪的蛋白质。该酶是一种治疗情绪病的潜力药，科学家相信它对治疗抑郁症会有一定帮助。

单胺氧化酶（MAO-A）可以分解 5-羟色胺，同时也是分解去甲肾上腺素和多巴胺的酶，众所周知，这些神经递质是可以影响我们情感和情绪的物质，绰号叫作"战士基因"（warrior gene）。最近研究发现，单胺氧化酶基因突变与人们的暴力、反社会等危险行为密切相关。尽管有研究表明 MAO-A 的水平和各种情感变化密切相关，但是科学家们对于大脑中控制 MAO-A 水平的机制一直未能明确。

研究还发现，当实验鼠失去了 Rines 基因后，它们的应激反应受损，并且焦虑的感觉也增强了，这些反应很大部分是通过 MAO-A 水平的调控来实现的。

这项研究结果为科学家们开辟了分析 MAO-A 在大脑中的功能的新领域，进一步的研究可以为治疗焦虑、压力相关疾病和社会功能受损的病患带来希望。

 习　题

1. 解释名词：酶、酶的活性部位、酶原激活、同工酶。
2. 酶反应有哪些特点？
3. 试述底物对酶促反应速率的影响。
4. 什么是米氏常数？米氏常数有哪些意义？
5. 什么是酶活力、酶单位和比活力？
6. 何谓全酶、辅酶、酶的活性中心？
7. 酶作为生物催化剂有何特点？
8. 举例说明酶的专一性。

第 4 章　维生素与辅酶

导　读

维生素在人体中虽然微量却起着非常重要的作用。维生素的缺乏与人体哪些疾病有关？可以从哪些食品中获取？它们的生理功能是什么？本章一一解答。

思政小课堂

屠呦呦几十年来致力于严重危害人类健康的世界性流行病疟疾的防治研究，从中医药这一伟大宝库中寻找创新源泉，从浩瀚的古代医籍中汲取创新灵感，从现代科学技术中汲取创新手段，与她领导的研究团队坚持不懈，攻坚克难，联合攻关，成功地从中草药青蒿中提取出青蒿素，并研制出系列青蒿素类药品，解决了长期抗疟治疗失效难题，标志着人类抗疟步入新纪元。这一成就挽救了全球特别是发展中国家数百万人的生命，在世界抗疟史上具有里程碑意义。

维生素是维持机体正常生命活动不可缺少的一类小分子有机化合物。尽管机体对这类物质的需要量很少，但由于这类物质在体内不能合成，或合成的量不能满足机体的需要，所以必须从食物中摄取。维生素在生物体内虽然既不是构成各种组织的主要原料，也不是体内能量的来源，但它们的生理功能主要是对物质代谢过程起着非常重要的调节作用。机体缺少某种维生素时，可控物质代谢过程就会发生障碍，因而使生物不能正常生长，以至发生不同的维生素缺乏病。

维生素对物质代谢过程之所以重要，是因为多数的维生素作为辅酶或辅基的组成成分，参与体内的代谢过程。特别是 B 族维生素，如硫胺素（维生素 B_1）、核黄素（维生素 B_2）、烟酰胺（维生素 PP）、泛酸、叶酸等几乎全部参与辅酶的组成。甚至有些维生素，如硫辛酸、抗坏血酸等其本身就是辅酶。此外，也有少数的维生素具有某些特殊的生理功能。

维生素的种类很多，它们的化学结构差别很大，有脂肪族、芳香族、脂环族、杂环和甾类化合物等，但通常根据它们的溶解性质分为脂溶性和水溶性两大类。脂溶性维生素有维生素 A、维生素 D、维生素 E、维生素 K。水溶性维生素有 B 族维生素和维生素 C 等。见表 4-1。

表 4-1 维生素的分类

维生素类别	名称
脂溶性维生素	维生素 A 维生素 D 维生素 E 维生素 K
水溶性维生素	B 族维生素 维生素 C

4.1 脂溶性维生素

4.1.1 维生素A

4.1.1.1 结构

维生素 A（图 4-1）的化学本质是一个具有脂环的不饱和一元醇。维生素 A 有维生素 A_1、维生素 A_2 两种，二者区别在于维生素 A_2 脂环在 3 位上多一个双键，维生素 A_2 的活性较维生素 A_1 小。维生素 A_1 又称视黄醇。

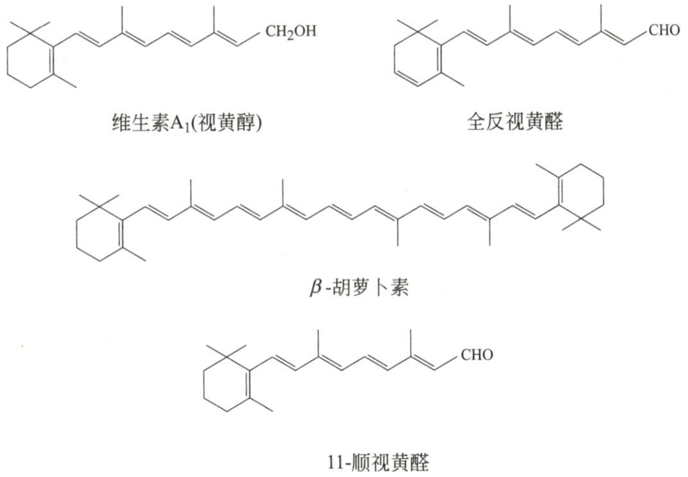

维生素A_1(视黄醇)

全反视黄醛

β-胡萝卜素

11-顺视黄醛

图 4-1 维生素 A 结构式

4.1.1.2 功能

维生素 A 的功能主要是维持上皮组织的正常结构和功能；组成视色素；促进黏多糖合成以及骨的形成和生长等。维生素 A 缺乏症的主要症状之一为皮肤和各器官如呼吸道、消化道、腺体等的表皮角质化。皮肤的病变表现为皮肤粗糙、毛囊角质化等，称为蟾皮病；在眼部的病变是角膜和结膜表皮细胞退变，泪液分泌减少，泪腺萎缩，失去抵抗病菌入侵的功能，称为眼干燥症和角膜软化症。夜盲症是维生素 A 缺乏症的另一症状，表现为暗适应的丧失或延长。所谓暗适应就是指眼从明处到暗处的适应过程，正常人开始适应约为 4～5min，完全适应约为 20～30min。

临床上维生素 A 用于防治夜盲症、眼干燥症和蟾皮病等维生素 A 缺乏症。近年来试用于防治癌症，也收到一定疗效。由于动物肝脏能储存足以维持几个月甚至几年之久的维生素 A，故成年动物不易产生缺乏症。

4.1.1.3 来源

动物肝脏和乳中含有丰富的维生素 A。在海水鱼肝脏内和淡水鱼肝脏内含量尤为丰富。另外在高等植物（如菠菜、番茄、胡萝卜）和动物中普遍存在的 β- 胡萝卜素，其结构与维生素 A 非常相似，是由两分子维生素 A 组成的。人和动物吃了含胡萝卜素的蔬菜后，在肠黏膜和肝中通过酶促反应能转变为维生素 A。人体对维生素 A 的需要量每天还不到 1mg，主要可由富含胡萝卜素的蔬菜提供，鱼肝油中含量特别丰富。

4.1.2 维生素D

4.1.2.1 结构

维生素 D 因为具抗佝偻病和软骨病作用，故又称抗佝偻病维生素。维生素 D（图 4-2）有几种，均为类固醇衍生物，其中以维生素 D_2 和维生素 D_3 较为重要。维生素 D_2 和维生素 D_3 结构相似，维生素 D_2 比维生素 D_3 仅多一个甲基和一个双键。维生素 D_2 又称麦角钙化（甾）醇，维生素 D_3 又称胆钙化（甾）醇。

维生素 D 在体内的活性形式是 1, 25- 二羟基胆钙甾醇，简写为 1, 25-$(OH)_2D_3$。体内的维生素 D_3 必须经肝脏经羟化成 25-OHD_3，后者再经肾脏羟化成 1, 25-$(OH)_2D_3$ 才能发挥作用。

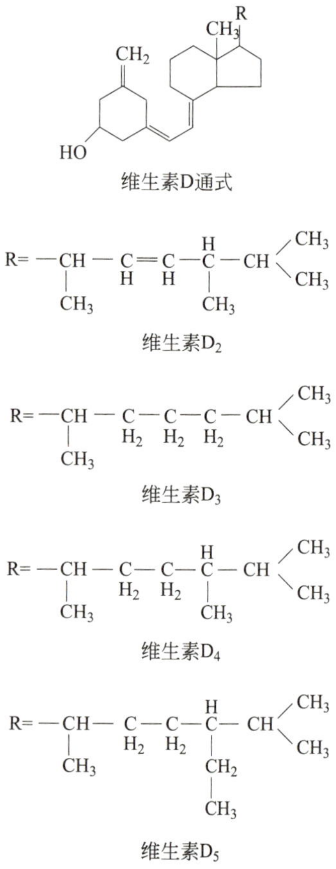

4.1.2.2 功能

维生素 D 的主要生理功能是调节磷和钙的代谢，维持血液中钙、磷浓度正常，促使骨骼正常发育，并促进成骨作用，与动物骨架的正常钙化有关。当体内的维生素 D 转化为 1, 25-$(OH)_2D_3$ 以后，可促进肠道黏膜合成钙结合蛋白，使小肠对钙和磷的吸收增加，从而维持血浆中钙、磷浓度的正常水平，而这正是成骨作用的必要条件。维生素 D 还具有促进成骨细胞形成和促进钙在骨质中沉积成 $Ca_3(PO_4)_2$、$CaCO_3$ 等骨盐的作用，有助于骨骼和牙齿的形成。缺少维生素 D 的婴孩，小肠对钙、磷吸收发生障碍，使血液中钙、磷

图 4-2 维生素 D 结构式

量下降，骨、牙不能正常发育，临床表现为手足抽搐，严重者导致佝偻病。缺乏维生素 D 时，由于血钙过低，骨钙化受阻，形成钙化不足的软骨，因此产生骨畸形。缺乏维生素 D 的早期，成骨细胞的活力大于正常人，所以血液中碱性磷酸酯酶的活力很高。测定血清中碱性磷酸酯酶的活力，有助于早期诊断佝偻病。

维生素 D 可防治佝偻病、软骨病和手足抽搐症等，但在使用维生素 D 时应先补充钙。大剂量久用可引起维生素 D 过多症，表现为血钙过高、骨破坏、异位钙化和动脉硬化等。

4.1.2.3　来源

鱼肝油、肝、蛋类等动物性食物都是维生素 D 的主要来源，人可以从中摄取维生素 D_3，但不能满足需要。有些物质原来不具有抗佝偻病作用，经紫外线照射后才具有抗佝偻病作用，如酵母中提取的麦角甾醇，是制备维生素 D_2 的原料，但人肠道不能吸收利用，经紫外线照射后结构可转变为维生素 D_2。另外，人体皮肤中含有 7- 脱氢胆固醇，为维生素 D_3 的前体，经太阳光紫外线照射后，可转变为维生素 D_3，是人体维生素 D 的主要来源。一般情况下，人体通过皮肤合成的维生素 D_3 足够维持机体应用。

4.1.3　维生素K

4.1.3.1　结构

维生素 K 具有抗出血不凝的作用，所以又称凝血维生素。缺乏维生素 K 时，出血时间和凝血时间延长。维生素 K 有多种，有维生素 K_1、维生素 K_2 和维生素 K_3 类。它们的化学结构见图 4-3。

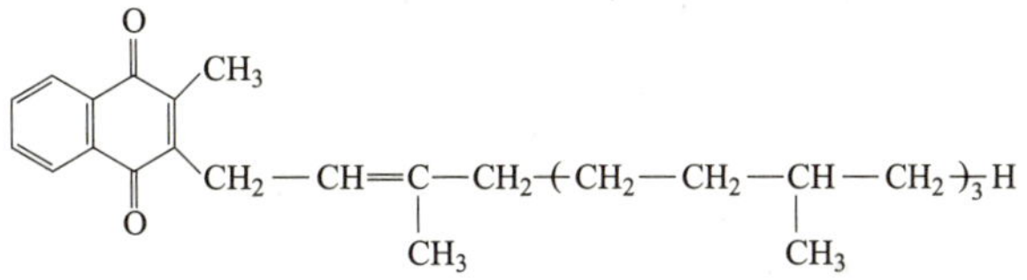

维生素K_1

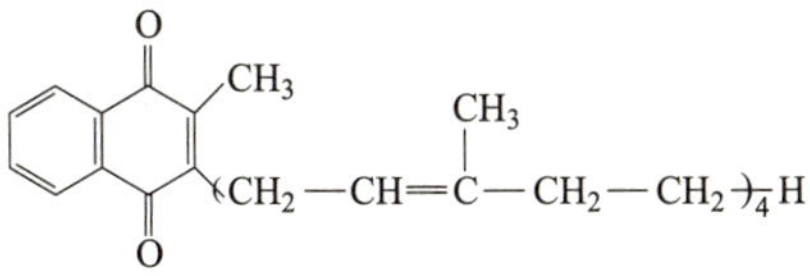

维生素K_2

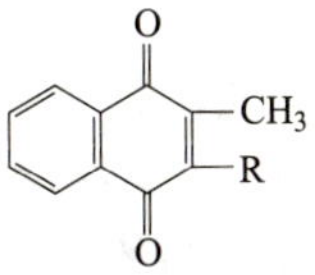

维生素K_3

图 4-3　维生素 K 结构式

4.1.3.2 功能

维生素 K 的生理功能主要是加速血液凝固，促进肝脏合成凝血酶原所必需的因子。凝血过程中有许多凝血因子的生物合成跟维生素 K 有关。

维生素 K 对于防治因维生素 K 缺乏所致的出血症，如新生儿出血、长期口服抗生素所致的出血症以及有出血倾向的肝性脑病、阻塞性黄疸等肝病有很好疗效。维生素 K 不仅能促进肝脏合成凝血酶原，还能延缓皮质激素在肝脏中的分解，间接起到增强皮质激素的作用。它在氧化磷酸化过程中也具有重要的偶联作用，从而激发肝细胞，增强其对营养的摄取能力以便于修复。

4.1.3.3 来源

人体维生素 K 的来源分为食物来源和肠道微生物合成来源。食物中的绿叶蔬菜、动物肝和鱼等中含有较多的维生素 K；牛奶、麦麸、大豆等也含有维生素 K。肠道中的大肠杆菌、乳酸菌等能合成维生素 K，可被肠壁所吸收。所以一般情况下人体不会缺乏维生素 K，但长期服用抗生素或磺胺药，使肠道菌生长抑制或脂肪吸收受阻，或因食物中缺乏绿色蔬菜，才会发生维生素 K 缺乏症。

4.1.4 维生素 E

4.1.4.1 结构

维生素 E 又称生育酚。已知具有维生素 E 作用的物质有 8 种。其中 4（α，β，γ，δ）种较为重要。α-生育酚最重要，其结构式如图 4-4 所示。

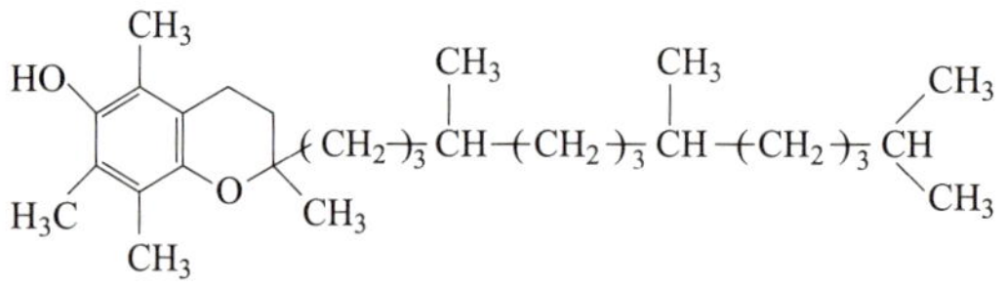

图 4-4　维生素 E（α-生育酚）

纯粹的维生素 E 为油状物，溶于脂溶性溶剂和脂肪中。紫外线及氧化剂可使其失活，在无氧条件下耐热，当温度高达 200℃ 时也不被破坏。

4.1.4.2 功能

由于维生素 E 极易氧化而保护其他物质不被氧化，故具有抗氧化的作用，通常可用来保护维生素 A 使之不被氧化，也可使细胞膜上不饱和脂肪酸免于氧化而不被破坏。因而维生素 E 可以防止红细胞破裂溶血而延长红细胞的寿命。另外，维生素 E 还可以保护巯基不被氧化，而保持某些酶的活性。目前认为在生物体内维生素 E 能保护生物膜，增强细胞对废气的抵抗力。缺乏维生素 E 能影响鼠类的生殖力。但维生素 E 的生理功能比较广泛，不限于抗不育症。近年来，研究认为维生素 E 有抗衰老、防治肿瘤等作用。因为食物中维生素 E 来源充足，还没有发现由于维生素 E 缺乏而引起的人类不育症。维生素能维持骨骼肌、心肌、周围血管系统、脑细胞和肝细胞等的正常结构和功能。临床用于进行性肌营养不良、心脏病、血管病和肝病等的辅助治疗。

4.1.4.3 来源

维生素 E 在麦胚油、棉籽油、玉米油、大豆油中含量丰富，豆类和绿叶蔬菜中含量也较多。由于来源丰富，一般不易缺乏，在发生某些脂肪吸收障碍等疾病时可以引起缺乏。

4.2 水溶性维生素

4.2.1 维生素 B_1 和 TPP

4.2.1.1 结构

维生素 B_1 为抗神经炎的维生素，因为它是由含硫的噻唑环和一个含氨基的嘧啶环所组成，所以又称硫胺或硫胺素，在生物体内经常以硫胺磷酸酯（TP）或硫胺焦磷酸酯（TPP，又称羧化辅酶）的辅酶形式存在。其结构式见图 4-5。

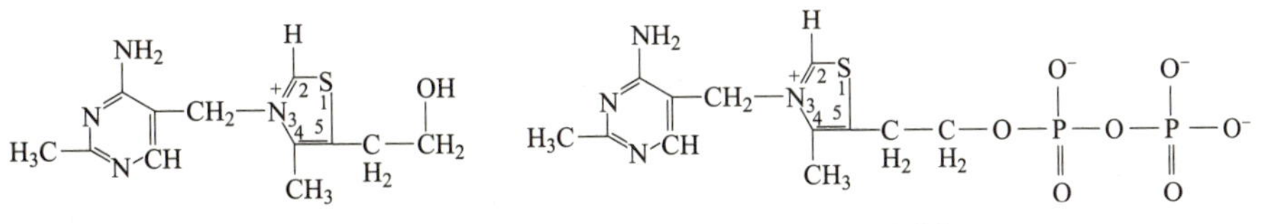

图 4-5　维生素 B_1 和 TPP 结构式

4.2.1.2 功能

TPP 是糖代谢过程中 α-酮酸脱氢酶的辅酶，参与丙酮酸或 α-酮戊二酸的氧化脱羧反应和醛基转移作用。因此维生素 B_1 对于维持正常糖代谢具有重要作用。

由于维生素 B_1 和糖代谢关系密切，因此多食糖类食物，维生素 B_1 的需要量也相应增多（0.5mg/kcal❶）。当维生素 B_1 缺乏时，糖代谢受阻，丙酮酸积累，使病人的血、尿和脑组织中丙酮酸含量升高，出现多发性神经炎、皮肤麻木、心力衰竭、四肢无力、肌肉萎缩、下肢水肿等症状，临床称为脚气病。当服用维生素 B_1 后，血、尿中丙酮酸含量就会下降。另外，维生素 B_1 还具有维持正常的消化腺分泌和胃肠道蠕动功能，从而促进消化。当轻度缺乏维生素 B_1 时，会出现食欲缺乏、消化不良的症状，就是由消化液分泌减少和胃肠蠕动缓慢所引起的。

---

❶ 1kcal=4.18kJ。

4.2.1.3 来源

维生素 B_1 在植物中广泛分布，在谷类和豆类的种皮中含量很丰富，在酵母中含量更多。维生素 B_1 在酸性溶液中较稳定，在中性和碱性中易被破坏。维生素 B_1 耐热，在 pH3.5 以下加热到 120℃仍不会被破坏，但维生素 B_1 极易溶于水，故米不宜淘洗太多，以免损失。

4.2.2 维生素B_2和FAN、FMN

4.2.2.1 结构

维生素 B_2（图 4-6）又称核黄素，化学结构为核糖醇和 7,8- 二甲基异咯嗪的缩合物。由于在异咯嗪的 1 位和 5 位 N 原子上具有两个活泼的双键，易起氧化还原反应，故维生素 B_2 有氧化型和还原型两种形式。在生物体内的氧化还原过程中起传递氢的作用。

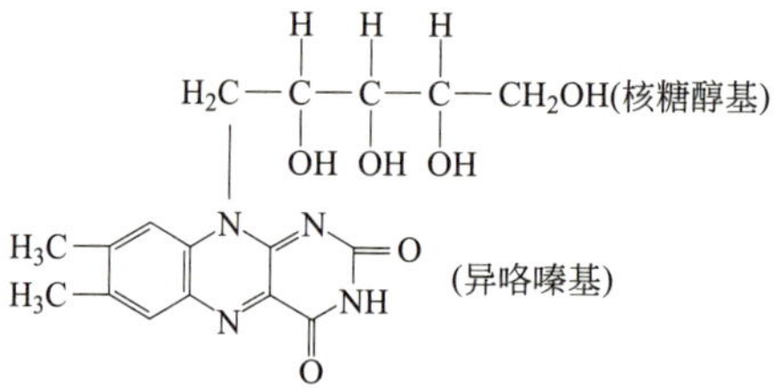

维生素B_2(核黄素)

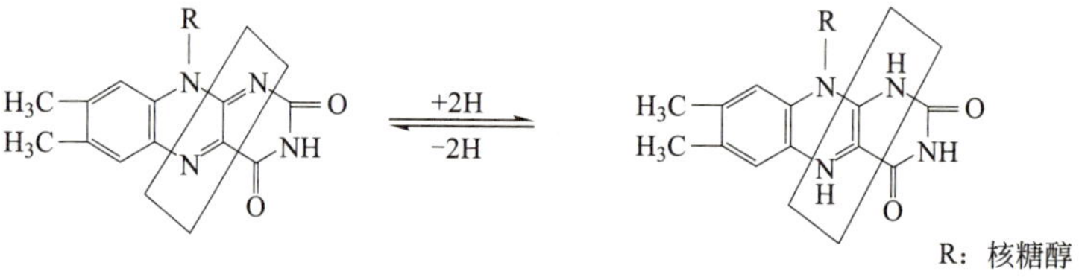

氧化型(黄色)B_2　　还原型(无色)B_2

图 4-6　维生素 B_2 结构式

核黄素是以黄素单核苷酸（FMN）和黄素腺嘌呤二核苷酸（FAD）形式存在（图 4-7），是生物体内一些氧化还原酶（黄素蛋白）的辅基，与蛋白质部分结合较牢固。FMN 又称磷酸核黄素，即在核黄素分子的核糖醇基上接上 1 分子磷酸。FAD 由 1 分子 FMN 与 1 分子腺苷酸相连而成。它们同样以氧化型和还原型两种形式存在，具有传递氢的作用。

以 FAD 为辅基的酶很多，如脂酰辅酶 A 脱氢酶、D- 氨基酸氧化酶、琥珀酸脱氢酶和 L- 葡萄糖氧化酶等，以 FMN 为辅基的酶有肾 L- 氨基酸氧化酶、酵母乳酸脱氢酶等。

维生素 B_2 在酸性环境中稳定，但遇光易被破坏。在碱性溶液中不耐热，故烹调食物时不宜加碱。氧化型核黄素水溶液具有黄绿色荧光，在 450nm 有吸收高峰，当维生素 B_2 成还原型时，则 450nm 峰消失，可用于分析鉴定。

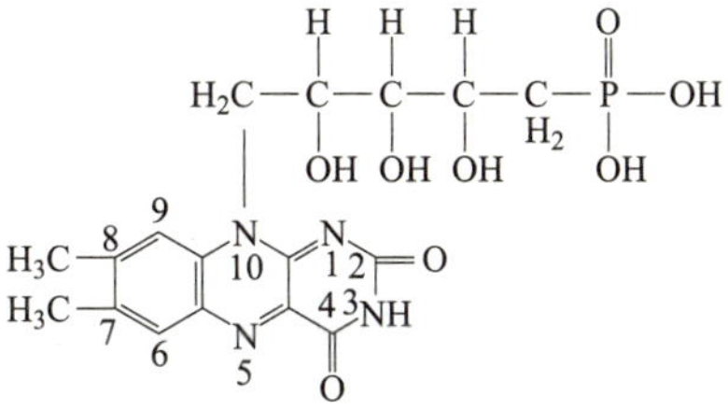

黄素单核苷酸(FMN)

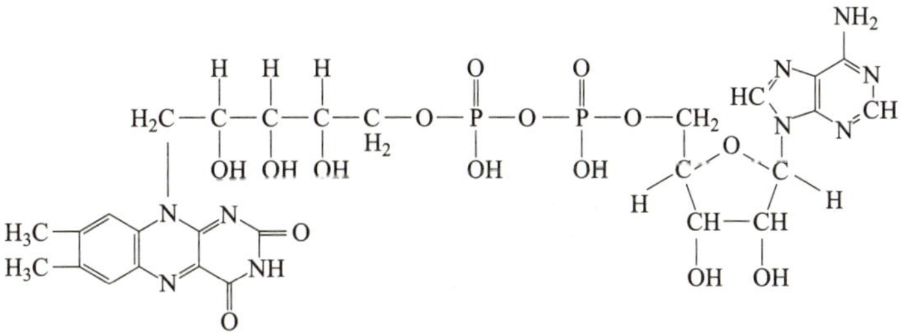

黄素腺嘌呤二核苷酸(FAD)

图 4-7　FMN 和 FAD 结构式

4.2.2.2　功能

FAD 和 FMN 都是氢传递体，在氧化还原反应中起传递氢的作用，作为氢的受体或供体。FMN、FAD 都参与体内各种氧化还原反应，因此维生素 B_2 能促进糖、脂肪和蛋白质的代谢，对维持皮肤、黏膜和视觉的正常机能均有一定的作用。当缺乏维生素 B_2 时，组织呼吸减弱，代谢强度降低，会出现口角炎、舌炎、结膜炎、脂溢性皮炎和视觉模糊等。临床可使用维生素 B_2 治疗。

4.2.2.3　来源

维生素 B_2 广泛存在于动植物中，米糠、酵母、蛋黄中维生素 B_2 含量丰富。所有植物和很多微生物能合成核黄素，但在动物体内不能合成，必须由食物供给。

4.2.3　泛酸和辅酶A

4.2.3.1　结构

泛酸是自然界中分布十分广泛的维生素，故又称遍多酸。它是 α,γ- 二羟 -β,β- 二甲基丁酸与 β- 丙氨酸通过肽键缩合而成的酸性物质（图 4-8）。

辅酶 A 是泛酸的主要活性形式，简写为 CoA。辅酶 A 是含泛酸的复合核苷酸。其结构式如图 4-9 所示。

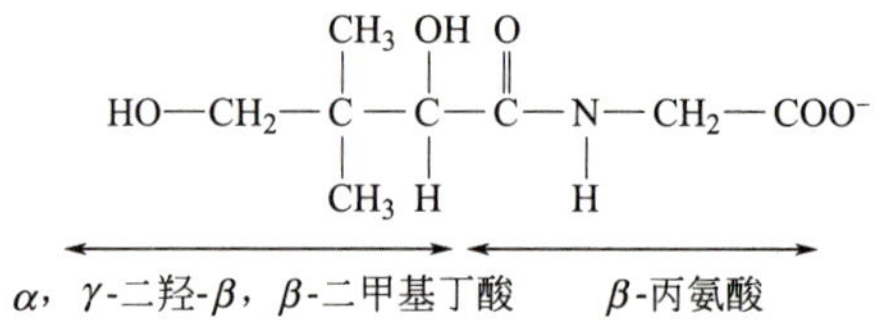

$$\underset{\alpha,\gamma\text{-二羟-}\beta,\beta\text{-二甲基丁酸}}{\text{HO—CH}_2\text{—}\underset{\underset{\text{CH}_3}{|}}{\overset{\overset{\text{CH}_3}{|}}{\text{C}}}\text{—}\underset{\underset{\text{H}}{|}}{\overset{\overset{\text{OH}}{|}}{\text{C}}}\text{—}\overset{\text{O}}{\overset{\|}{\text{C}}}\text{—}\underset{\underset{\text{H}}{|}}{\text{N}}}\underset{\beta\text{-丙氨酸}}{\text{—CH}_2\text{—COO}^-}$$

图 4-8　泛酸结构式

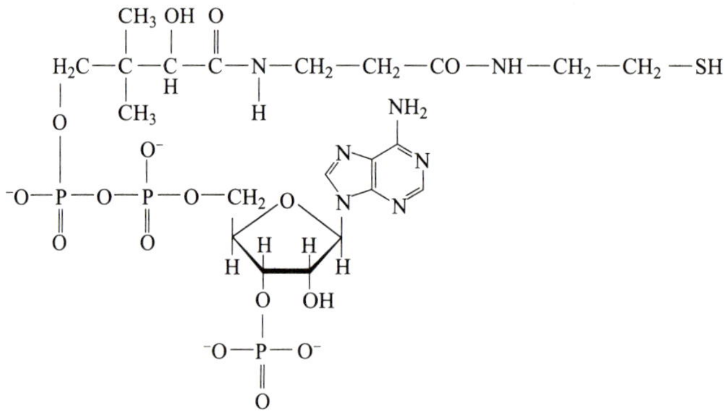

图 4-9　辅酶 A（CoA）

4.2.3.2　功能

辅酶 A 分子所含的巯基可与酰基形成硫酯，其重要的生理功能是在代谢过程中作为酰基的载体。

4.2.3.3　来源

泛酸广泛存在于动植物组织中，人食物中的泛酸含量相当充分，同时肠内细菌能合成泛酸供人体利用，因此人类极少出现泛酸缺乏病。

4.2.4　维生素PP和辅酶Ⅰ、辅酶Ⅱ

4.2.4.1　结构

维生素 PP 又称抗癞皮病维生素，包括烟酸（尼克酸）和烟酰胺两种物质，体内主要以烟酰胺的形式存在。烟酰胺是生物体内辅酶Ⅰ和辅酶Ⅱ的组成成分。辅酶Ⅰ又称烟酰胺腺嘌呤二核苷酸，简称 NAD，由 1 分子烟酰胺核苷酸和 1 分子腺嘌呤核苷酸组成。辅酶Ⅱ为烟酰胺腺嘌呤二核苷酸磷酸酯，简称 NADP。它们的结构式如图 4-10 所示。

4.2.4.2　功能

NAD 和 NADP 在生物体内都是作为脱氢酶类的辅酶，在氧化还原过程中起携带和传递

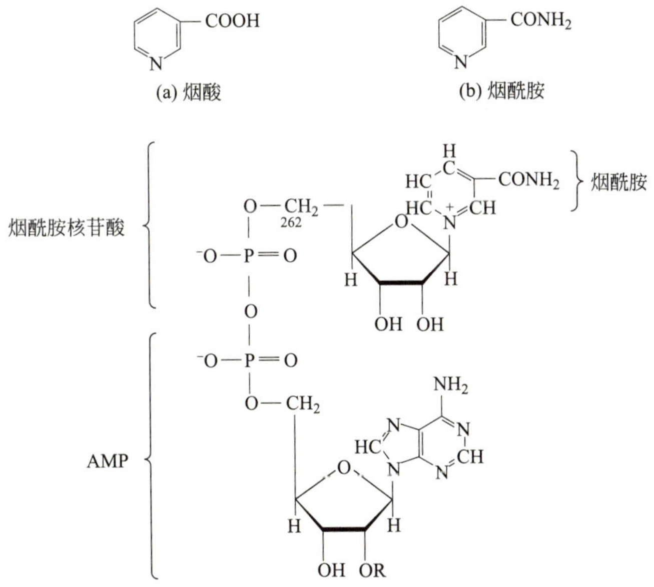

当R=H时，分子式为NAD^+；当R=PO_3^{2-}时，分子式为$NADP^+$

(c) NAD和NADP

图 4-10　维生素 PP、NAD 和 NADP 结构式

氢的作用，作为受氢体和供氢体，分别以氧化型的 NAD^+ 和 $NADP^+$ 与还原型的 NADH 和 NADPH 两种形式存在。在氧化还原过程中底物分子被脱氢酶激活后脱下 2 个氢原子，其中一个氢原子以氢负离子 H^- 的形式转移到氧化型 NAD^+ 或 $NADP^+$ 烟酰胺的吡啶环上，使之成为还原型的 NADH 或 NADPH。另一个以氢离子 H^+ 形式出现在介质中。

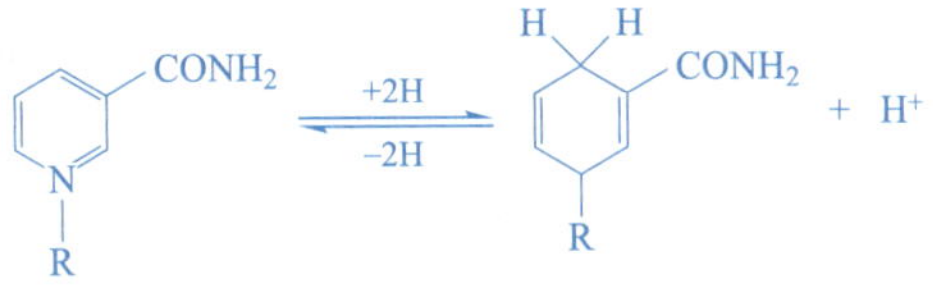

NAD 和 NADP 是多种脱氢酶的辅酶，它们与酶蛋白的结合非常松，容易脱离酶蛋白而单独存在。从脱氢酶对辅酶的要求来看，有的酶需要 NAD 为其辅酶，有的需要 NADP 为其辅酶，但也有些酶，NAD 或 NADP 二者皆可。

有时反应生成的 NADH（或 NADPH）又在其他脱氢酶的作用下，把氢传递给另一底物，本身又恢复成氧化型的 NAD（或 NADP）。例如，3- 磷酸甘油醛脱氢酶可催化 3- 磷酸甘油醛脱氢变成 1，3- 二磷酸甘油酸。此时生成的 NADH，又可在乳酸脱氢酶的作用下，把氢转给丙酮酸，使之变为乳酸，而本身又恢复成氧化型。

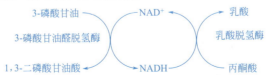

4.2.4.3　来源

维生素 PP 在自然界分布很广，肉类、谷物及花生中含量丰富。此外，在体内色氨酸可

转变成烟酰胺，因此人类一般不缺乏。但玉米中缺乏色氨酸和烟酸，故长期只吃玉米，则有可能患癞皮病。烟酸和烟酰胺可用于糙皮病等的治疗。烟酸也可用作血管扩张药。对结核病有特效的异烟肼和烟酰胺结构相似，能抑制结核菌繁殖，使该菌不能正常利用烟酰胺，起抗代谢作用。

4.2.5 生物素

4.2.5.1 结构

生物素是由噻吩环和尿素结合而成的一个双环化合物，侧链上有一戊酸。生物素的发现和分离纯化经过曲折的探索过程。生物素曾有各种名称，由于是酵母菌的生长因子，随后命名为生物素。生物素的结构式如图 4-11 所示。

4.2.5.2 功能

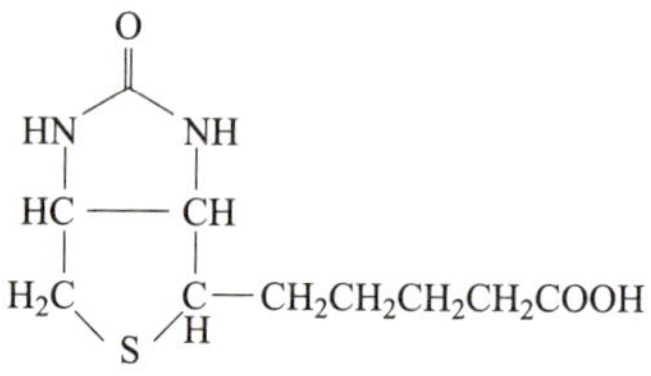

生物素对某些微生物如酵母、细菌等的生长有强烈的促进作用。动物缺乏生物素时毛发脱落、皮肤发炎。人和动物肠道中有些微生物能合成生物素，一般不会缺乏。吃生鸡蛋清过多或长期口服抗生素，易患缺乏症，表现为鳞屑状皮炎、抑郁等。这是因为未经煮熟的鸡蛋清中有一种抗生物素的蛋白质，能与生物素结合而使生物素不能为肠壁吸收。

图 4-11 生物素结构式

4.2.5.3 来源

大量的生物素可从卵黄中提取得到。生物素在动、植物中分布很广，在肝、肾、蛋黄、酵母、蔬菜和谷类中都含有。在微生物培养时，通常加入玉米浆或酵母膏满足微生物对生物素的需要。

4.2.6 叶酸和叶酸辅酶

4.2.6.1 结构

叶酸也称蝶酰谷氨酸，简写为 PGA。叶酸是一个在自然界广泛存在的维生素，因为在绿叶中含量丰富，故称叶酸。叶酸是由 2-氨基-4-羟基-6-甲基蝶呤、对氨基苯甲酸与 L-谷氨酸连接而成。它的结构式如图 4-12 所示。

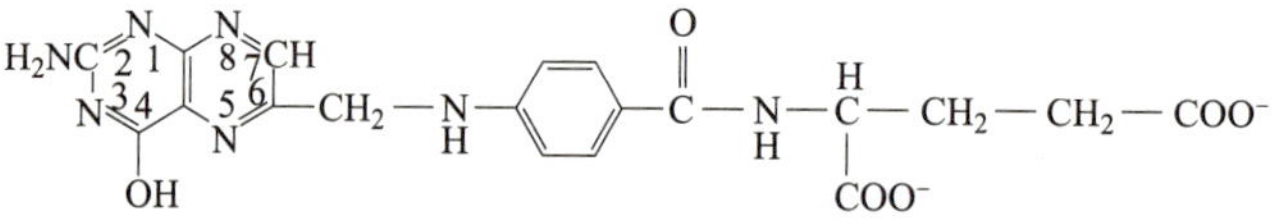

图 4-12 叶酸结构式

作为辅酶的是叶酸加氢的还原产物——5,6,7,8-四氢叶酸。叶酸还原反应是由肠壁、肝、骨髓等组织中的叶酸还原酶促进发生的。

四氢叶酸又称辅酶 F，简写作 FH_4。

4.2.6.2 功能

四氢叶酸是转一碳基团酶系的辅酶，它在各种生物合成的反应中，起转移和利用一碳基团的作用。一碳基团在各种酶促反应中，以 FH_4 为中间载体，从一种代谢物转移到另一代谢物或者相互变换。在许多重要物质如嘌呤、嘧啶、核苷酸、丝氨酸、甲硫氨酸等的合成过程中，都需要这些带有一碳基的四氢叶酸作为一碳物的供体参与作用。

叶酸是人类和某些微生物生长所必需的，当哺乳类动物缺乏叶酸时表现出生长不良和各种贫血症。人体虽然自己不能合成叶酸，但肠道菌可以合成以供给人体需要，加上叶酸在植物的绿叶中大量存在，一般不易缺乏。

叶酸结构中由于含有与磺胺药结构相类似的对氨基苯甲酸，所以磺胺药在细菌合成叶酸的反应中起了竞争性的抑制作用，从而抑制细菌的生长和繁殖。叶酸与核酸的合成有关，是骨髓巨红细胞和白细胞等细胞成熟和分裂所必需的物质，临床可用于治疗巨红细胞贫血、血小板减少症等，常与维生素 C、维生素 B_6 和维生素 B_{12} 合用。

4.2.7 维生素 B_6 和磷酸吡哆醛

4.2.7.1 结构

维生素 B_6 又称抗皮炎维生素，包括三种结构类似的物质——吡哆醇、吡哆醛和吡哆胺。维生素 B_6（图 4-13）在生物体内部是以磷酸酯形式存在，它们之间可以互相转变。参加代谢作用的主要是磷酸吡哆醛和磷酸吡哆胺。

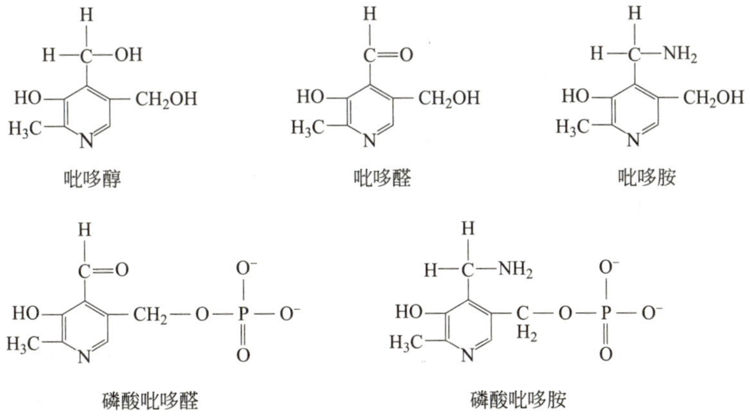

图 4-13 维生素 B_6 结构式

4.2.7.2 功能

磷酸吡哆醛和磷酸吡哆胺与氨基酸代谢有关，在氨基酸转氨基、脱羧和消旋作用中起着辅酶的作用。因此，当吃蛋白质类物质多时，对维生素 B_6 的需要量增加。缺乏维生素 B_6 可产生呕吐、中枢神经兴奋、惊厥、低色素性贫血等，故维生素 B_6 常用于治疗呕吐、动脉粥样硬化症、周围神经炎和低色素性贫血病等。此外，维生素 B_6 还具有抗皮肤发炎功能。

4.2.7.3 来源

维生素 B_6 在动植物中分布很广，谷类外皮中含量尤为丰富。

4.2.8 维生素B_{12}和维生素B_{12}辅酶类

4.2.8.1 结构

维生素 B_{12} 是含钴的红色结晶，所以又称钴胺素。其结构非常复杂，化学结构式如图 4-14 所示。

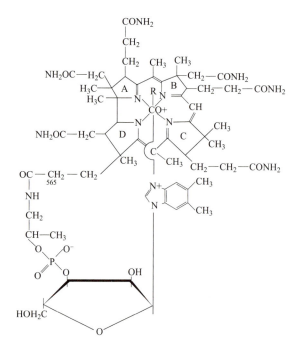

图 4-14 维生素 B_{12} 结构式

维生素 B_{12} 通常以辅酶的形式参加代谢作用。从哺乳动物组织中分离得到的维生素 B_{12} 辅酶有三种形式：5′-脱氧腺苷钴胺素、甲基钴胺素和羟钴胺素。在这些辅酶中以 5′-脱氧腺苷钴胺素最重要，在生物界分布最广。通常被称为辅酶 B_{12}。

目前已知维生素 B_{12} 辅酶类参与的酶促反应有两类：①辅酶 B_{12} 参与某些化合物的重排。②参与某些化合物的甲基化，主要是以甲基钴胺素作为甲基载体，参与甲硫氨酸、胆碱和胸腺嘧啶等的合成。

4.2.8.2 功能

维生素 B_{12} 是一种抗恶性贫血因子,为红细胞正常成熟和生长所必需。维生素 B_{12} 参与 DNA 的合成,对红细胞的成熟很重要,当缺少维生素 B_{12} 时,巨红细胞中 DNA 合成受到障碍,影响了细胞分裂使不能分化成红细胞。维生素 B_{12} 的特异性吸收与胃黏膜分泌的一种糖蛋白(称为内在因子)和内在因子受体有关。维生素 B_{12} 只有与这种糖蛋白结合才能透过肠壁被吸收。有的人缺乏"内在因子",而导致维生素 B_{12} 的缺乏。恶性贫血患者的胃液中常缺少这种糖蛋白,故维生素 B_{12} 不能被吸收,须注射治疗。维生素 B_{12} 临床用于治疗恶性贫血及其他疾病如神经炎、神经萎缩、烟毒性弱视等。

4.2.8.3 来源

肝、肾、瘦肉、鱼和蛋类食物中维生素 B_{12} 含量较高。放线菌、人和动物的肠道细菌都能合成,一般情况下不会缺少维生素 B_{12}。

4.2.9 维生素C(抗坏血酸)

4.2.9.1 结构

因维生素 C 能防治坏血病,故又称抗坏血酸。维生素 C 是一种 L-型己糖衍生物,既具有酸性又具有还原性。氧化型维生素 C 与还原型维生素 C 可以互相转变,在生物组织中自成氧化还原体系。

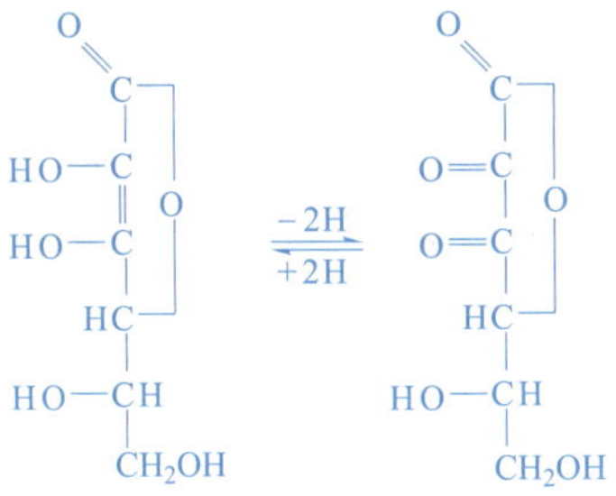

4.2.9.2 功能

维生素 C 的生理功能可能是通过它本身的氧化和还原在生物氧化过程中作为氢的载体。维生素 C 是脯氨酸羟基化酶的辅酶。因为胶原蛋白含有较多的羟脯氨酸,所以维生素 C 可促进胶原蛋白和黏多糖的合成,维持软骨、牙质和骨的正常细胞间质,促使伤口愈合和降低微血管的通透性及脆性。当维生素 C 缺乏时,细胞间质中的黏多糖合成受阻,不能维持正常的胶态,从而引起微血管壁通透性增加,脆性增强,易破裂,伤口愈合延缓和发生骨折等症状。维生素 C 还可促进抗体生成和增强白细胞对细菌的吞噬能力,从而增强机体的抵抗能力,也能促进机体对铁的吸收。维生素 C 尚有许多其他生理功能,但其机制还不清楚。

临床维生素 C 用于治疗坏血病、各种急慢性传染病、紫斑病、贫血、外伤和骨折等,近年来认为可用于防治感冒、肿瘤和冠心病等。但长期服用大剂量维生素 C 后会引起疲乏、呕吐、尿结石和高血糖等，维生素 C 缺乏或过量均影响健康，故应合理服用。

4.2.9.3 来源

维生素 C 存在于新鲜水果和蔬菜中，柑橘、枣、山楂、番茄、辣椒、松针和幼苗中含量丰富。人体不能自身合成，必须由食物中摄取。大多数动物和植物能从葡萄糖或其他前体来合成。

固体的维生素 C 较稳定，但长期暴露于空气和潮湿空气中会产生有害物质。维生素 C 易溶于水，在水溶液中极易被空气氧化。加热易破坏，在中性或碱性溶液中尤甚。遇光、微量金属离子都可促使维生素 C 的破坏。在制橘汁水果罐头时，往往加氮或二氧化碳以排氧，可减少维生素 C 的破坏。

4.2.10 硫辛酸

4.2.10.1 结构

硫辛酸是某些细菌和原生动物生长所必需的因子，它的化学结构为一含硫的八碳酸。在 6，8 位上有二硫键相连，故又称 6,8- 二硫辛酸，以氧化型和还原型两种形式存在，通过氧化还原反应能迅速地相互转化。

$$\begin{array}{c}H_2C-S\\H_2C\\HC-S\\(CH_2)_4\\COOH\end{array} \underset{-2H}{\overset{+2H}{\rightleftharpoons}} \begin{array}{c}H_2C-SH\\H_2C\\HC-SH\\(CH_2)_4\\COOH\end{array}$$

氧化型硫辛酸　　　还原型硫辛酸

简式：

$$L\begin{array}{c}S\\ \\S\end{array} \underset{-2H}{\overset{+2H}{\rightleftharpoons}} L\begin{array}{c}SH\\ \\SH\end{array}$$

氧化型　　还原型

4.2.10.2 功能

通常硫辛酸与二硫辛酸转乙酰酶的酶蛋白分子中赖氨酸残基的 ε- 氨基作用，形成酰胺，以结合状态存在。在代谢作用中硫辛酸作为多酶复合体丙酮酸脱氢酶和 α- 酮戊二酸脱氢酶的辅酶，起转运酰基和氢的作用，与糖代谢关系密切。临床试用于治疗肝炎等疾病。

4.2.10.3 来源

硫辛酸在自然界广泛分布，肝和酵母中含量丰富。在食物中硫辛酸常和维生素 B_1 同时存在。目前，尚未发现人类有硫辛酸的缺乏症。

知识链接

科学家用维生素制造出高容量、低成本的液体电池

目前,加拿大多伦多大学一个研究小组最新研制出一种电池,可以将能量存储在生物衍生体上。这种新型电池类似于许多商业可用的锂离子电池,最大的区别在于,它使用维生素 B_2 中的黄素作为阴极,该部分存储电流,当连接至一个设备时会释放出电流。

研究报告作者、多伦多大学化学系德维特·塞弗洛斯(Dwight Seferos)博士介绍说:"我们已观察研究自然物质属性一段时间,寻找可用于一系列消费电子产品的复杂分子结构。当你认真分析自然存在的复杂结构时,将使用较少的时间制造新材料。"

虽然之前研制出生物衍生电池部件,但这是首次使用生物衍生高分子——长链微粒作为一种电极,本质上可使电池能量存储在维生素形成的塑料物质中,其成本低廉,并且很容易制造,过程中不会使用对环境构成污染的有害金属。

研究合著者、多伦多大学化学系泰勒·索恩(Tyler Schon)说:"采用正确的材料,经过多次测试反应,在很多方面,它看上去像是失败的,但是整个过程中坚持不懈的努力还是获得了一些重要发现。"科学家在测试多种长链聚合物时偶然间发现了维生素 B_2 中的黄素,这是一种特殊的侧基聚合物,分子附加在长链分子的"脊骨"上。

锂离子电池与黄素结合在一起,将具有 125mA·h/g 比容量,2.5V 电压。研究人员指出,在一个设备中使用锂金属作为阳极,该聚合物作为阴极。同时,研究人员证实该材料比小分子核黄素具有更高的性能,这是目前发现的最高能量的生物衍生聚合物阴极。

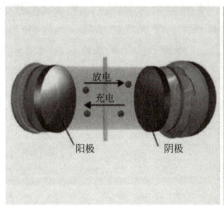

维生素驱动锂离子电池的原理图

被这种生物电池点亮的红色LED灯

习题

1. 什么是维生素?
2. 简要总结维生素 A、维生素 D、维生素 E 的功能。
3. 总结维生素与辅酶的关系。写出几种辅酶(辅基)的代表符号,并说明辅酶(辅基)的功能。

第5章 生物代谢总论与生物氧化

导 读

新陈代谢的类型有哪些？什么是 ATP？它在生物体内有哪些重要的作用？

思政小课堂

施一公，在他身上，充分体现了青年一代的拼搏力量。

施一公成功的背后，付出的是常人想象不到的努力以及源自他对生命科学由衷的热爱与坚定的信念。在20世纪80年代国内生物学类专业刚刚兴起还未形成相应的科研氛围，前途未卜的时候，他却义无反顾地选择生物学，心无旁骛地投入到了自己的专业学习和科研中。

在他身上，透出对科研精益求精的执着力量。

彼时已经是国际著名结构生物学家、美国普林斯顿大学终身讲席教授的施一公，又再次回到清华大学开设了自己的实验室，继续钻研生物学领域的难题。他的科研小组研究进展不断：首次在 RNA 剪接通路中取得重大进展，为揭示生命现象的基本原理奠定了扎实的理论基础；他运用 X 射线晶体学手段在细胞凋亡研究领域做出突出贡献，为开发新型抗癌、预防老年痴呆的药物提供了重要线索。

5.1 生物代谢总论

5.1.1 生物代谢的概念

生物代谢，也叫新陈代谢，是维持生物体一切生命活动过程中化学变化的总称，它包含生物体同外界环境的物质交换和能量转移以及生物体内部的物质转变和能量转变两个过程。因此，生物代谢就是生命个体的新陈代谢。新陈代谢是生命存在的前提，新陈代谢一停止，生命就随之停止，新陈代谢是生物最基本的特征。

新陈代谢包括生物体内所发生的一切合成和分解作用。一般来说，生物体从外界摄取营养物质，将其转变成自身物质，并储存能量，供生物体生命活动利用。这些营养物质是含低能量的较简单的化合物，在生物体内转化成高能量的复杂的细胞结构的化合物，这一过程称为合成代谢或同化作用。与此同时，生物体通过呼吸作用，不断地将自身的组成物质分解以释放能量,并把分解产生的废物排出体外,这一过程称为分解代谢或异化作用。也就是说在新陈代谢所包括的合成代谢与分解代谢中,前者是吸能反应,后者是放能反应,合成与分解代谢既有生物体内物质成分的改变,又有生物体在生命活动中能量的改变。新陈代谢过程总结如下:

生物代谢,是建立在合成代谢与分解代谢矛盾对立和统一基础上的,它们之间是相互联系、相互依存,而且是相互制约的。一个合成代谢过程,常包括许多分解反应;一个分解过程也常包括许多合成反应。在能量代谢的放能与吸能两方面上也是相互联系、相互制约的。如腺苷三磷酸(ATP)在反应中既能供应能量,而它本身合成时须消耗能量,因此它的合成又受能量供应的限制。总之,合成为分解准备了物质前提,外部物质变为内部物质;同时,分解为合成提供必需的能量,内部物质又能转变为外部物质。可见,生物体通过新陈代谢获得它所必需的能量,通过新陈代谢建造和修复生物体,新陈代谢贯穿于生命始终。

5.1.2 生物代谢的特点及其研究方法

5.1.2.1 生物代谢的特点

不同的生物具有不同的新陈代谢类型,其代谢方式决定于遗传,环境条件也有一定的影响。具体分为两种:一种是同化作用类型;另一种是异化作用类型。

(1)同化作用类型 根据同化作用过程中是否利用无机物来合成有机物,又可分为自养型和异养型。

自养型是指生物可以利用无机物合成有机物,并将能量储存在有机物中的作用类型。自养型根据在同化作用过程中使用能量的不同又分为化能自养型和光能自养型。化能自养型使用的能量来自外界物质的氧化,即化能合成作用,比如氢细菌和硫细菌;而光能自养型使用的能量来自光能,即光合作用,绿色植物和一些含有光合色素的细菌采取此种方式。

异养型是指生物以外界现有的有机物为食的异化作用类型。异养型根据获取营养的方式又分为吞噬营养型和腐食性营养型。吞噬营养型是指生物以有机营养物质为食,经消化过程,使食物转化为可吸收的物质,最终在体内进行同化作用的物质合成以及异化作用的分解过程,多数动物采取此种方式。腐食性营养型是指生物可以直接吸收外界的有机小分子,还可以通过将消化酶分泌到细胞外,在环境中将食物消化,实现最终吸收的目标。大多数的细菌、真菌采取这种方式。

(2)异化作用类型 根据在异化作用的过程中是否需要氧气,又可分为需氧型和厌氧型。需氧型是该类生物需要不断从环境中摄取氧,氧化分解有机物,是多数动植物的异化方式。厌氧型是在无氧条件下,分解体内有机物。比如高等生物体内的寄生虫和某些细菌(破伤风杆菌等)。值得注意的是,还有一部分生物(比如酵母)具有的是兼性厌氧型,在有氧和无氧条件均可进行异化作用,只是在有氧条件下比无氧条件对有机物的分解更加彻底。

各种生物的新陈代谢过程虽然复杂，但却有共同的特点。生物体内的绝大多数代谢反应是在温和的条件下，由酶所催化进行的；生物体内反应与步骤虽然繁多，但相互配合，有条不紊，彼此协调，有严格的顺序性；生物体对内外环境条件有高度的适应性和灵敏的自动调节。新陈代谢实质上就是错综复杂的化学反应相互配合，彼此协调，对周围环境高度适应而形成的一个有规律的总过程。

生物代谢过程包括营养物质的消化吸收、中间代谢以及代谢产物的排泄等阶段。中间代谢一般仅指物质在细胞中的合成和分解过程，不涉及营养物质的消化吸收与代谢产物的排泄等。

5.1.2.2 生物代谢的研究方法

（1）活体内与活体外实验　活体内实验是利用有活性的生物个体，通过饲喂经过标记的化合物，然后收集排泄物，研究物质代谢的方法。活体内实验结果代表生物体在正常生理条件下，在神经、体液等调节机制下的整体代谢情况，比较接近生物体的实际。活体内实验为搞清许多物质的中间代谢过程提供了有力的实验依据。例如 1904 年，德国化学家（Knoop）即是根据体内实验提出了脂肪酸的 β- 氧化学说。

活体外实验是用从生物体分离出来的组织切片、组织匀浆或体外培养的细胞、细胞器及细胞抽提物研究代谢过程。体外实验可同时进行多个样本，或进行多次重复实验，曾为代谢过程的研究提供了许多重要的线索和依据。例如糖酵解、三羧酸循环、氧化磷酸化等反应过程均是从体外实验获得了证据。

（2）同位素示踪法　同位素示踪技术是研究代谢过程的最有效方法。因为用同位素标记的化合物与非标记物的化学性质、生理功能及在体内的代谢途径完全相同。通过追踪代谢过程中被标记的中间代谢物、产物及标记位置，可获得代谢途径的丰富资料。例如，将 ^{14}C 标在乙酸的羧基上，同时喂饲动物，如动物呼出的 CO_2 中发现 ^{14}C，说明乙酸的羧基转变成 CO_2。

同位素示踪法特异性强，灵敏度高，测定方法简便，是现代生物学研究中不可缺少的手段。放射性同位素对人体有毒害。某些同位素的半衰期长，容易造成环境污染，因此应在专门的同位素实验室工作。

（3）代谢途径阻断等方法　在研究物质代谢过程中，还可应用代谢途径阻断法，即用抗代谢物或酶的抑制剂来阻抑中间代谢的某一环节，观察这些反应被抑制或改变以后的结果，以推测代谢情况。近年来应用代谢途径阻断方法对突变体营养缺陷型生物及人类遗传性代谢病进行的研究，为进一步搞清代谢过程开辟了新的实验途径。

此外，在整体实验动物的代谢研究方面，也可以应用药物来造成异常的实验动物，进行代谢研究。例如用根皮苷毒害狗的肾小管，使之不能吸收葡萄糖，或者用四氧嘧啶毒害狗的胰岛，使之不能产生胰岛素，上述两种方法都用于糖尿病的研究。

5.2　生物氧化

所有生物体在生命活动过程中都需要能量，能量的来源依靠生物体不断从外界摄取营养物质或有机物质（糖、脂肪、蛋白质等）在体内氧化来供给，食物中的糖、脂肪、蛋白质等有机物，通常称为人体的三大营养素。

5.2.1 概述

5.2.1.1 生物氧化的概念

生物氧化就是指生物从外界摄取的有机物质，在生物细胞内氧化分解，最终彻底氧化分解成二氧化碳和水，并释放出能量的过程。由于生物氧化是在组织细胞中进行的，氧化过程又和吸入氧和呼出二氧化碳的呼吸作用密切相关，故又将生物氧化称为细胞氧化或细胞呼吸。生物氧化过程中释放出来的能量，其中大约60%以热能形式散发，用于维持体温；其余40%以化学能的形式储存于高能化合物分子中，可使ADP磷酸化生成ATP，为机体进行各种生命活动提供能量。

5.2.1.2 生物氧化的方式

生物体内物质氧化的方式与一般化学上的氧化反应完全相同，有加氧反应、脱氢反应和脱电子反应等类型，其中以脱氢和脱电子为常见的生物氧化形式。

① 直接进行电子转移

$$Fe^{2+}+Cu^{2+} \rightleftharpoons Fe^{3+}+Cu^{+}$$

② 氢原子的转移　因为H原子可分解成为H^+和e，因此其本质也是电子转移。

$$AH_2+B \rightleftharpoons A+BH_2$$

③ 有机物加氧　因加氧时常伴有氧接受质子和电子而被还原成水，其本质也是电子转移。

$$RH+O_2+2H^{+}+2e \rightleftharpoons ROH+H_2O$$

氧化还原反应的基本原理是电子或氢的转移。失去电子或氢的物质被氧化，称为供电子体或供氢体；得到电子或氢的物质被还原，称为受电子体或受氢体；既可接受电子或氢又能供给电子或氢的物质，具有传递电子或氢的作用，称为递电子体或递氢体，统称为传递体。

$$\underset{\text{供电子体}}{R^{2+}} + \underset{\text{受电子体}}{S^{3+}} \longrightarrow R^{3+}+S^{2+} \qquad \underset{\text{供氢体}}{RH_2} + \underset{\text{受氢体}}{S} \longrightarrow R+SH_2$$

5.2.1.3 生物氧化的特点

生物氧化与体外物质氧化或燃烧的化学本质是相同的，即都是消耗氧，使有机物氧化，最终生成二氧化碳和水，释放出的总能量也相等，但是有机物的生物氧化又有其特点。

生物氧化是在细胞内进行，是在体温和近于中性pH及有水环境中进行的，是在一系列酶、辅酶和中间传递体的作用下逐步进行的，每一步都放出一部分能量，这样不会因温度迅速上升而损害机体，使释放的能量得到有效的利用。生物氧化释放的能量通常都先储存在一些特殊的高能化合物如 ATP 等中，在需要的时候再由 ATP 分子释出，并可以转换成各种形式的能量，以供机体生命活动的需要。

在真核细胞，生物氧化是在线粒体中进行，而原核生物细胞的氧化是在细胞质膜上进行。

有机物在生物细胞内是如何被彻底氧化分解成二氧化碳和水，并释放出能量的过程将在糖、脂肪和氨基酸代谢中介绍，生物氧化主要讨论的问题，一是细胞如何利用 O_2 将代谢物分子中的氢氧化成水；二是代谢物中碳如何在酶催化下生成 CO_2；三是有机物被氧化时产生的自由能如何被收集、储存或利用。

5.2.1.4 参与生物氧化的酶类

参与生物氧化的酶类有多种，催化体内的氧化还原反应。

（1）氧化酶类——氧的还原　氧化酶是一类含金属离子（如钼、铁、铜等）的结合酶。其共同特点是：直接以氧作为受氢体，所催化的反应无氧不能进行；分子氧在氧化酶的催化下，每个氧原子接受 2 个电子（2e）后和 2 个质子（$2H^+$）化合成 H_2O；酶分子中的金属离子作为电子的传递体。其作用方式如下式所示，式中 SH_2 为底物，S 为产物。

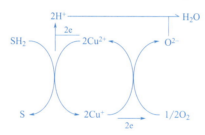

这类酶易被氰化物、硫化氢、一氧化碳等物质所抑制而失去催化作用。常见的氧化酶类有细胞色素氧化酶类、抗坏血酸氧化酶类和酚氧化酶类等。在线粒体氧化体系中重要的是细胞色素氧化酶类。

（2）脱氢酶类　能使代谢物的氢活化、脱落并将其传递给受氢体或中间传递体的一类酶称为脱氢酶。根据所含辅因子的不同，可将脱氢酶分为两类。

第一类，以黄素核苷酸为辅基的脱氢酶。这类酶以黄素单核苷酸（FMN）或黄素腺嘌呤二核苷酸（FAD）为辅基，又称黄酶。根据最终受氢体的不同，还可将黄酶分为以下两类。

① 需氧黄酶　以氧为直接受氢体的称为需氧黄酶，其氧化底物脱下的氢由氧接受产生过氧化氢，如 L-氨基酸氧化酶反应过程如下：

② 不需氧黄酶　不以氧为直接受氢体，催化底物脱下的氢先经中间传递体，再传给氧

生成水,这一类酶称为不需氧黄酶,如琥珀酸脱氢酶、NADH 脱氢酶、脂酰 CoA 脱氢酶、α-磷酸甘油脱氢酶等都是不需氧黄酶,催化如下反应:

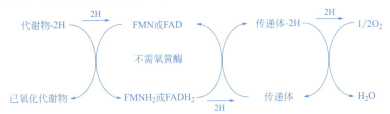

第二类,以烟酰胺核苷酸为辅酶的脱氢酶。此类脱氢酶以 NAD(CoⅠ)或 NADP(CoⅡ)为辅酶,催化代谢物脱下的氢由 NAD^+ 或 $NADP^+$ 接受,再交给中间传递体,最后传给氧生成 H_2O。这类酶不能以氧为直接受氢体,属于不需氧脱氢酶。催化反应如下:

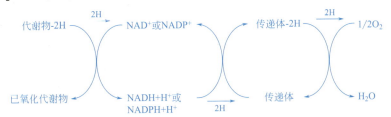

(3)传递体 在生物氧化过程中起传递氢或传递电子作用的物质称为传递体,传递体既不能使代谢物脱氢,也不能使氧活化,能传递氢原子的传递体称为递氢体,如辅酶 Q 等,能传递电子的传递体称为递电子体,如细胞色素及铁硫蛋白。

5.2.2 呼吸链

5.2.2.1 呼吸链的概念

代谢物在生物体内的氧化方式以脱氢、脱电子为主。大多数代谢物脱下的氢不是以氧作为直接受氢体,而是以某些辅酶作为直接受氢体,这些辅酶包括 NAD^+、$NADP^+$、FMN 及 FAD 等。催化此类反应的酶属不需氧脱氢酶,如苹果酸脱氢酶、琥珀酸脱氢酶等。代谢物在此类酶的催化下,脱下的成对氢(2H)被该类酶的辅酶接受,逐步传递,最终与氧结合生成水。由于此反应体系与细胞呼吸有关,故称此传递连为呼吸链。呼吸链又称电子传递链。

5.2.2.2 呼吸链的组成

呼吸链是一系列电子传递体按对电子亲和力逐渐升高的顺序组成的电子传递系统,所有组成成分都嵌于线粒体内膜。

目前发现,构成呼吸链的成分有 20 多种,一般可分为五类,即烟酰胺脱氢酶类、黄素脱氢酶类、铁硫蛋白类、细胞色素类以及辅酶 Q 类。

(1)烟酰胺脱氢酶类 此类酶以含有烟酰胺结构的 NAD^+(辅酶Ⅰ,CoⅠ)或 $NADP^+$(辅酶Ⅱ,CoⅡ)为辅酶,目前已知者达 200 多种。NAD^+(CoⅠ)和 $NADP^+$(CoⅡ)的结构见 4.2.4.1。

此类酶催化脱氢时，其辅酶 NAD^+ 或 $NADP^+$ 先和酶的活性部位结合，然后再脱下来。它与代谢物脱下的氢结合而还原成 NADH 或 NADPH。当有受 H 体存在时，NADH 或 NADPH 上的 H 可被脱下而氧化为 NAD^+ 或 $NADP^+$。

$$NAD^+ + 2H\,(2H^+ + 2e) \rightleftharpoons NADH + H^+$$
$$NADP^+ + 2H\,(2H^+ + 2e) \rightleftharpoons NADPH + H^+$$

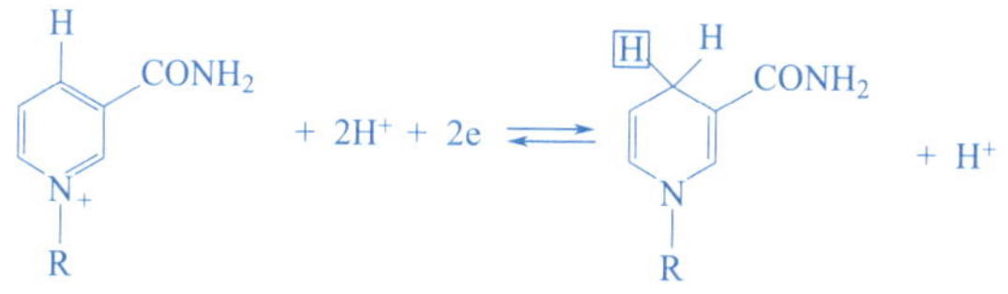

(2) 黄素脱氢酶类　以黄素单核苷酸 FMN 或黄素腺嘌呤二核苷酸 FAD 作为辅基。黄素核苷酸与酶蛋白结合是较牢固的。现已证明这类酶催化脱氢时是将代谢物上的一对氢原子直接传给 FMN 或 FAD 的异咯嗪基而形成 $FMNH_2$ 或 $FADH_2$，异咯嗪基的还原分两步进行。

$$MH_2 + 酶\text{-}FMN \rightleftharpoons M + 酶\text{-}FMNH_2$$
$$MH_2 + 酶\text{-}FAD \rightleftharpoons M + 酶\text{-}FADH_2$$

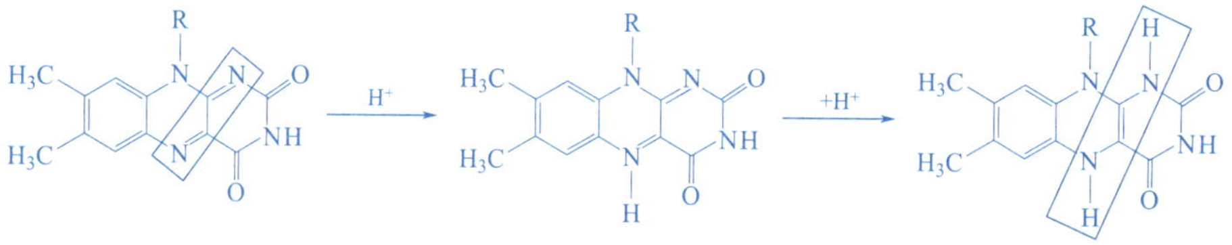

(3) 铁硫蛋白类 (Fe-S)　铁硫蛋白类的分子中含非卟啉铁与对酸不稳定的硫。其作用是借铁的化合价互变进行电子传递。

$$Fe^{3+} + e \rightleftharpoons Fe^{2+}$$

因其活性部分含有两个活泼的硫和两个铁原子，故称铁硫中心。铁硫中心铁硫部分的结构如下：

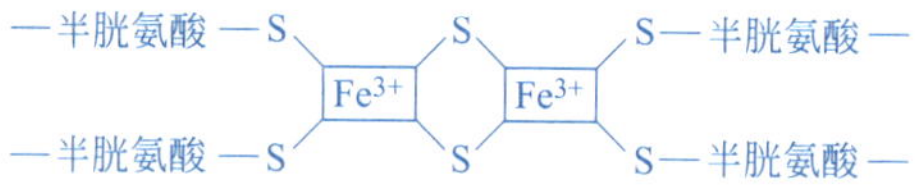

(4) 辅酶 Q 类　此类酶是一种脂溶性的醌类化合物，因广泛存在于生物界，故又名泛醌。其分子中的苯醌结构能可逆地加氢还原而形成对苯二酚衍生物，故属于传氢体。泛醌可将 2 个质子释放入线粒体基质内，将电子传递给细胞色素。

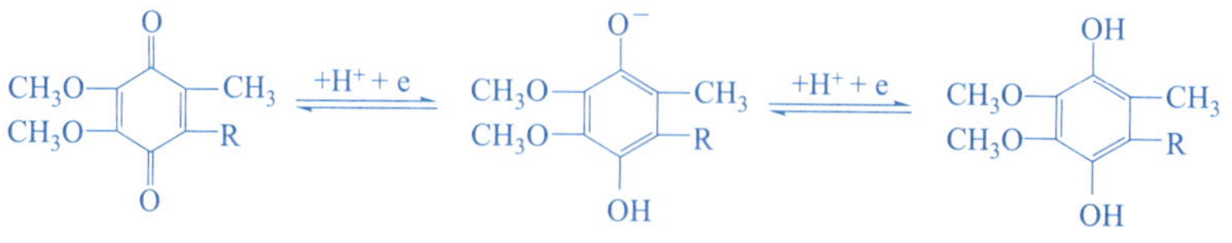

(5) 细胞色素类　细胞色素是一类以铁卟啉为辅基的蛋白质，在呼吸链中，也依靠铁的化合价的变化而传递电子。

$$Fe^{3+} + e \rightleftharpoons Fe^{2+}$$

目前发现的细胞色素有多种，包括 a、a_3、b、c、c_1 等，在典型的线粒体呼吸链中，其顺序是 b-c_1-c-aa_3-O_2，其中仅最后一个 a_3 可被分子氧直接氧化，但现在还不能把 a 和 a_3 分开，故把 a 和 a_3 合称为细胞色素 c 氧化酶。

5.2.2.3 呼吸链中传递体的排列顺序

呼吸链中的氢和电子的传递是有着严格的顺序和方向的，电子从电子亲和力低（氧化能力弱）的电子传递体传向电子亲和力强（氧化能力强）的传递体，或者说是从低氧化还原电位向高的电位上流动，氧化还原电位 $E^{\ominus\prime}$ 的数值愈低，即供电子的倾向愈大，愈易成为还原剂，处于电子传递链的前端。测定各电子传递体的标准氧化还原电位值 $E^{\ominus\prime}$ 即可测出其氧化还原能力。

$$\begin{array}{ccccccccc}
\text{NADH} & \to & \text{FMN} & \to & \text{CoQ} & \to & \text{b} & \to & c_1 & \to & \text{c} & \to & aa_3 & \to & O_2 \\
-0.32 & & -0.30 & & +0.1 & & +0.07 & & +0.22 & & +0.25 & & +0.29 & & +0.82 \\
& & \text{FAD} & & & & & & & & & & & & \\
& & -0.18 & & & & & & & & & & & &
\end{array}$$

电子迁移方向——→
$E^{\ominus\prime}$ 低——→高

根据 $E^{\ominus\prime}$ 值，细胞色素 b 应在 CoQ 之前，但其他实验证明细胞色素 b 是位于 CoQ 之后。还有铁硫蛋白的位置问题。这些表明目前呼吸链各成员排列的顺序尚未弄清，尚有一些细节需进一步确定。

5.2.2.4 线粒体中两种重要的呼吸链

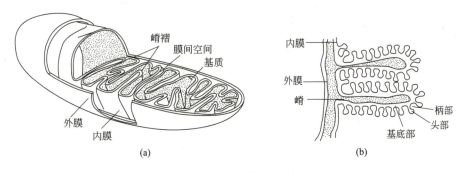

图 5-1　线粒体结构示意图

（1）线粒体　线粒体是一种较大的细胞器。线粒体具有双层膜结构，外膜平滑，透性高，大多数小分子化合物（分子量在 10000 以下的物质）均能通过，仅有少量酶结合在其上。内膜则不同，具有很多向内褶叠的嵴 [图 5-1（a）]。在内膜上包含参与电子传递和氧化磷酸化的有关组分，是线粒体功能的主要担负者，产能和需能越高的组织如翅肌，嵴的数目也越多。线粒体的内膜表面上分布有许多排列规则的球状颗粒，通过短柄与内膜相连 [图 5-1（b）]，这就是 ATP 合成酶复合物 Fo、FI 因子。线粒体的内腔充满半流动的基质，其中包含大量的酶类，如与三羧酸循环、脂肪酸 β- 氧化和氨基酸分解代谢有关的酶都存在于基质中。除此以外，基质中还含有 DNA 和核糖体，大多数哺乳动物的线粒体 DNA 为环状分子，线粒体 DNA 可编码 Fo 的疏水亚基、细胞色素氧化酶和细胞色素 b 复合物等，约占内膜总蛋白质的 20% 左右，其余的蛋白质均由核基因编码，在细胞质中合成后送入线粒体中。

在具有线粒体的生物中，典型的呼吸链有两种，即 NADH 呼吸链与 $FADH_2$ 呼吸链，它们是根据接受代谢物上脱下的氢的初始受体不同区分的。

（2）NADH 氧化呼吸链　NADH 氧化呼吸链是细胞内最重要的一条呼吸链。NADH 电子传递链分布最广，糖、脂肪、蛋白质这三大物质分解代谢中的脱氢氧化反应，绝大部分是通过 NADH 呼吸链完成的。

NAD^+ 是体内大多数脱氢酶如异柠檬酸脱氢酶、苹果酸脱氢酶等的辅酶。代谢底物脱下的 2H 由 NAD^+ 接受生成 $NADH+H^+$，然后，$NADH+H^+$ 在 NADH 脱氢酶的作用下脱氢，脱下的 2H 交给黄素蛋白的辅基 FMN 生成 $FMNH_2$；$FMNH_2$ 再将 2H 传递给 CoQ 生成 $CoQH_2$。$CoQH_2$ 中的 2H 被分解成 $2H^++2e$，$2H^+$ 游离于介质中，2e 通过一系列细胞色素的传递，最终传递给氧，使氧激活为 O^{2-}，O^{2-} 可与介质中的 $2H^+$ 结合生成 H_2O。NADH 氧化呼吸链各成分的排列顺序及传递过程见图 5-2。

（3）$FADH_2$ 氧化呼吸链　$FADH_2$ 氧化呼吸链也可称为琥珀酸氧化呼吸链。它是由 FAD 为辅酶的黄素蛋白、CoQ 和细胞色素组成的。它与 NADH 氧化呼吸链的区别在于代谢物脱下的 2H 不经过 NAD^+，而是直接由 FAD 接受生成 $FADH_2$，然后再传递给 CoQ，再往下传递与 NADH 氧化呼吸链相同。$FADH_2$ 氧化呼吸链各成分的排列顺序及传递过程见图 5-2。

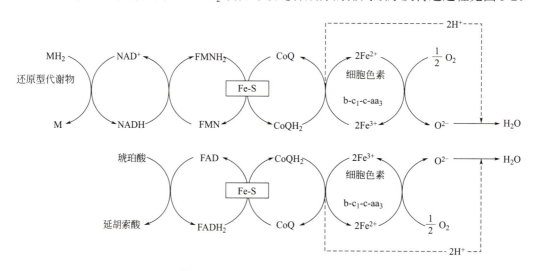

图 5-2　NADH、$FADH_2$ 呼吸链

5.2.3　生物氧化中能量的生成、储存和利用

5.2.3.1　高能键与高能化合物

在生物氧化过程中，释放出的能量大约有 40% 的能量以化学能的形式蕴藏在化学键中，不同的化学键所储存的能量不同，有的键水解时释放的能量较多（可高于 21kJ/mol），这种键称为高能键，含有高能键的化合物称为高能化合物。高能键以符号"～"表示。高能化

合物一般对酸、碱和热不稳定。

机体内存在着各种磷酸化合物,它们所含的自由能多少不等,含自由能多的磷酸化合物称为高能磷酸化合物。高能磷酸化合物水解时,每摩尔化合物放出的自由能高达30~67kJ;含自由能少的磷酸化合物如6-磷酸葡萄糖、甘油磷酸等水解时,每摩尔仅释放出 8~20kJ 自由能。高能磷酸化合物常用~P 或~Ⓟ来表示。

生物体中常见的高能化合物,根据结构的特点,可以分成几种类型(表5-1)。高能磷酸化合物是最多最常见的高能化合物,此外尚有硫酯型、甲硫型等化合物。

在表 5-1 中的高能化合物中,ATP 最重要,ATP 是生物内能量代谢的偶联剂。它可以把分解代谢的放能反应与合成代谢的吸能反应偶联在一起。从低等的单细胞生物到高等的人类,能量的释放、储存和利用都是以 ATP 为中心的。

表 5-1 高能化合物类型

高能化合物类型		高能化合物举例	水解时放出标准自由能 $\Delta G^{\ominus}/$ (kJ/mol)
磷酸化合物（磷氧型）	磷酸烯醇化合物 	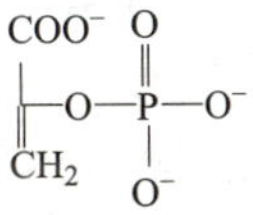 磷酸烯醇式丙酮酸	-61.9
	酰基磷酸化合物 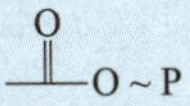	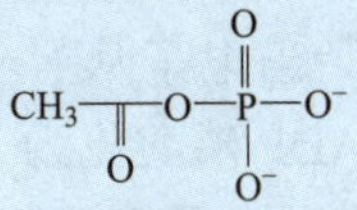 乙酰磷酸	-42.3
	焦磷酸化合物 P—O~P	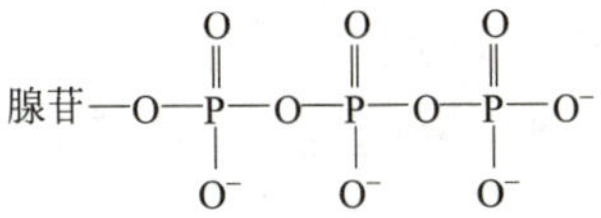 腺苷三磷酸（ATP）	-30.5
磷酸化合物（磷氮型）	胍基磷酸化合物 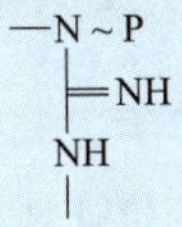	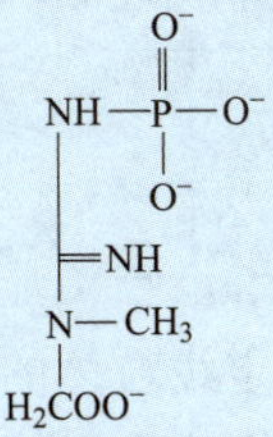 肌酸磷酸	-43.1
非磷酸化合物	硫酯键化合物 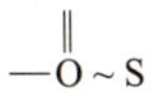	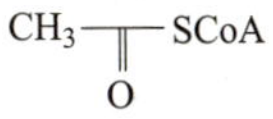 乙酰辅酶A	-31.4
	甲硫键化合物 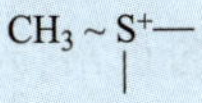	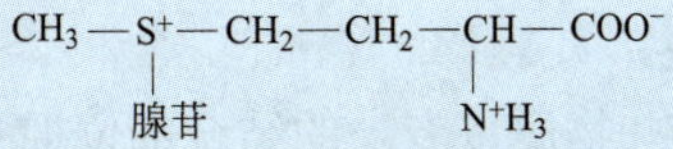 活性甲硫氨酸	-41.8

5.2.3.2 ATP 的生成方式

生物体通过生物氧化所产生的能量，除一部分用于维持体温外，大部分通过磷酸化作用转移至高能磷酸化合物 ATP 中，这种伴随放能的氧化作用而使 ADP 磷酸化生成 ATP 的过程称为氧化磷酸化作用。根据生物氧化的方式，可将氧化磷酸化分为底物水平磷酸化和电子传递体系磷酸化。

ATP 主要由 ADP 磷酸化生成，少数情况下可由 AMP 焦磷酸化生成。

$$ADP + Pi + 能量 \longrightarrow ATP$$
$$AMP + PPi + 能量 \longrightarrow ATP$$

（1）底物水平磷酸化　底物水平磷酸化是在被氧化的底物上发生磷酸化作用。即底物被氧化的过程中，形成了某些高能磷酸化合物的中间产物，通过酶的作用可使 ADP 生成 ATP。

$$X \sim ℗ + ADP \longrightarrow ATP + X$$

式中，X 代表底物在氧化过程中所形成的高能磷酸化合物。

在糖的分解代谢中，如 3-磷酸甘油醛转变成 1,3-二磷酸甘油酸，形成了高能磷酸化合物；α-酮戊二酸氧化脱羧生成琥珀酸时，也有高能化合物形成。底物磷酸化形成高能化合物，其能量来源于伴随底物的脱氢，分子内部能量的重新分布。

底物磷酸化也是捕获能量的一种方式，底物磷酸化和氧的存在与否无关，在发酵作用中是进行生物氧化取得能量的唯一方式。

（2）电子传递体系磷酸化　当电子从 NADH 或 $FADH_2$ 经过电子传递体系（呼吸链）传递给氧形成水时，同时伴有 ADP 磷酸化为 ATP，这一全过程称为电子传递体系磷酸化。电子传递体系磷酸化是生成 ATP 的一种主要方式，是生物体内能量转移的主要环节。

① 氧化磷酸化的偶联部位　根据实验证明，从 NADH 到分子氧的呼吸链中，三处能使氧化还原过程释放的能量转化为 ATP，而且这三个释放能量的部位都已弄清。这三处也即是传递链上可被特异性抑制剂切断的地方。NADH 呼吸链生成 ATP 的三个部位是：

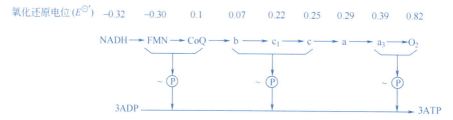

氧化磷酸化的效率可通过测定线粒体的 P/O 比值来判断。P/O 比值是指某一代谢物作呼吸底物，每消耗 1mol 氧所消耗无机磷酸的摩尔数。实验指明 NADH 呼吸链的 P/O 值是 3，即每消耗 1mol 氧原子就要消耗 3mol 的无机磷酸，形成 3mol ATP；$FADH_2$ 链的 P/O 值是 2，即消耗 1mol 氧原子可形成 2mol ATP。从不同底物的氢所得到的 P/O 值不完全相同，故按不同底物参加呼吸链的 P/O 比值，可以推断氧化磷酸化的部位。

② 影响氧化磷酸化的因素　影响呼吸链的任何因素都影响氧化磷酸化的正常进行。可将这些因素分为三种类型。

a. 呼吸链抑制剂　有些物质以专一的结合部位抑制呼吸链的正常传递，影响氧化磷酸化作用，从而妨碍或破坏能量的供给。如异戊巴比妥（麻醉药）、鱼藤酮（杀虫剂）、大黄酸和大黄素等物质抑制 NADH → CoQ 之间氢的传递；抗霉素 A 抑制 Cytob → Cytoc 之间的电子传递；氰化物、叠氮化物、一氧化碳和硫化氢则抑制细胞色素氧化酶与分子氧之间的电子传递。因此此类抑制剂可使细胞内呼吸停止，与此相关的生命活动停止，引起机体迅速死亡。

b. 解偶联剂　有些物质并不影响呼吸链中的电子传递，而解除氧化磷酸化的偶联作用，常将这类物质叫作解偶联剂。如 2,4- 二硝基苯酚（DNP）并不影响呼吸链氧化作用的正常进行，而使 ADP 不能磷酸化形成 ATP。感冒或患某些传染性疾病时体温升高就是因为细菌或病毒产生的某种解偶联剂，影响氧化磷酸化作用的正常进行，导致较多能量转变成热能的结果。抑制剂和解偶联剂的作用部位如图 5-3 所示。

```
NAD → FMN — ‖ → CoQ → Cytob — ‖ → Cytoc₁ → Cytoc → Ctoaa₃ — ‖ → O₂
      鱼藤酮              抗霉素A                              氰化物
      阿米妥                                                   CO
      大黄素                                                   N₃⁻
```

图 5-3　链抑制剂、解偶联剂和离子载体抑制剂的作用部位

c. 离子载体抑制剂　有些物质可与 K⁺ 或 Na⁺ 形成脂溶性复合物，将线粒体内的 K⁺ 转移到胞液。这种转移过程消耗了生物氧化过程释放的能量，从而抑制了 ADP+Pi 生成 ATP 的磷酸化作用。这些抑制剂有寡霉素、缬霉素、短杆菌肽等。

5.2.3.3　胞液中 NADH 的氧化

在糖代谢中糖酵解作用是在胞浆中进行的。在真核生物胞液中，NADH 不能通过正常的线粒体内膜，要使糖酵解所产生的 NADH 进入呼吸链氧化生成 ATP，需经过复杂的机制，现有的研究表明是通过 α- 磷酸甘油穿梭和苹果酸穿梭机制。

α- 磷酸甘油穿梭作用主要存在于脑和骨骼肌中，苹果酸穿梭作用主要存在于肝和心肌中，如图 5-4、图 5-5 所示。

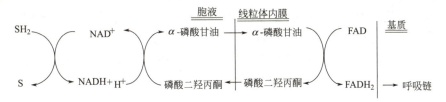

图 5-4　α- 磷酸甘油穿梭作用

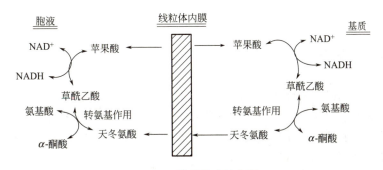

图 5-5　苹果酸穿梭作用

5.2.3.4 能量的储存和利用

有生命的生物需要连续不断地输入自由能来保证机体的各种生理活动,如图 5-6 所示,生物体内能量的生成、储存和利用总是围绕 ADP 磷酸化的吸能反应和 ATP 水解的放能反应进行的。

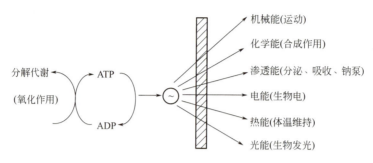

图 5-6 生物体内能量的生成和利用

(1) 能量储存　ATP 是能量的携带者或传递者,但严格地说不是能量的储存者。在可兴奋组织,如肌肉、神经组织,肌酸磷酸是能量的储存形式。当 ATP 合成迅速,机体的能量供大于求时,在肌酸磷酸激酶催化下,将其所含能量转移给肌酸,以肌酸磷酸的形式储存起来:

$$ATP + \begin{array}{c} NH_2 \\ | \\ NH \\ | \\ N-CH_3 \\ | \\ CH_2 \\ | \\ COOH \\ \text{肌酸} \end{array} \xrightleftharpoons[]{\text{肌酸磷酸激酶}} ADP + \begin{array}{c} NH \sim ⓟ \\ | \\ NH \\ | \\ N-CH_3 \\ | \\ CH_2 \\ | \\ COOH \\ \text{肌酸磷酸} \end{array}$$

(2) 能量利用　当机体能量供不应求时,肌酸磷酸含有的能量不能直接为生物体利用,而必须将能量传给 ADP 生成 ATP 后再利用,ATP 是能量的直接供应者。

体内有些合成反应不一定都直接利用 ATP 供能,而可以用其他核苷三磷酸。例如 UTP 用于多糖合成、CTP 用于磷脂合成、GTP 用于蛋白质合成等。但物质氧化时释放的能量大都是必须先合成 ATP,然后 ATP 可使 UDP、CDP 或 GDP 生成相应的 UTP、CTP 或 GTP。反应式如下:

$$UDP + ATP \longrightarrow UTP + ADP$$
$$CDP + ATP \longrightarrow CTP + ADP$$
$$GDP + ATP \longrightarrow GTP + ADP$$

5.2.4 非线粒体氧化体系

线粒体以外的氧化体系被概括为非线粒体氧化体系。非线粒体氧化体系主要包括发生在光滑内质网中的微粒体氧化体系和存在于微粒体中的过氧化体氧化体系。该体系与能量生成无关,其主要生理意义在于处理和消除环境污染物、化学致癌物、药物和毒物以及体内代谢有害物质等。

5.2.4.1 微粒体氧化体系

微粒体氧化体系存在于细胞的光滑内质网上。其组成成分复杂，目前尚不完全清楚。根据催化底物加氧反应情况不同，可将它们分为两种类型。

（1）加单氧酶系　加单氧酶系是由 NADPH-细胞色素 P_{450} 还原酶、细胞色素 P_{450}、FAD 等组成的一种复杂酶系。其催化作用使氧分子中的一个氧原子被加到底物分子上，而另一氧原子与 $NADPH^++H^+$ 上的两个质子化合成水。因催化作用具有双重功能又常叫作混合功能氧化酶，又因所催化的底物发生了羟化反应，还常称之为羟化酶。所催化的反应可简示为：

$$RH+NADPH+H^++O_2 \longrightarrow ROH+NADP^++H_2O$$

加单氧酶的主要功能在于：

① 参与生物体内正常物质代谢。如肾上腺皮质类固醇的羟化、类固醇激素的合成、维生素 D_3 的羟化以及胆汁酸、胆色素的形成等反应都与其有关。

② 参与某些毒物（如苯并芘、苯胺等）和药物（如氨基吡啉、吗啡和苄甲苯丙胺等）的解毒转化和代谢清除反应。

（2）加双氧酶系　加双氧酶又叫转氧酶。催化 2 个氧原子直接加到底物分子特定的双键上，使该底物分子分解成两部分。其催化的反应通式可表示为：

$$R=R'+O_2 \longrightarrow R=O+R'=O$$

例如，胡萝卜素加双氧酶催化 β-胡萝卜素分解的反应如下：

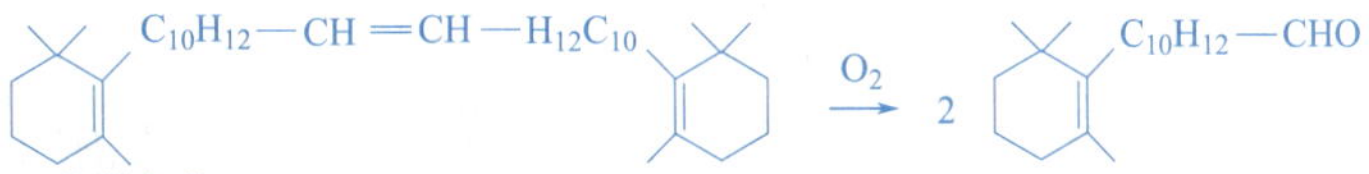

5.2.4.2 过氧化体氧化体系

过氧化物酶体是一种特殊的细胞器，存在于动物组织的肝、肾、中性粒细胞和小肠黏膜细胞中，与过氧化氢（H_2O_2）的代谢有关。

（1）过氧化氢的生成　过氧化体中含有较多的需氧脱氢酶，它们可分别催化 L-氨基酸、D-氨基酸、黄嘌呤等物质脱氢氧化，产生过氧化氢。如：

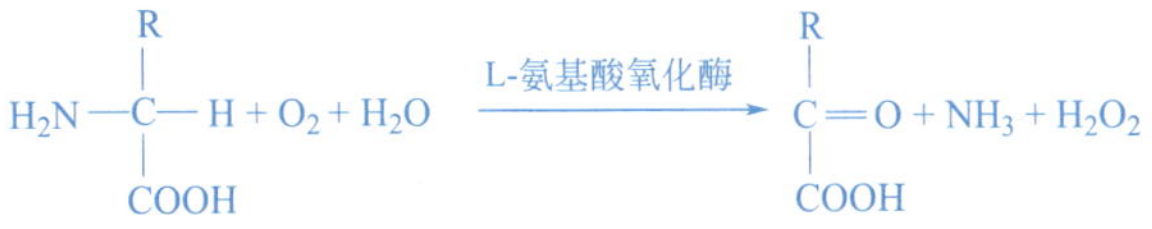

由于多种需氧脱氢酶的催化作用使机体产生了大量的过氧化氢，而造成对机体的影响。

（2）过氧化氢对机体的影响　过氧化氢对机体的作用具有两重性。有利的方面表现在：①在粒细胞和巨噬细胞中可杀死吞噬进来的有害细菌；②在甲状腺中参与酪氨酸的碘化反应有利于甲状腺素的合成等。然而，过氧化氢具有毒性，产生过多会对机体造成危害：①氧化含巯基的酶或蛋白质，导致它们丧失活性；②氧化生物膜中的不饱和脂肪酸形成过氧化脂质，损伤膜功能。过氧化脂质与蛋白质结合后进入溶酶体，难以分解排出，累积成脂褐素颗粒。

（3）机体对过氧化氢的处理和利用　在过氧化体中存在着能有效分解过氧化氢的酶类，它们可将过氧化氢转化为对机体无害的物质重新利用起来。

① 过氧化氢酶　过氧化氢酶又称触酶，是含铁卟啉的结合酶，能催化过氧化氢分解为水和氧：

$$2H_2O_2 \longrightarrow 2H_2O + O_2$$

② 过氧化物酶　过氧化物酶也是含铁卟啉的结合酶。它可催化酚类或胺类物质脱氢，并使脱下的氢与 H_2O_2 反应生成 H_2O。反应通式如下：

$$R-C_6H_4-OH + H_2O_2 \longrightarrow R-C_6H_4=O + 2H_2O$$

或

$$R-NH_2 + H_2O_2 \longrightarrow R=NH + 2H_2O$$

③ 谷胱甘肽过氧化物酶　在许多组织细胞中（尤其在红细胞中）存在着含硒的谷胱甘肽过氧化物酶，可催化还原型谷胱甘肽（G—SH）与过氧化氢反应，使过氧化氢分解，从而保护膜脂和血红蛋白免受氧化，维持它们的正常功能。

$$G-S-S-G + NADPH + H^+ \xrightarrow{\text{谷胱甘肽还原酶}} 2G-SH + NADP^+$$

$$2G-SH + H_2O_2 \xrightarrow{\text{谷胱甘肽氧化酶}} G-S-S-G + 2H_2O$$

5.2.5　生物氧化过程中水和二氧化碳的生成

5.2.5.1　水的生成

H_2O 是生物氧化的产物之一，脱氢是氧化的一种方式，生物氧化中生成的水是代谢物脱下的氢，经过一系列传递体的传递，最后与吸入的氧结合生成水（图5-7），所以生物氧化是需氧的过程。生物体中有机物所含的氢，一般情况下是不活泼的，必须通过相应的脱氢酶将之激活后才能脱落；进入体内的氧也必须经过氧化酶激活后才能变为活性很高的氧化剂。脱落的氢需经过传递体传递才能与氧结合生成水。

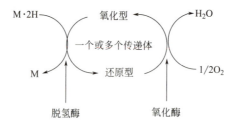

图 5-7　生物氧化体系示意图

5.2.5.2　二氧化碳的生成

生物氧化过程中，除了脱氢生成水之外，还有二氧化碳的生成。生物体内二氧化碳的生成，并非是有机物中碳原子与氧原子的直接化合，而是由有机酸的脱羧反应产生的。根据所脱羧基在有机酸分子中所处位置分为 α- 脱羧和 β- 脱羧。脱羧过程伴随氧化作用的称为氧化脱羧，没有氧化作用的称为直接脱羧。

α-直接脱羧，如丙酮酸脱羧，其反应式如下：

$$CH_3-CO-COOH \xrightarrow[Mg^{2+},\ TPP]{\alpha\text{-酮酸脱羧酶}} CH_3-CHO + CO_2$$

丙酮酸　　　　　　　　　　　　　　乙醛

β-直接脱羧，如草酰乙酸脱羧，反应式如下：

$$\underset{\text{草酰乙酸}}{\begin{array}{c}COOH\\|\\\alpha C=O\\|\\\beta CH_2\\|\\COOH\end{array}} \xrightleftharpoons{\text{草酰乙酸脱羧酶}} \underset{\text{丙酮酸}}{\begin{array}{c}COOH\\|\\C=O\\|\\CH_3\end{array}} + CO_2$$

α-氧化脱羧，如丙酮酸的氧化脱羧，见如下反应：

$$CH_3-CO-COOH + CoASH + NAD^+ \xrightarrow{\text{丙酮酸氧化脱羧酸系}} CH_3-CO\sim SCoA + NADH + H^+ + CO_2$$

丙酮酸　　　辅酶A　　　　　　　　　　　　　乙酰CoA

β-氧化脱羧，如苹果酸的氧化脱羧，见如下反应：

$$\underset{\text{苹果酸}}{\begin{array}{c}COOH\\|\\\alpha CHOH\\|\\\beta CH_2\\|\\COOH\end{array}} + NADP^+ \xrightarrow{\text{苹果酸酶}} \underset{\text{丙酮酸}}{\begin{array}{c}COOH\\|\\C=O\\|\\CH_3\end{array}} + CO_2 + NADPH + H^+$$

习题

1. 名词解释：生物氧化，高能化合物，呼吸链，氧化磷酸化，磷氧比（P/O），细胞色素氧化酶。
2. 线粒体内重要的呼吸链有几个？分别由哪些组分组成？各组分功能如何？
3. 什么是呼吸链抑制剂？常用的抑制剂有哪些？指出它们的抑制部位。
4. 非线粒体氧化体系有何生理功能？
5. 总结体内 ATP 的生成、利用与储存概况。
6. 如何理解 ATP 是能量的偶联剂？

第 6 章 糖类与糖代谢

导读

葡萄糖为什么能够提供能量？玉米、马铃薯中含有大量的淀粉，它属于糖类吗？它的结构是怎样的？著名的三羧酸循环的反应过程及生理意义是什么？本章将开启问题的讨论。

思政小课堂

成书于2400多年前的《黄帝内经·素问》是现存最早的中医理论著作，是春秋战国前医疗经验和理论知识的总结。它里面就有关于糖的营养价值的记载，并区分谷、畜、果、蔬四类食物的营养价值。可见我国古人很早就对糖开展了研究。

糖类化合物广泛存在于自然界中，是绿色植物光合作用的产物。它是一切生物体维持生命活动所需能量的主要来源，也为机体中其他有机物的合成提供原料，是人类不可缺少的主要食物。此外对于植物来说，它还是植物细胞壁的天然"建筑材料"，也是工业生产的原料之一。

糖代谢是指糖类化合物在生物体内的分解代谢与合成代谢。分解代谢指低聚糖、多糖经过酶促降解，转化成小分子单糖，进而氧化分解成 CO_2 和 H_2O，并释放出能量的过程；糖的合成代谢主要是指绿色植物和光合微生物利用太阳能、CO_2 和 H_2O 合成葡萄糖并释放出 O_2，再由葡萄糖进一步合成淀粉、纤维素等多糖的过程。对于人和动物来说，糖类合成是指利用食物中的糖合成一些低聚糖、糖原以及利用非糖物质转化成葡萄糖的过程。

6.1 糖类

糖类旧称碳水化合物，通式用 $C_n(H_2O)_m$ 来表示。随着研究的深入，发现许多糖不符合这一通式，如鼠李糖 $C_6H_{12}O_5$ 和脱氧核糖 $C_5H_{10}O_4$，它们的结构和性质应属于碳水化合物，可其分子式并不符合上述结构通式。有些化合物如乙酸（$C_2H_4O_2$）、甲醛（CH_2O）等，虽然分子式符合上述通式，但其结构和性质与碳水化合物却完全不同。糖是多羟基醛、多羟基酮及其衍生物的总称。

糖类是生物界最重要的有机化合物之一，也是与生物工业关系最为密切的一类化合物，它广泛分布于动物、植物、微生物中。糖类含量在植物体中最为丰富，一般占植物体干重的 80% 左右。在微生物中，占菌体干重的 10%～30%。人和动物体中含量较少，占人和动物体干重的 2% 以下，但有个别组织含糖丰富，如肝脏存储糖原占到组织湿重的 5%，人奶中乳糖浓度为 5%～7%。核糖和脱氧核糖存在于一切生物的活细胞中。

6.1.1 糖的分类

糖类化合物常根据其能否水解和水解以后产生的物质的多少分为以下几类。

（1）单糖　单糖是指不能进一步水解成更小单位的糖类。如葡萄糖、果糖、核糖等。

根据单糖所含碳原子数目的多少，可分为丙糖、丁糖、戊糖、己糖和庚糖。生物界存在的单糖及其衍生物近 200 种，而人体所需的单糖不过 10 种，其中最重要的是葡萄糖。体内葡萄糖以游离型和结合型两种方式存在。游离型葡萄糖存在于体液中，是糖在体内的运输形式。

（2）寡糖　寡糖（低聚糖）能够水解成若干个（一般 2～10 个）糖类。寡糖中最重要的是双糖，如麦芽糖、蔗糖、乳糖等。

寡糖和单糖都溶于水，多数具有甜味。

（3）多糖　水解以后可产生较多个单糖分子的碳水化合物称为多糖。例如淀粉、纤维素等。多糖也叫高聚糖，属于天然高分子化合物。多糖又可分为同聚多糖和杂聚多糖，同聚多糖是由同一种单糖构成的，杂聚多糖是由两种以上的单糖构成的。

（4）结合糖　糖链与蛋白质或脂类物质构成的复合分子称为结合糖。其中的糖链一般是杂聚寡糖或杂聚多糖。如糖蛋白、糖脂、蛋白聚糖等。

6.1.2 单糖

6.1.2.1 单糖的结构

单糖是多羟基醛或酮，通式常写为 $(CH_2O)_n$。按分子中羰基结构的不同，单糖分为醛糖和酮糖。分子中含有醛基的为醛糖，含有酮基的则为酮糖。自然界最小的单糖 $n=3$，最大的单糖 $n=7$。根据单糖分子中所含碳原子的数目（3～7）分别称为丙醛（酮）糖、丁醛（酮）糖、戊醛（酮）糖、己醛（酮）糖等。碳原子数相同的醛糖和酮糖互为同分异构体。例如：

CHO	CH_2OH	CHO	CH_2OH
*CHOH	C=O	*CHOH	C=O
CH_2OH	CH_2OH	*CHOH	*CHOH
		CH_2OH	CH_2OH
丙醛糖（甘油糖）	丙酮糖（二羟丙酮）	丁醛糖	丁酮糖

单糖分子中均含有手性碳原子，所以都具有旋光异构体。单糖的构型至今仍采用 D/L 标记，它以甘油醛为标准来确定。人们规定右旋的一种构型（—OH 写在右边的）为 D- 型甘油醛；另一种左旋的构型（—OH 写在左边的）为 L- 型甘油醛。将单糖的构型与甘油醛比较，考虑与羰基相距最远的手性碳原子（相当于 D- 甘油醛中手性碳原子）的构型。此构型若与 D-（+）- 甘油醛的相同，则称为 D- 型；若与 L-（−）- 甘油醛的相同，则称为 L- 型。

广泛分布于自然界的单糖绝大部分都是 D- 型。

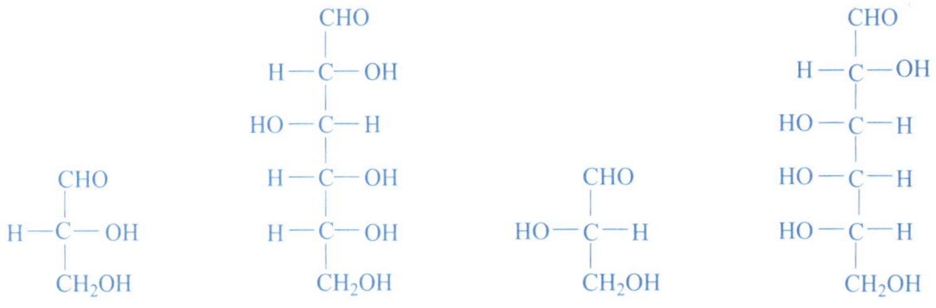

D-甘油醛　　D-葡萄糖　　L-甘油醛　　L-葡萄糖

构型是与标准参考物对比决定的，旋光性是通过旋光仪测定的，所以左右旋光与 D/L 标记无关。

（1）开链式结构　单糖的骨架采用链式结构表示时就称为开链式。为了能够正确表示单糖分子中氢原子和羟基的空间排布情况，开链式一般采用费歇尔（Fischer）投影式或其简化式表示。如己醛糖中的 D- 葡萄糖，分子组成为 $C_6H_{12}O_6$，其开链式结构的费歇尔投影式如下所示：

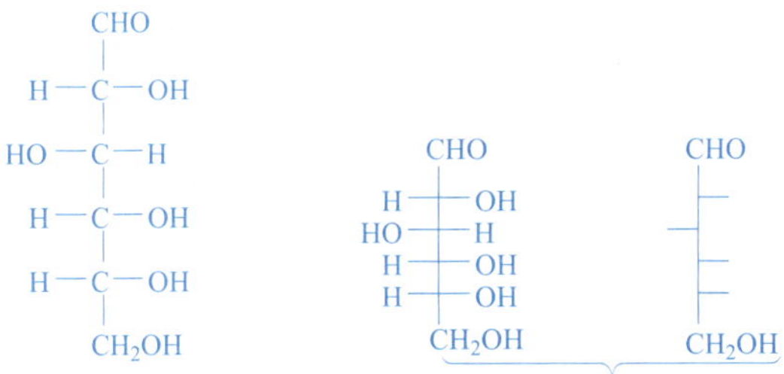

费歇尔投影式　　简化式

D-葡萄糖

（2）环式结构　根据单糖的开链式结构，它们应该具有典型的醛基或酮基的性质及反应。但是许多实验显示，它们同一般的醛或酮存在着较大的差异。人们经过对糖结构的大量研究发现，糖并不是完全以链状的形式出现，特别是在水溶液中，直链式单糖分子上的醛（酮）基与分子内的羟基形成半缩醛（酮）时，分子可形成环状结构。根据有机大环理论，糖最容易形成 5 元环和 6 元环结构。单糖由直链结构变成环状结构后，羰基碳原子成为新的手性中心，导致 C-1 成为不对称碳原子，可以有 α- 型和 β- 型两种异构体形成。如在 31℃以下，D-（+）- 葡萄糖水溶液平衡后，α-D-（+）- 葡萄糖约占 36.4%，β-D-（+）- 葡萄糖约占 63.6%，含游离醛基的开链葡萄糖占不到 0.01%。这就是单糖醛基特性表现不明显的原因。

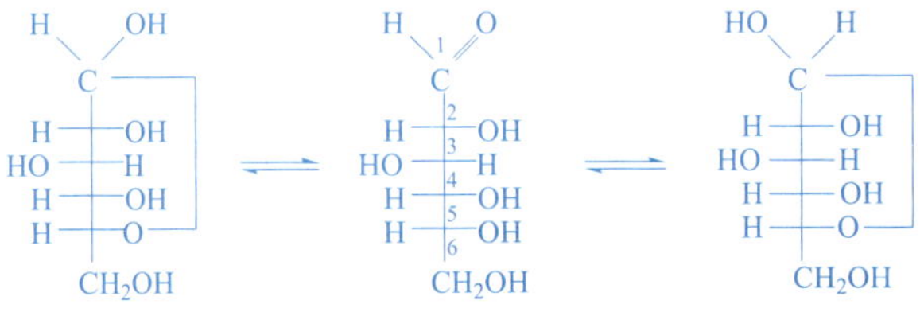

α-D-(+)-葡萄糖
（环形半缩醛式）
36.4%

D-(+)-葡萄糖
（开链式）
约0.01%

β-D-(+)-葡萄糖
（环形半缩醛式）
63.6%

这种分子中含有多个手性碳原子的两个异构体中，仅第一个手性碳原子的构型相反，而其他手性碳原子的构型完全相同的，它们互为差向异构体。在糖类化合物中，这种差向异构体又称为异头物。

氧环式葡萄糖分子中的环是由 5 个碳原子和 1 个氧原子所组成的六元环，其骨架形式与杂环化合物中的吡喃环相当，故将六元环的糖又称为吡喃糖。与此相似，五元环的糖其骨架与杂环化合物呋喃相当，故又称为呋喃糖。

为了更形象地表示糖的环式结构，常写成哈武斯（Haworth）透视式。哈武斯将直立环式改写成平面的环式时规定：将直立环式右边的—OH 写在平面的环式上方，左边的—OH 写在平面的环式下方；环外多余的碳原子，如果直链环（氧桥）在右侧，则将未成环的碳原子写在环上方，反之写在环下方。当半缩醛—OH 与决定构型的—OH 处于同测时，称为 α- 型；当半缩醛—OH 与决定构型的—OH 处于异测时，称为 β- 型。

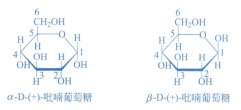

α-D-(+)-吡喃葡萄糖　　　　β-D-(+)-吡喃葡萄糖

6.1.2.2　单糖的性质

单糖在常温下均为无色或白色结晶，具有甜味，吸湿性强，易溶于极性溶剂而难溶于非极性溶剂，在热水中的溶解度非常大，常可形成过饱和溶液——糖浆。

单糖的甜度是以蔗糖为基准定为 100，其他糖的相对甜度见表 6-1。

表 6-1　几种糖的相对甜度

糖	相对甜度
果糖	173.3
蔗糖	100
葡萄糖	74.3
麦芽糖	32.5
乳糖	16.1

由于单糖分子的开链结构是多羟基醛或多羟基酮，因此具有醇和醛或酮的化学性质，可以进行一般羰基和羟基的化学反应。单糖的重要化学性质简述如下。

（1）氧化作用　单糖具有还原性，可被多种氧化剂氧化。在不同的氧化剂作用下，可得到不同的产物。醛糖可以被溴水氧化，产物是糖酸。例如：

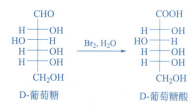

D-葡萄糖　　　　D-葡萄糖酸

酮糖不能被溴水所氧化，以此可区别醛糖和酮糖。醛糖被硝酸氧化时，可生成糖二酸。例如：

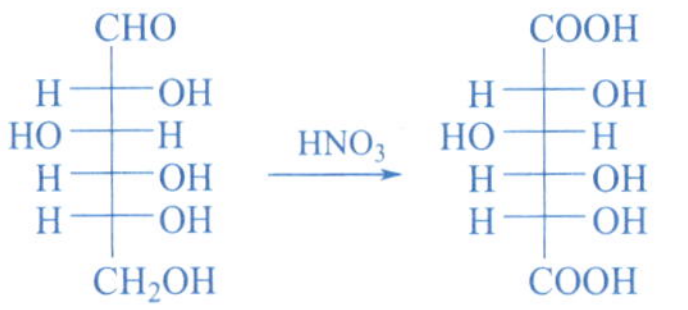

$$\text{D-葡萄糖} \xrightarrow{HNO_3} \text{D-葡萄糖二酸}$$

醛糖还能被托伦试剂（Tollens）、斐林试剂（Fehling）这样的弱氧化剂所氧化，分别得到银镜和氧化亚铜砖红色沉淀。

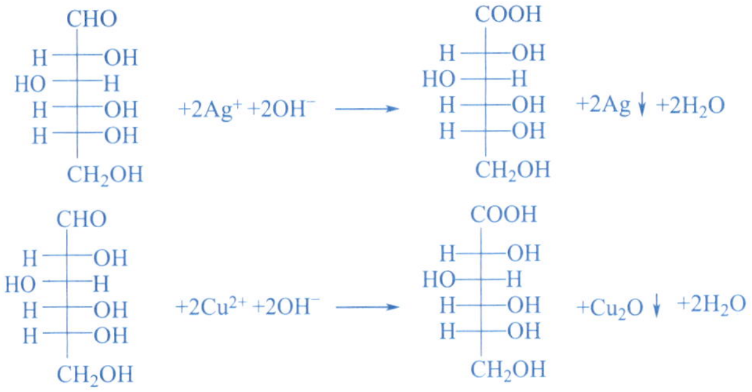

$$\text{D-葡萄糖} + 2Ag^+ + 2OH^- \longrightarrow \text{D-葡萄糖酸} + 2Ag\downarrow + 2H_2O$$

$$\text{D-葡萄糖} + 2Cu^{2+} + 2OH^- \longrightarrow \text{D-葡萄糖酸} + Cu_2O\downarrow + 2H_2O$$

酮糖也可以被托伦试剂或斐林试剂所氧化，分别生成银镜或氧化亚铜砖红色沉淀。由此可知，不能用托伦试剂、斐林试剂这样的弱氧化剂来区别醛糖和酮糖。

（2）还原反应　糖分子中的羰基与醛和酮中的相似，也可以被还原成羟基。采用催化氢化或硼氢化钠等还原剂，都可使糖中的羰基还原成羟基，生成多元醇，被称为糖醇。例如：

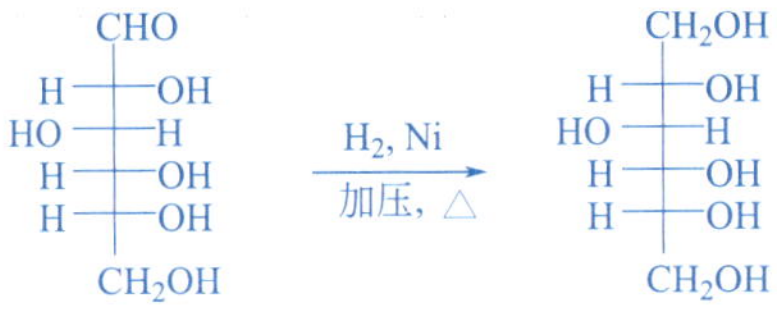

$$\text{D-葡萄糖} \xrightarrow[\text{加压，}\triangle]{H_2, Ni} \text{D-葡萄糖醇}$$

D-葡萄糖醇又叫山梨糖醇，工业上应用这一反应来制备山梨糖醇。山梨糖醇是无色、无臭、无毒晶体，稍有甜味和吸湿性，是合成树脂、炸药、维生素 C、表面活性剂等的原料。

（3）成脎反应（与苯肼反应）　单糖与苯肼反应，首先是分子中的羰基与苯肼生成苯腙，当苯肼过量时，生成的苯腙可继续反应，最终的产物叫作脎。例如：

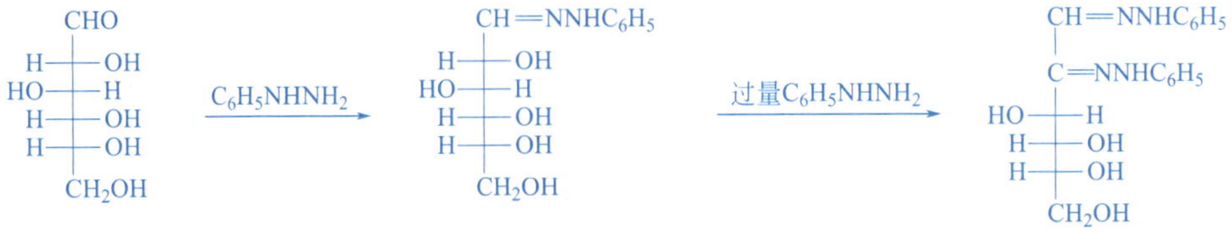

$$\text{D-葡萄糖} \xrightarrow{C_6H_5NHNH_2} \text{D-葡萄糖苯腙} \xrightarrow{\text{过量}C_6H_5NHNH_2} \text{D-葡萄糖脎}$$

酮糖也可以与苯肼反应形成脎。可见无论是醛糖还是酮糖，成脎反应都只发生在 C-1 及 C-2 上，其他碳原子不参与反应。因此，单糖只要是碳原子数相同，除 C-1 和 C-2 的其他碳原子的构型也完全相同时，它们与过量苯肼反应都将得到相同的脎。如上述反应中的 D- 葡萄糖和 D- 果糖，经成脎反应后得到的 D- 葡萄糖脎和 D- 果糖脎实际上是同一个脎。

糖脎是黄色晶体，不溶于水，不同的糖脎晶型不同，成脎所需的时间不同，熔点也不同，所以可以用此反应来鉴别糖。

（4）成苷反应　对于单糖的氧环式结构，分子中的苷羟基就相当于半缩醛或半缩酮中的羟基，可以和醇、酚等含有羟基的化合物反应，生成缩醛或缩酮。在糖化学中，把这种缩醛或缩酮称作糖苷。在 D- 葡萄糖的甲醇溶液中通入氯化氢，可生成 α-D-(+)- 甲基葡萄糖苷和 β-D-（+）- 甲基葡萄糖苷。

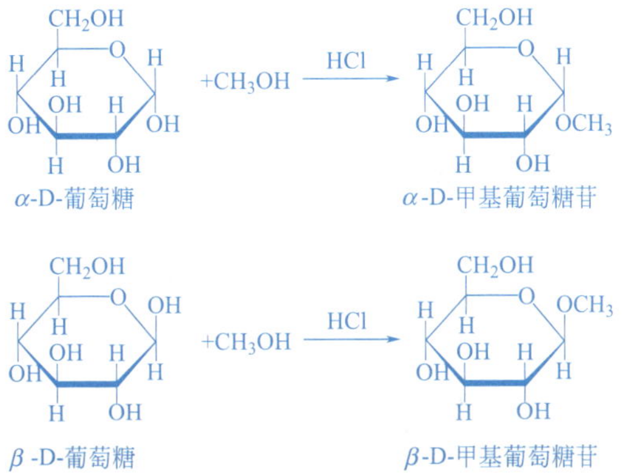

相同条件下，也可从 β-D- 葡萄糖制备 β-D- 甲基葡萄糖苷。苷是一种缩醛或缩酮，因此比较稳定。糖一旦形成苷，分子中就失去了苷羟基，也就不能再转变成开链式结构，因此就无羰基的特征。但是糖苷如果用酶或酸性水溶液处理后，还可水解成原来的糖。

6.1.2.3　重要的单糖

自然界中存在的重要单糖的存在形式及特性见表 6-2。

表 6-2　重要的单糖

单糖名称	存在形式	特性
D- 甘油醛与二羟丙酮	其磷酸酯是糖代谢的重要中间产物	最简单的单糖
核糖	普遍存在于细胞中	以糖苷的形式存在于核酸中
葡萄糖	广泛分布于生物界，游离存在于植物汁液、蜂蜜	以 D- 型为主
果糖	存在于植物的蜜腺、蜂蜜、水果中	游离存在为吡喃型
山梨糖	槐树浆果中、细菌发酵过的山梨汁中	是合成维生素 C 的重要中间产物

6.1.3　寡糖

二糖也叫双糖，是寡糖中最重要的一类。二糖可以看作是由两分子单糖失水形成的化合物，根据不同的失水方式可将二糖化分成还原性二糖和非还原性二糖两大类。

6.1.3.1 还原性二糖

还原性二糖可以看作是由一分子单糖的半缩醛羟基与另一分子单糖的醇羟基（常是 C4 上的羟基）失水而形成的。在这样的二糖分子中，有一个单糖单位已形成苷，而另一单糖单位却仍留有一个半缩醛羟基，所以存在着氧环式与开链式的互变平衡。这类二糖的开链式结构中，由于有羰基的存在，故有一般单糖的性质，如可与托伦试剂、斐林试剂反应而具有还原性，并可与过量苯肼成脎。因此这类二糖就被称为还原性二糖。最常见的还原性二糖有麦芽糖、纤维二糖、乳糖等。

（1）麦芽糖　麦芽糖的分子组成是 $C_{12}H_{22}O_{11}$，用无机酸或麦芽糖酶水解，只得到 D-葡萄糖，说明该糖是由两分子 D-葡萄糖失水缩合而得到的。

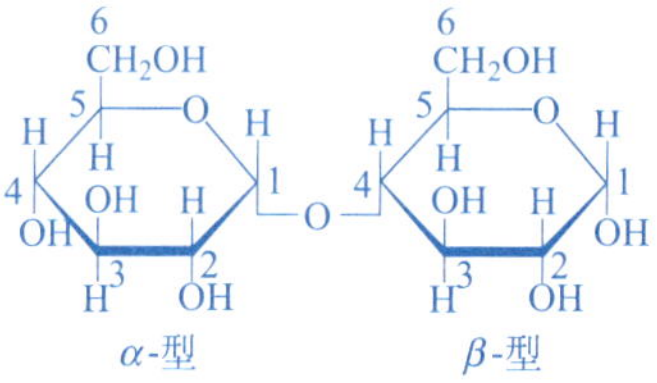

麦芽糖

麦芽糖是饴糖的主要成分，其甜度是蔗糖的 40% 左右，常温下为无色结晶，熔点 160～165℃。麦芽糖在自然界中并不以游离状态存在，它是淀粉经淀粉酶水解以后的产物，所以是组成淀粉的基本单位。

（2）纤维二糖　纤维二糖的分子组成与麦芽糖相同，也是 $C_{12}H_{22}O_{11}$，经酸水解也可得到两分子 D-葡萄糖，所以它同样是由两分子 D-葡萄糖彼此以第一和第四个碳原子通过氧原子相连而成的还原性二糖，与麦芽糖的区别仅在于成苷部分的葡萄糖中的半缩醛羟基的构型不同。

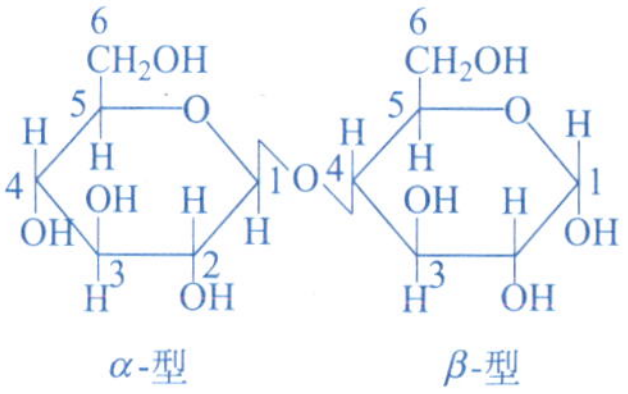

纤维二糖

纤维二糖为无色晶体，熔点 225℃，右旋糖。并且同麦芽糖一样，在自然界中也不是以游离状态存在，它是纤维素水解过程的中间产物，故是构成纤维素的基本单位。

6.1.3.2 非还原性二糖

由两个单糖的半缩醛羟基失水缩合而成的二糖称为非还原性二糖，且这两个单糖都称为苷，这样形成的二糖不能再转变成开链式，不能与托伦试剂、斐林试剂反应，也不与苯肼作用成脎。最常见的非还原性二糖是蔗糖，它是由 1 分子 α-D-葡萄糖与 1 分子 β-D-果糖失水缩合而成。

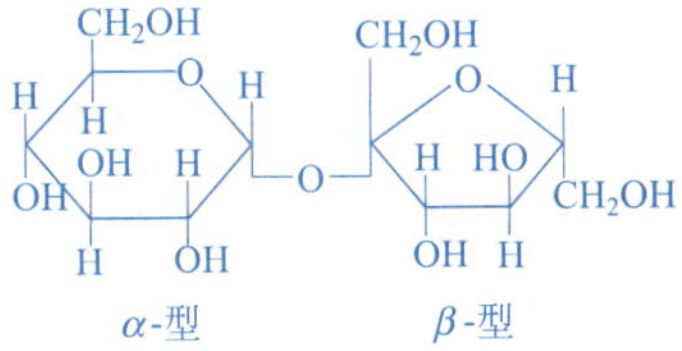

蔗糖

在自然界中分布最广的二糖就是蔗糖，所有光合植物中都含有蔗糖，如甜菜和甘蔗中含量最高，故又称其为甜菜糖。它是一种无色晶体，易溶于水，熔点180℃。蔗糖的甜度超过葡萄糖，但亚于果糖。

6.1.4 多糖

多糖是由许多个单糖通过糖苷键相互连接而成的、分子量较大的高分子化合物，其水解的最终产物是单糖。多糖广泛存在于自然界中，如构成植物骨架的纤维素，植物储藏的养分淀粉，动物体内储藏的养分糖原，以及昆虫的甲壳、植物的黏液和树胶等很多物质，都是由多糖组成的。

多糖在性质上与单糖有较大的不同。多糖大部分为无定形粉末，分子量很大，无甜味，无一定熔点，多数也不溶于水，个别能与水形成胶体溶液，基本上没有还原性，不能被氧化剂氧化，不发生成脎反应。多糖也是糖苷，所以可以水解，在水解的过程中，往往产生一系列中间产物，最终完全水解得到单糖。

根据生物来源的不同，有植物多糖、动物多糖和微生物多糖之分。多糖根据由一种还是多种单糖单位组成，可分为同多糖和杂多糖。还可以多糖的生物功能分为储存多糖、储能多糖和结构多糖。属于储存多糖的有淀粉、糖原等。纤维素、壳多糖属于结构多糖。

6.1.4.1 淀粉

淀粉是多种植物的养料储备形式，大多存在于植物的种子及根部，特别是以米、麦、红薯和土豆等农作物中含量最丰富。它是绿色植物光合作用的产品，也是人类不可缺少的重要食物。淀粉经淀粉酶水解可得麦芽糖，在酸作用下可彻底水解成D-（+）-葡萄糖，所以可将淀粉看作是麦芽糖或葡萄糖的高聚物。

淀粉是一种无味、白色、无定形固体，不溶于一般的有机溶剂，没有还原性，分子组成为$(C_6H_{10}O_5)_n$。根据分子结构的特点，可将淀粉分为直链淀粉和支链淀粉。直链淀粉和支链淀粉在结构和性质上都有一定区别，在淀粉中所占的比例也随植物的种类不同而异。一般淀粉中10%～30%为直链淀粉，70%～90%为支链淀粉。

（1）直链淀粉　直链淀粉是由D-葡萄糖通过α-1,4-糖苷键连接而成的链状高分子化合物，其分子量一般比支链淀粉要小。其结构可用哈武斯式表示如下：

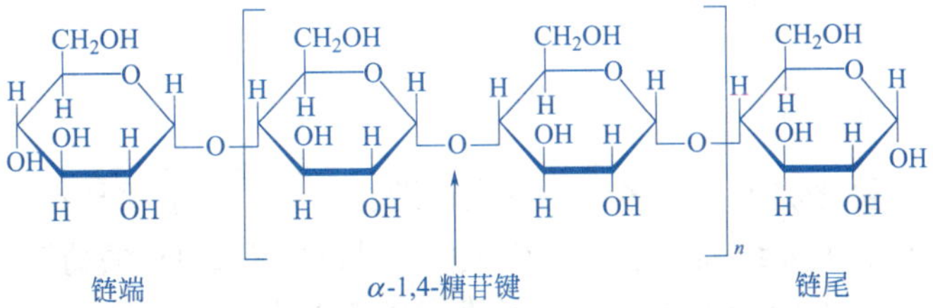

直链淀粉

直链淀粉的结构并不是几何概念上的直线形，而是在分子内氢键的作用下，卷曲成螺旋状结构。这种螺旋状结构每盘旋 1 周约需 6 个葡萄糖单位，由此形成的孔穴空间恰好能够容纳碘分子，从而借助范德华力形成蓝色络合物。另外，这种螺旋结构似紧密堆集的线圈，不利于水分子的接近，故难溶于水。

（2）支链淀粉　支链淀粉也是由 D-葡萄糖所构成，但连接方式与直链淀粉有所不同，D-葡萄糖分子之间除了以 α-1,4-糖苷键相连接外，还有 α-1,6-糖苷键的连接方式，这就导致了支链的出现，大约相隔 20～25 个葡萄糖单位出现一个分支。其结构可用哈武斯式表示如下：

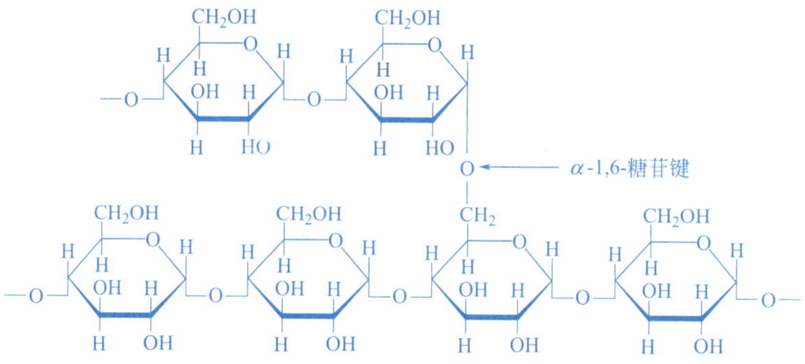

支链淀粉

支链淀粉与直链淀粉相比，不但含有更多的葡萄糖单位，而且具有高度分支，不像直链淀粉那样结构紧密，所以有利于水分子的接近，能溶于水。支链淀粉遇碘呈红紫色，以此可区别直链淀粉。

6.1.4.2　纤维素

纤维素是自然界中分布非常广泛的一种多糖，是植物细胞壁的主要成分，构成植物的支持组织。棉花中纤维素的含量最高，可达 98%，几乎是纯的纤维素，其次亚麻中纤维素的含量是 80%，木材中的含量为 50%，一般植物的茎和叶中的纤维素含量约为 15%。

纤维素是无色、无味具有不同形态的固体纤维状物质，不溶于水及一般的有机溶剂，加热则分解，没有熔化现象。与淀粉一样，纤维素也不具有还原性，其分子组成也是 $(C_6H_{10}O_5)_n$。它是由 D-葡萄糖分子之间通过 β-1,4-糖苷键连接而成的高分子化合物。其结构的哈武斯式如下：

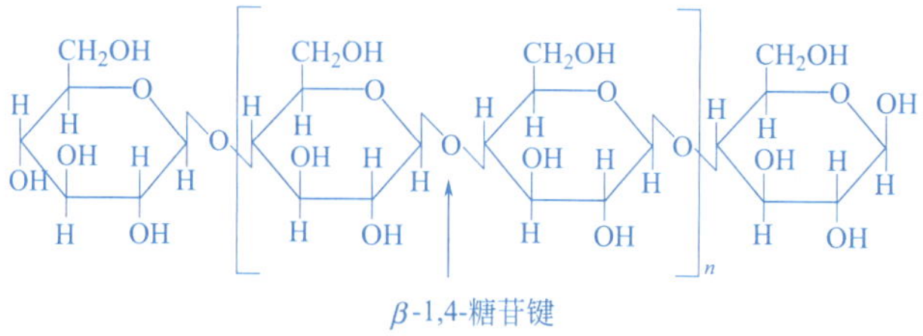

纤维素

纤维素的分子量要比淀粉大很多，水解也比淀粉困难，一般需要在酸性溶液中，加热、加压条件下，方可水解生成纤维二糖，彻底水解的最终产物是 D-葡萄糖。

人体消化道分泌出的淀粉酶不能水解纤维素，所以人们不能以纤维素作为自己的营养物质。但是可以食用一些如大麦、玉米、水果、蔬菜等含有纤维素的食物,来增加肠胃的蠕动,有助于食物的消化吸收。

6.1.4.3 糖原

糖原又称动物淀粉。糖原是动物体内储存的多糖,是组织能源物质的储备形式,是体力和脑力劳动效率及持久力的物质保证,主要储存于动物肝脏与肌肉中,在软体动物中也含量甚多。在谷物和细菌中也发现有糖原类似物。糖原与支链淀粉相似,分支较支链淀粉更多,分子量要大得多。

糖原是无定形粉末,溶于热水,溶解后呈胶体溶液,具有右旋性,无还原性,糖原较易分散在水中,与碘反应成红紫色。近年来研究证明糖原中含有少量蛋白质,可能蛋白质是中心物质,在其蛋白质链上接上糖原的多糖链。

当动物食入丰富的含糖物质并分解为单糖后,过量的葡萄糖便以糖原的形式储存起来。当饥饿时,储存的糖原降解,维持血糖的浓度以满足机体组织对葡萄糖的需要。

其他储存多糖,有与淀粉、糖原不同的葡聚糖,例如在酵母和细菌中常储存有非 α-糖苷键的葡聚糖。果聚糖是由 D-果糖以 β-糖苷键连接的同多糖,存在于菊芋及多种植物中。在细菌、霉菌、酵母及高等植物中有由甘露糖基组成的甘露聚糖。此外,木聚糖、阿拉伯聚糖也常见于植物组织中。

6.1.5 结合糖

结合糖是指糖与非糖物质如蛋白质或脂类以共价结合形成的复合糖类。常见的结合糖有糖蛋白、蛋白聚糖和糖脂。

(1)糖蛋白 糖蛋白是以蛋白质为主体,在多肽链的特定氨基酸残基上共价结合一条或多条寡糖链。寡糖链常有分支。一条寡糖链所含单糖或单糖衍生物很少超过 15 个。不同的糖蛋白其糖的含量差异很大。一般来说,糖蛋白含糖量较少,其性质表现为蛋白质特性,但糖对糖蛋白分子的生理功能亦有重大影响。

(2)蛋白聚糖 蛋白聚糖是由糖胺聚糖与蛋白质通过共价键连接形成的复合糖类。因糖胺聚糖具有黏稠性,所以蛋白聚糖又称黏蛋白。蛋白聚糖的结构极为复杂,它由许多单体聚合而成。

(3)糖脂 糖脂是单糖或寡糖链与脂类结合形成的复合糖类。重要的糖脂有鞘糖脂和糖基甘油酯两类。

6.1.6 糖类化合物的生理功能

① 作为生物能源。糖是体内供能的主要物质,1g 葡萄糖完全氧化分解可释放约 15.7kJ 的能量。估计人体生命活动所需能量的 50%～70% 是由糖氧化分解提供的。氧化分解供能的主要糖类是葡萄糖和糖原。

② 结合糖类既是组织细胞的结构成分,又具有重要的生物活性。如糖蛋白、蛋白多糖,成为缔结组织、软骨、骨基质中的成分等;某些酶、激素、免疫球蛋白、血型物质的

化学本质是糖蛋白。一些特殊的复合糖和寡糖在动植物及微生物体内具有重要的生理功能，与机体免疫、细胞识别、信息传递等紧密相关。

③ 转变为其他物质。糖分解代谢过程中的中间成分，在一定条件下可转变为三酰甘油，也可以转变为某些营养非必需氨基酸。这样糖、脂、氨基酸三者的代谢就互相联系起来了。

6.1.7　糖的消化吸收

人和动物食物中的糖主要是淀粉和少量的动物糖原以及麦芽糖、蔗糖、乳糖等寡糖。由于分子量较大，不能透过细胞膜，必须经过水解，转变成小分子单糖才能被生物体利用，所以糖类的消化与吸收是指人和动物中的糖，经过消化道一系列酶的作用转变成小分子单糖，最终进入血液的过程。

6.1.7.1　糖的消化

食物淀粉的消化从口腔唾液淀粉酶的作用开始，但主要在小肠进行。在胰腺分泌的胰淀粉酶催化下，淀粉水解成分子较小的糊精、麦芽寡糖、麦芽糖等，再受小肠黏膜细胞分泌的糊精酶、麦芽糖酶的作用水解成葡萄糖。蔗糖、乳糖、麦芽糖等双糖，也均在小肠黏膜细胞分泌的相应双糖酶催化下水解成葡萄糖、果糖、半乳糖等单糖后才被机体所吸收。植物中另一种葡萄糖的多聚体为纤维素，葡萄糖之间的连接是 β- 糖苷键，人体内无 β- 糖苷酶，故不能被消化。但纤维素具有促进肠蠕动等重要功能，也是维持健康所必需的物质。

6.1.7.2　单糖的吸收

糖被消化为单糖后才能在小肠被吸收。在小肠上皮细胞的刷状缘上，结合有吸收单糖分子的特异载体蛋白，因载体蛋白对各种糖的结合能力不同，故各种糖的吸收速率不同。进入小肠上皮细胞的各种葡萄糖，经肝门静脉进入肝脏，其中一部分转变成肝糖原，一部分葡萄糖随血液循环运送到机体的各个组织。血液中的葡萄糖又称血糖，血糖是糖在机体内的运输形式。血糖随血液循环送到机体各组织的过程中，一部分在组织中转变成糖原，其中以肌糖原最多。

6.2　糖代谢

糖类是食物中的一大类重要的有机化合物，也是机体主要功能物质和主要的组成成分。人类从食物中摄取的糖类主要是淀粉。淀粉在消化道被消化成葡萄糖，糖在体内的储存形式是由葡萄糖形成的多聚体——糖原。糖代谢是指葡萄糖在体内所发生的一系列酶催化的复杂反应，它包括糖的分解代谢与合成代谢两方面，分解代谢包括糖酵解与有氧氧化；合成代谢包括糖异生、糖原与结构多糖的合成等；中间代谢还有磷酸戊糖途径、乙醛酸循环。分解与合成之间是相互联系密不可分的。糖代谢的中间产物可为氨基酸、核苷酸、脂肪、类固醇的合成提供碳原子或碳骨架，糖的分解代谢是生物体广泛存在的最基本代谢。

6.2.1 糖的分解代谢

糖的分解代谢主要有两种类型，即酵解（无氧分解）和有氧氧化。

糖的酵解就是生物细胞在无氧的条件下，将葡萄糖或糖原经过一系列反应转变为乳酸并产生 ATP 的过程。这一过程与酵母菌使糖发酵过程相似，故称糖酵解。

糖的有氧氧化是在有氧的条件下，将糖彻底分解为 CO_2 和 H_2O，同时释放出能量的过程。

6.2.1.1 糖酵解

糖的分解代谢是大多数细胞的主要能量来源。糖代谢的第一步为糖酵解，催化此代谢途径的酶存在于细胞液中。糖酵解和生醇发酵都使葡萄糖氧化分解成丙酮酸，不同的是糖酵解时丙酮酸直接还原为乳酸，而生醇发酵时，丙酮酸先脱羧成乙醛，然后还原成乙醇。

（1）糖酵解过程　糖酵解在细胞质中进行，化学反应过程十分复杂，糖酵解过程涉及 11 个酶催化的反应，反应所涉及的酶都位于细胞质中，1 分子葡萄糖通过该途径被转换成 2 分子丙酮酸（图 6-1）。全部过程从葡萄糖开始，为了叙述方便，将这 11 步反应划分为四个阶段，即己糖的磷酸化、磷酸丙糖的生成（磷酸己糖的裂解）、丙酮酸的生成和乳酸的生成（图 6-1）。

① 己糖的磷酸化　己糖通过两次磷酸化反应，将葡萄糖活化为 1,6- 二磷酸果糖，为裂解成 2 分子磷酸丙糖作准备。这一阶段共消耗 2 分子 ATP，可称为耗能活化阶段，包括 3 步反应。

a. 葡萄糖的磷酸化　葡萄糖欲参加代谢必须先进行"活化"：在己糖激酶催化下由 ATP 提供磷酸基和能量，生成 6- 磷酸葡萄糖。若从糖原开始，则糖原需进行磷酸解，生成 1- 磷酸葡萄糖，再经变位酶作用生成 6- 磷酸葡萄糖。从 ATP 转移磷酸基团到受体上的酶称为激酶，己糖激酶是从 ATP 转移磷酸基团到各种六碳糖上去的酶，此酶催化的反应不可逆。这是糖酵解途径中的第一个限速步骤。激酶需要激活因子激活，常用的激活因子是 Mg^{2+}。以下反应均以Ⓟ代表磷酸基。

b.6- 磷酸果糖的生成　这是磷酸己糖的异构化反应，反应是可逆的。6- 磷酸葡萄糖在磷酸己糖异构酶催化下，转变为 6- 磷酸果糖，即醛糖转变为酮糖。

生物化学

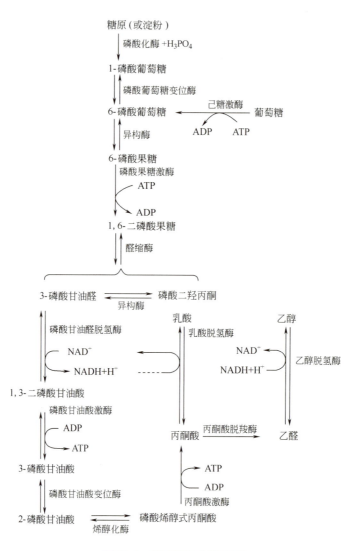

图 6-1　糖酵解与生醇发酵

c.1,6-二磷酸果糖的生成　6-磷酸果糖经磷酸果糖激酶催化，并由 ATP 提供磷酸基和能量，磷酸化为 1,6-二磷酸果糖，即第二个磷酸化反应，是糖酵解过程中的第二个不可逆反应，反应消耗了第 2 个 ATP。磷酸果糖激酶是一种变构酶，此酶的活力水平严格地控制着糖酵解的速度。这个反应是糖酵解的第 2 个限速步骤，是糖酵解速度最主要的调节控制点。

② 磷酸丙糖的生成（磷酸己糖的裂解）　1 分子 1,6-二磷酸果糖，在醛缩酶的催化下，裂解为 2 分子磷酸丙糖，即 3-磷酸丙糖和磷酸二羟丙酮，这两种物质可以互相转化。这一阶段包含 2 步反应。

a.1,6-二磷酸果糖经醛缩酶催化裂解为 2 分子可以互变的磷酸丙糖——3-磷酸甘油醛和磷酸二羟丙酮。

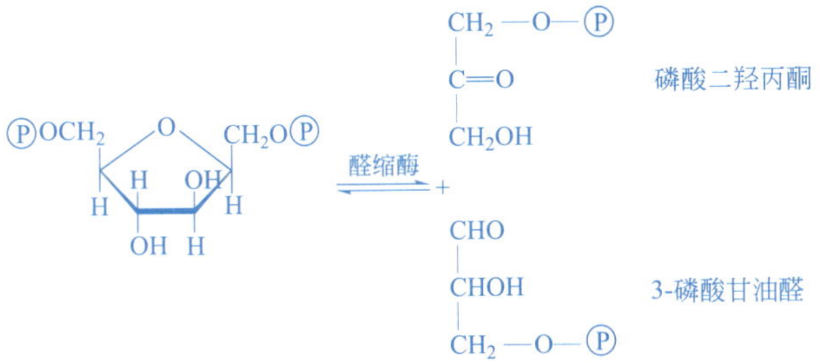

b. 磷酸二羟丙酮很容易经异构反应变为 3-磷酸甘油醛，后者则可在酵解途径中继续演变。因此，由己糖裂解成的 2 分子丙糖都能循共同途径继续变化。

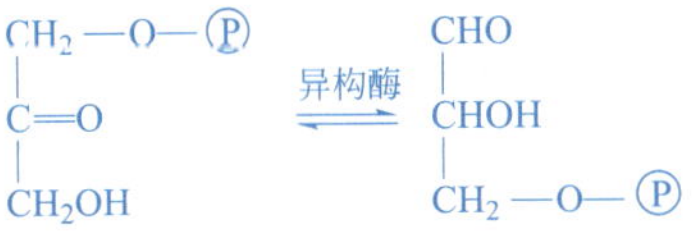

③ 丙酮酸的生成　此阶段包含五步反应，其中有一步氧化反应和两步产能反应，3-磷酸甘油醛最终生成丙酮酸，释放的能量由 ADP 转变成 ATP 储存。

a. 1,3-二磷酸甘油酸的生成　在有 NAD^+ 和 H_3PO_4 时，3-磷酸甘油醛在 3-磷酸甘油醛脱氢酶的催化下氧化为 1,3-二磷酸甘油酸。此氧化作用是糖酵解中首次遇到的，反应中同时进行脱氢和磷酸化反应。通过此反应，NAD^+ 被还原为 NADH。

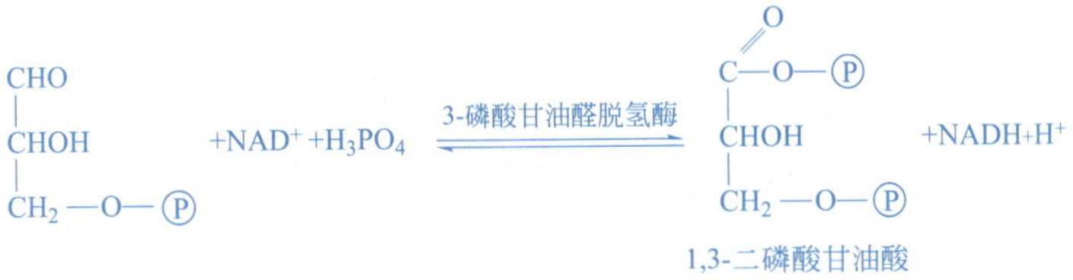

b. 3-磷酸甘油酸和 ATP 的生成　磷酸甘油酸激酶催化 1,3-二磷酸甘油酸生成 3-磷酸甘油酸和 ATP。这是糖酵解中首次通过底物氧化形成的高能化合物直接将磷酸基团转移给 ADP 偶联生成 ATP 的反应，这种 ATP 生成的方式称为底物水平磷酸化。

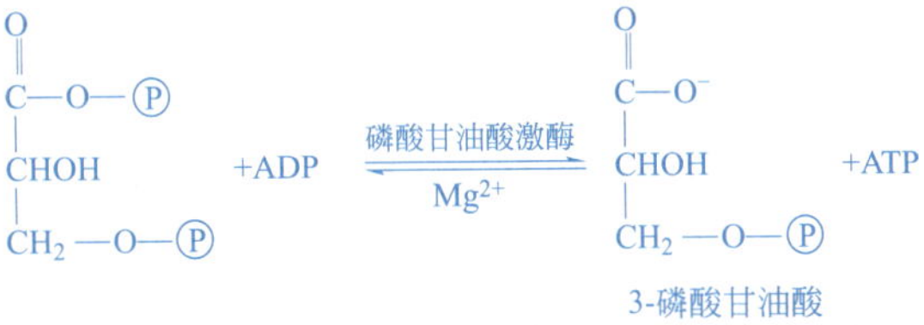

c. 3-磷酸甘油酸异构化为 2-磷酸甘油酸　磷酸甘油酸变位酶催化 3-磷酸甘油酸生成 2-磷酸甘油酸。该反应实际是分子内的重排，磷酸基团位置的移动。

d. 磷酸烯醇式丙酮酸的生成　在 Mg^{2+} 或 Mn^{2+} 参与下，由烯醇化酶催化 2-磷酸甘油酸脱去 1 分子水生成磷酸烯醇式丙酮酸。

$$\text{COO}^-\text{—CHO—}\overset{|}{\text{P}}\text{—CH}_2\text{OH} \xrightleftharpoons[]{\text{烯醇化酶}} \text{COO}^-\text{—CO—}\overset{|}{\text{P}}\text{—CH}_2 + \text{H}_2\text{O}$$

磷酸烯醇式丙酮酸

这一脱水反应使分子内部能量重新分布，C 上的磷酸基团转变为高能磷酸基团，因此，磷酸烯醇式丙酮酸是高能化合物，而且非常不稳定。

e. 丙酮酸和第 2 个 ATP 的生成　磷酸烯醇式丙酮酸在丙酮酸激酶催化下，将磷酸基团转移到 ADP 生成 ATP，同时生成烯醇式丙酮酸。后者极不稳定，自发地转变为丙酮酸，该反应为非酶促反应。这是糖酵解过程中第二次底物水平磷酸化生成 ATP。丙酮酸激酶催化的反应是不可逆反应，这是糖酵解的第三个限速步骤。

$$\text{COO}^-\text{—CO—}\overset{|}{\text{P}}\text{—CH}_2 + \text{ADP} \xrightarrow{\text{丙酮酸激酶}} \text{COO}^-\text{—C—OH—CH}_2 + \text{ATP} \rightleftharpoons \text{COO}^-\text{—C=O—CH}_3$$

烯醇式丙酮酸　　丙酮酸

④ 乳酸的生成　在无氧的条件下，丙酮酸由乳酸脱氢酶催化还原为乳酸，完成糖不需氧分解的全部过程，乳酸是酵解的最终产物。

$$\text{COO}^-\text{—C=O—CH}_3 + \text{NADH} + \text{H}^+ \rightleftharpoons \text{COO}^-\text{—CHOH—CH}_3 + \text{NAD}^+$$

乳酸

另外，丙酮酸在脱羧酶催化下失去 CO_2 而生成乙醛，然后接受 3-磷酸甘油醛脱下的氢而生成乙醇。糖在无氧的条件下，经丙酮酸最终被还原为乙醇的过程称为生醇发酵。

$$\text{COO}^-\text{—C=O—CH}_3 \xrightarrow{\text{脱羧酶}} \text{CHO—CH}_3 + CO_2$$

乙醛

$$\text{CHO—CH}_3 + \text{NADH} + \text{H}^+ \xrightarrow{\text{乙醇脱氢酶}} \text{CH}_2\text{OH—CH}_3$$

乙醇

从糖酵解的整个过程来看，从糖原或葡萄糖开始至丙酮酸生成为止都是以各种磷酸化合物形式进行演变的过程，生成丙酮酸后，再经还原而变为乳酸。1 分子葡萄糖或相当于 1 分子葡萄糖的糖原可以变为 2 分子乳酸。

在此过程中具有氧化还原反应，但不用氧，故此过程是糖的无氧分解。肌肉剧烈收缩时，肌肉及血液乳酸含量很高就是这个原因。

糖酵解的全部反应都在细胞液中进行，其中己糖激酶、磷酸果糖激酶和丙酮酸激酶是糖酵解过程中的三个限速酶，调节这三个酶的活性可以影响糖酵解进行的速度。

（2）糖酵解的生理意义　糖酵解过程释放少量能量，但它是生物界普遍存在的供能途径。1 分子葡萄糖经酵解生成丙酮酸，共生成 4 分子 ATP，扣除葡萄糖及 6-磷酸果糖磷酸化时先后消耗的 2 分子 ATP，净生成 2 分子 ATP（表 6-3）。若从糖原开始，由于开始所生成的 6-磷酸葡萄糖是通过糖原磷酸解，并未消耗 ATP，故每个葡萄糖残基经糖酵解净生成 3 个 ATP。另外，酵解过程生成的 2 个 NADH 在有氧条件下其携带的氢和电子经线粒体氧化磷酸化作用可产生更多的 ATP。在缺氧条件下丙酮酸转变为乳酸将 NADH 消耗,无 NADH 净生成。

对于人类,糖酵解过程已不是主要供能途径,但对某些组织及在一些特殊情况下,糖酵解仍具有重要的生理意义:①皮肤、视网膜、睾丸和肾髓质等组织细胞,在有氧情况下也均进行一定程度的无氧酵解,以获得一部分能量;而成熟的红细胞仅靠葡萄糖无氧酵解以获得能量。②机体在进行剧烈或长时间运动时,骨骼肌处于相对缺氧状态,糖酵解过程加强,以补充运动所需的能量。激烈运动后,血中乳酸浓度成倍地升高,即是糖酵解加强的结果。③人从平原进入高原初期,组织细胞也通过增强酵解来适应缺氧的环境。④在一些病理情况下,如严重贫血、大量失血、呼吸障碍、循环障碍等均可因氧气供应不足,使无氧酵解过程加强,甚至可因酵解过度致乳酸堆积,发生代谢性酸中毒。

糖酵解的最终产物是乳酸,在正常情况下机体可继续利用乳酸,当氧供给充分时,乳酸则转变为丙酮酸,经糖的有氧分解途径分解为 CO_2 和 H_2O,释放能量。肌肉中无氧分解产生大量的乳酸,还可以通过血液运送到肝脏,通过糖异生途径转变为糖,但乳酸是酸性化合物,若细胞或血液中过量堆积可导致乳酸中毒,对机体产生有害影响。

表6-3　1mol 葡萄糖酵解所产生的 ATP 物质的量

反应	ATP 物质的量的增减
葡萄糖 —→ 6- 磷酸葡萄糖	-1
6- 磷酸果糖 —→ 1,6- 二磷酸果糖	-1
1,3- 二磷酸甘油酸 —→ 3- 磷酸甘油酸	+1×2
磷酸烯醇式丙酮酸 —→ 丙酮酸	+1×2
每摩尔葡萄糖净增 ATP	+2

(3) 糖酵解的调节　糖酵解中有三步反应由于释放自由能而不可逆,催化它们的酶分别是己糖激酶、磷酸果糖激酶和丙酮酸激酶,其中最重要的是磷酸果糖激酶。这三种酶都是糖酵解的限速酶,所谓限速酶(又称关键酶)是指整条代谢通路中催化反应速度最慢的酶,它的活性可被调节,其活性的高低决定着代谢途径进行的快慢和方向。因此可用这种酶调节糖酵解的速度,以满足细胞对 ATP 和合成原料的需要。

① 磷酸果糖激酶　是糖酵解过程中最重要的调节酶,酶解速度主要决定于该酶活性,因此它是一个限速酶。

② 己糖激酶　己糖激酶的别构抑制剂为其产物 6- 磷酸葡萄糖。当磷酸果糖激酶活性被抑制时,该酶的底物 6- 磷酸果糖积累,进而使 6- 磷酸葡萄糖的浓度升高,从而引起己糖激酶活性下降。

③ 丙酮酸激酶　丙酮酸激酶活性也受高浓度 ATP、丙氨酸、乙酰 CoA 等代谢物的抑制,这是生成物对反应本身的反馈抑制。当 ATP 的生成量超过细胞自身需要时,通过丙酮酸激酶的别构抑制使糖酵解速度降低。

糖酵解途径的调节在于根据能量需要调整糖分解的速度,以适应机体的需要。当细胞内消耗能量多时,ATP/AMP 比值降低,磷酸果糖激酶即被激活;反之,细胞内有足够的 ATP 储备时,ATP/AMP 比值升高,磷酸果糖激酶即被抑制。饥饿时,脂肪大量动员,生成大量乙酰 CoA，它可与草酰乙酸缩合成柠檬酸，进入胞液，抑制磷酸果糖激酶，减少糖的分解，以减少由糖分解提供能源。

此外，通过改变己糖激酶和丙酮酸激酶的活性也可调节糖酵解的速度。如 6-磷酸葡萄糖可变构抑制己糖激酶，ATP 可变构抑制丙酮酸激酶。

（4）丙酮酸的去向

① 有氧条件下丙酮酸的去路——经三羧酸循环完全氧化　有氧条件下，糖酵解是单糖完全氧化分解成 CO_2 和 H_2O 的必要准备阶段，单糖经糖酵解途径初步分解成丙酮酸，有氧时丙酮酸进入线粒体，脱羧生成乙酰 CoA，通过三羧酸循环彻底氧化成 CO_2 和 H_2O。

② 无氧条件下丙酮酸的去路

a. 生成乳酸　乳酸菌及肌肉供氧不足时，丙酮酸接受 3-磷酸甘油醛脱氢时产生的 NADH 上的 H，在乳酸脱氢酶（LDH）催化下还原生成乳酸，称为乳酸发酵。

b. 生成乙醇　在酵母菌中，由丙酮酸脱羧酶催化生成乙醛，再由乙醇脱氢酶催化还原生成乙醇。

6.2.1.2　糖的有氧分解

大部分生物的糖降解代谢是在有氧条件下进行的。葡萄糖或糖原在有氧条件下，彻底氧化成 CO_2 和 H_2O，并产生大量能量的过程，称为糖的有氧氧化。它是体内糖分解供能的主要途径。有氧氧化实际上是丙酮酸在有氧条件下的彻底氧化分解，因此无氧酵解和有氧氧化是在丙酮酸生成以后才有分歧的。

（1）糖有氧氧化的反应过程　糖的有氧氧化是在胞液和线粒体进行的，大致可归纳为三个阶段：第一阶段是葡萄糖或糖原经磷酸化后氧化成丙酮酸，是在胞液中进行的。反应过程中生成的 $NADH+H^+$ 被转运进线粒体，通过呼吸链将其中的 2H 氧化成 H_2O，并生成 ATP。第二阶段是丙酮酸进入线粒体，氧化脱羧转变为乙酰 CoA。第三阶段是乙酰 CoA 进入三羧酸循环被彻底氧化。后两个阶段均在线粒体内进行。整个反应过程中代谢物脱下的氢都将在线粒体经过呼吸链传递，与氧结合生成水，并释放能量，使 ADP 磷酸化为 ATP。糖的有氧氧化概况如图 6-2 所示。

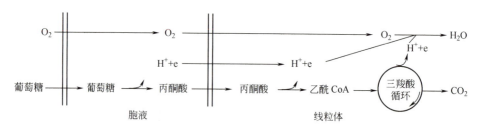

图 6-2　糖的有氧氧化概况

① 丙酮酸的生成　此反应过程和糖酵解的第一阶段相同。不同的是 3-磷酸甘油醛脱下的氢在有氧的情况下，进入线粒体氧化磷酸化产生 ATP。

② 乙酰 CoA 的生成　丙酮酸从胞液进入线粒体后，进行脱氢（氧化）和脱羧（脱去 CO_2），并与辅酶 A（CoA）结合生成乙酰 CoA。这一过程是由丙酮酸脱氢酶系催化的，为一不可逆反应，是糖有氧氧化过程的重要限速步骤之一。

丙酮酸脱氢酶系是一个很复杂的多酶复合体。它至少由丙酮酸脱羧酶、硫辛酸乙酰基转移酶和二氢硫辛酸脱氢酶三种酶，以及焦磷酸硫胺素（TPP）、硫辛酸、辅酶A、黄素腺嘌呤二核苷酸（FAD）和辅酶Ⅰ（NAD^+）五种辅助因子组成。其中TPP含有硫胺素（维生素B_1），辅酶A含有遍多酸（泛酸），FAD含有核黄素（维生素B_2），NAD^+含有烟酰胺（维生素PP）。因此，在酶体系中共含有5种B族维生素。如果缺乏这些维生素，势必影响丙酮酸的氧化脱羧反应。例如，当维生素B_1缺乏时，体内TPP不足，丙酮酸氧化脱羧受阻，丙酮酸及乳酸在末梢堆积则发生多发性周围神经炎，严重时可影响神经系统和心脏功能而导致脚气病发生。在临床上，对高热、甲亢及大量输入葡萄糖的病人，应注意适当补充有关维生素，以促进糖的氧化分解。

除丙酮酸氧化脱羧外，乙酰CoA也可由其他途径生成。脂肪酸的氧化分解（见脂类代谢）及部分氨基酸的氧化分解（见氨基酸代谢）也可产生乙酰CoA。

③ 乙酰CoA的彻底氧化——三羧酸循环　三羧酸循环，也叫柠檬酸循环，简称TCA循环，由于最早由Krebs提出，故也可称为Krebs循环。三羧酸循环在细胞的线粒体中进行。该循环在生物体内物质代谢和能量代谢中都是很重要的一条途径。在能量代谢中是糖、脂肪、蛋白质和氨基酸等有机物不完全降解产物最后氧化分解的共同途径。在线粒体中生成的乙酰CoA进入三羧酸循环被彻底氧化为CO_2和H_2O。这个循环以乙酰CoA与草酰乙酸生成柠檬酸开始，经一个循环后乙酰CoA的2个碳原子被氧化成CO_2，又成为4个碳的草酰乙酸。三羧酸循环共有8个步骤。

a. 乙酰CoA与草酰乙酸缩合生成柠檬酸　在柠檬酸合成酶的催化下，乙酰CoA中的乙酰基与草酰乙酸缩合生成柠檬酸并释放出CoA。柠檬酸合成酶是三羧酸循环特有的酶，也是三羧酸循环的第一个限速酶，其逆反应很弱，常被视为不可逆步骤。生物细胞中其他能源物质分解产生的乙酰CoA都可以通过此环节进入三羧酸循环。

$$乙酰CoA + 草酰乙酸 + H_2O \xrightarrow{柠檬酸合成酶} 柠檬酸 + HSCoA$$

b. 柠檬酸异构化生成异柠檬酸　柠檬酸在顺乌头酸酶的作用下，先脱水再加水、异构而生成异柠檬酸，为后面的脱氢做好了准备。

$$柠檬酸 \xrightarrow[顺乌头酸酶]{H_2O} 顺乌头酸 \xrightarrow[顺乌头酸酶]{H_2O} 异柠檬酸$$

c. 氧化脱羧生成α-酮戊二酸　异柠檬酸在异柠檬酸脱氢酶的催化下，脱氢生成草酰琥珀酸，然后在同一酶的作用下脱羧生成α-酮戊二羧和CO_2，脱去的2H被NAD^+接受，这是第一次氧化。异柠檬酸脱氢酶为三羧酸循环的第二个限速酶，也是最重要的限速酶。生成的异柠檬酸是碳、氮代谢的公共中间产物，可以合成L-谷氨酸。

两步反应均为异柠檬酸脱氢酶所催化。现在认为这种酶具有脱氢和脱羧两种催化能力。脱羧反应需要Mn^{2+}。

异柠檬酸脱氢酶现已发现有两种：一种需 NAD^+ 及 Mg^{2+} 为辅酶；另一种需 $NADP^+$ 及 Mn^{2+} 为辅酶。前者仅存在于线粒体，其主要功能是参与三羧酸循环。后者既存在于线粒体，又存在于胞液，其主要功能是作为还原剂 NADPH 的一种来源。

此步反应是一分界点，在此之前都是三羧酸的转化，在此之后则是二羧酸的变化了。

d. 氧化脱羧生成琥珀酰 CoA α-酮戊二酸在 α-酮戊二酸脱氢酶系催化下氧化（脱氢）脱羧生成琥珀酰 CoA，其反应过程及机理与丙酮酸的氧化脱羧反应类同。α-酮戊二酸脱氢酶系为第三个限速酶。此反应不可逆，大量释放能量，是三羧酸循环中的第二次氧化脱羧，又产生 NADH 及 CO_2。

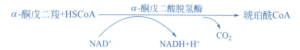

e. 琥珀酰 CoA 分解生成琥珀酸 琥珀酰 CoA 为一高能化合物，它在琥珀酸硫激酶（又称为琥珀酰 CoA 合成酶）催化下将其能量转移给 GDP，使 GDP 磷酸化形成 GTP，而琥珀酰 CoA 则转变为琥珀酸，GTP 又可将其末端高能磷酸键转给 ADP，使之生成 ATP。此反应为三羧酸循环中唯一直接产生 ATP 的反应。

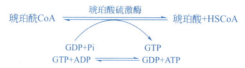

f. 琥珀酸脱氢生成延胡索酸 琥珀酸在琥珀酸脱氢酶催化下脱氢生成延胡索酸，脱下的 2H 被琥珀酸脱氢酶的辅基 FAD 接受。琥珀酸脱氢酶位于线粒体内膜，直接与呼吸链相连接，此反应是第三次氧化还原反应。

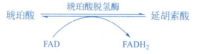

g. 延胡索酸加水生成苹果酸 延胡索酸在延胡索酸酶的催化下加水生成苹果酸。

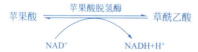

h. 苹果酸脱氢生成草酰乙酸 这是第四次氧化还原。苹果酸在苹果酸脱氢酶催化下脱氢生成草酰乙酸，此反应是需能的反应，是三羧酸循环的最后一步。脱下的 2H 由辅酶 NAD^+ 接受生成 $NADH+H^+$。反应在热力学上不利于草酰乙酸的生成，由于苹果酸的不断生成和草酰乙酸的不断消耗，从而推动了反应的不断进行。

三羧酸循环从 1 分子乙酰 CoA 与 1 分子草酰乙酸缩合成含 6 个碳原子的柠檬酸开始，到生成草酰乙酸结束。循环一周，消耗掉 1 分子乙酰 CoA，生成 2 分子 CO_2，再生的草酰乙酸继续参加下一轮循环。循环中的三羧酸、二羧酸并不因参加此循环而有所增减。因此，在理论上，这些羧酸只需微量，便可不断地循环，促使乙酰 CoA 氧化。

三羧酸循环有多个反应是可逆的，但由于柠檬酸的合成及 α-酮戊二酸的氧化脱羧是不可逆的，故此循环是单方向进行的。

现将三羧酸循环的全过程总结于图 6-3。

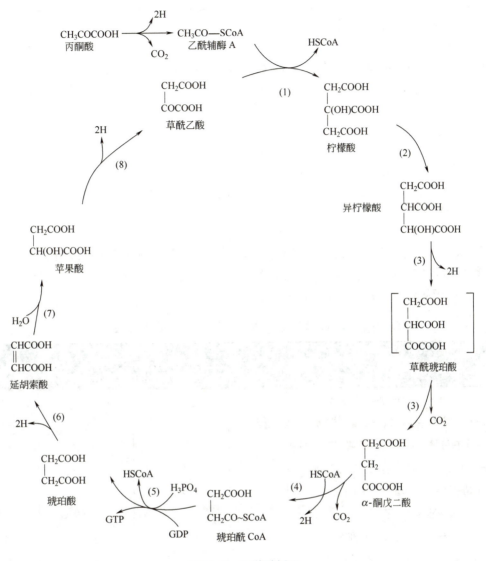

图 6-3 三羧酸循环

若不考虑所有中间产物，三羧酸循环总反应式可表示如下：

$$CH_3CO\sim CoA+3NAD^++FAD+GDP+Pi+2H_2O \longrightarrow 2CO_2+HSCoA+3NADH+3H^++FADH_2+GTP$$

（2）三羧酸循环的反应特点

① 三羧酸循环是由草酰乙酸和乙酰 CoA 缩合成柠檬酸开始，经一系列反应又生成草酰乙酸的循环过程。三羧酸循环每运转一周，消耗 1 个乙酰基，有 4 次脱氢（其中 3 次以 NAD^+ 为受氢体，1 次以 FAD 为受氢体）和 2 次脱羧反应。脱羧反应生成 2 分子 CO_2，是呼出 CO_2 的主要来源。

② 三羧酸循环是糖的有氧分解释放能量生成 ATP 的主要环节，每循环一周产生 12 分子的 ATP。

③ 三羧酸循环在线粒体中进行。由于柠檬酸合成酶、异柠檬酸脱氢酶、α-酮戊二酸脱氢酶系及琥珀酸脱氢酶所催化的反应在生理条件下是不可逆的,所以整个循环是不可逆的。这保证了线粒体供能系统的稳定性。

④ 三羧酸循环的中间产物不会因参与循环而被消耗,但可以参加其他代谢反应而被消耗。例如,琥珀酰 CoA 可参加血红素的合成,α-酮戊二酸与草酰乙酸可氨基化转变为谷氨酸和天冬氨酸。因而这些中间产物必须不断更新和补充,才能保证循环的正常进行。上述各反应的逆过程即为三羧酸循环中间产物的更新和补充途径,其中尤以丙酮酸羧化生成草酰乙酸的反应最为重要。

丙酮酸主要来源于糖代谢,因而草酰乙酸主要靠糖代谢过程来补充。三羧酸循环的其他中间产物也主要靠糖代谢进行补充。

⑤ 异柠檬酸脱氢酶是三羧酸循环最主要的限速酶,也是该循环的主要调节酶。此外,柠檬酸合成酶和 α-酮戊二酸脱氢酶系也对循环过程有调节作用。

(3) 糖的有氧氧化及三羧酸循环的生理意义

① 糖有氧氧化的基本生理功能是氧化供能。每摩尔葡萄糖彻底氧化成 H_2O 和 CO_2 时,可净生成 38mol 的 ATP(表 6-4),而糖酵解只生成 2mol ATP。在一般生理条件下,绝大多数组织细胞皆从糖的有氧氧化途径获得能量。

表 6-4　1mol 葡萄糖有氧分解所产生的 ATP 物质的量

反应	ATP 消耗	ATP 生成		净得 ATP
		底物水平磷酸化	氧化磷酸化	
葡萄糖 ⟶ 6-磷酸葡萄糖	1			−1
6-磷酸果糖 ⟶ 1,6-二磷酸果糖	1			−1
3-磷酸甘油醛 ⟶ 1,3-二磷酸甘油酸			3×2	6
1,3-二磷酸甘油酸 ⟶ 3-磷酸甘油酸		1×2		2
磷酸烯醇式丙酮酸 ⟶ 丙酮酸		1×2		2
丙酮酸 ⟶ 乙酰 CoA			3×2	6
异柠檬酸 ⟶ 草酰琥珀酸			3×2	6
α-酮戊二酸 ⟶ 琥珀酰 CoA			3×2	6
琥珀酰 CoA ⟶ 琥珀酸		1×2		2
琥珀酸 ⟶ 延胡索酸			2×2	4
苹果酸 ⟶ 草酰乙酸			3×2	6
总计		38		

② 三羧酸循环不仅是糖代谢的重要途径,也是甘油、脂肪酸及氨基酸氧化分解的必经途径,因此,它是体内糖、脂肪和蛋白质三大营养物质分解代谢的最终共同途径。

③ 三羧酸循环也是糖、脂肪和氨基酸代谢联系的通路,是体内连接糖、脂肪和氨基酸代谢的枢纽。糖转变为脂肪、脂肪中的甘油转变为糖、糖转变为非必需氨基酸、某些氨基酸转变为糖和脂肪等过程都经过三羧酸循环进行中转。

(4) 三羧酸循环的调节　三羧酸循环是糖有氧代谢的主要途径,细胞内对能量的需求主要靠糖的有氧氧化。三羧酸循环在细胞物质代谢中处于枢纽地位，所以它受到严密的调控。细胞内的能量状态是对三羧酸循环调节的主要因素，即 ATP/ADP 或 ATP/AMP 比值和 NAD^+/NADH 比值直接调节三羧酸循环的速度。

三羧酸循环中存在 3 个不可逆的反应，是潜在的调节部位，催化这 3 个不可逆反应的酶都是限速酶，分别是柠檬酸合成酶、异柠檬酸脱氢酶及 α- 酮戊二酸脱氢酶系。

① 柠檬酸合成酶　柠檬酸合成酶催化三羧酸循环的第一步反应。ATP 是柠檬酸合成酶的变构抑制剂，AMP 可以解除这种抑制。AMP 积累意味着 ATP 浓度的降低，AMP 作为一个状态的信号促使此酶活性增高，三羧酸循环加速。可见柠檬酸合成酶的活性决定了乙酰 CoA 进入三羧酸循环的速度。

② 异柠檬酸脱氢酶　异柠檬酸脱氢酶是三羧酸循环中第二个调节位点，ADP 是该酶的变构激活剂，当细胞内 ATP 积累时，ADP 浓度低，此酶的活力不高；但当细胞处于低能量状态时，ATP 大量分解产生 ADP，ADP 浓度高，于是激活异柠檬酸脱氢酶，使三羧酸循环加速进行。

③ α- 酮戊二酸脱氢酶系　α- 酮戊二酸脱氢酶系是三羧酸循环中第三个调节位点，该酶受 ATP 及其所催化的反应产物琥珀酰 -CoA、NADH 抑制。

曾经认为柠檬酸合成酶是三羧酸循环的主要调控点，但是，其催化产物柠檬酸可转移至胞浆，分解成乙酰 CoA，用于合成脂肪，因此该酶活性升高不一定加速三羧酸循环的运转。目前认为异柠檬酸脱氢酶和 α- 酮戊二酸脱氢酶系才是三羧酸循环的主要调控点。

6.2.1.3　磷酸戊糖途径

（1）磷酸戊糖途径的过程　生物体中，糖酵解和三羧酸循环是糖分解代谢的主要途径，在细胞的胞浆中还存在糖的其他代谢途径——磷酸戊糖途径，又称磷酸戊糖旁路。葡萄糖经此途径的主要意义不是供能，而是生成磷酸核糖和 $NADH+H^+$。磷酸戊糖途径主要发生在肝脏、脂肪组织、乳腺、肾上腺等组织中，整个反应均在胞液中进行，基本反应过程如图 6-4 所示。6- 磷酸葡萄糖脱氢酶是决定磷酸戊糖途径的限速酶，此酶活性受 NADPH 浓度影响，NADPH 浓度升高可抑制酶的活性。因此磷酸戊糖途径主要受体内 NADPH 的需求量调节。

磷酸戊糖途径的主要特点是葡萄糖不必经过三碳糖阶段就可以直接进行脱氢和脱羧反应。磷酸戊糖途径中的两个脱氢酶——6- 磷酸葡萄糖脱氢酶和 6- 磷酸葡萄糖酸脱氢酶都以 $NADP^+$（辅酶Ⅱ）为辅酶，生成大量 $NADPH+H^+$。

（2）磷酸戊糖途径的生理意义　磷酸戊糖途径并非机体葡萄糖氧化供能的重要途径，但它却有重要的生理意义。

① 磷酸戊糖途径是体内利用葡萄糖生成 5- 磷酸核糖的唯一途径，为体内核苷酸的合成，并进一步合成核酸提供了原料。损伤修复再生的组织、更新旺盛的组织，如梗死的心肌、部分切除后的肝、肾上腺皮质等，此途径进行得比较活跃。

② 磷酸戊糖途径的另一主要生理意义是提供细胞代谢所需要的 NADPH。NADPH 的作用包括：

a. 作为供氢体在脂肪酸、胆固醇等物质的生物合成过程中提供氢。如脂肪酸、胆固醇、类固醇、激素等物质的合成都需要 NADPH 作为供氢体。因此，磷酸戊糖途径在脂类和胆

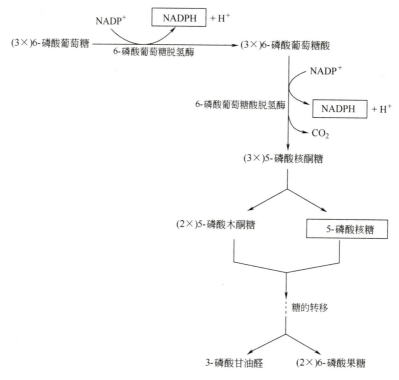

图6-4 磷酸戊糖途径

固醇合成旺盛的组织中进行得比较活跃。

b. NADPH作为谷胱甘肽（GSH）还原酶的辅酶，能维持细胞中还原型GSH的正常含量，从而对维持细胞正常的氧化还原状态具有重要作用，如红细胞完整性的维护。磷酸戊糖途径缺陷时，如缺乏6-磷酸葡萄糖脱氢酶，不能产生足够的NADPH，使GSH含量偏低，病人的红细胞很容易破坏发生溶血，并可发生溶血性黄疸。这种病人常在食用蚕豆后发病，故称为蚕豆病。另外，在服用某些药物如阿司匹林、磺胺药等以后也易发生溶血。

c. NADPH参与肝脏内的生物转化反应。如参与激素、药物、毒物的生物转化过程。

d. NADPH参与体内嗜中性粒细胞和巨噬细胞产生活性氧的反应，因而有杀菌作用。

6.2.2 糖的合成代谢

糖作为生物体物质组成的重要成分之一，一方面通过不同途径不断地进行分解代谢，为细胞活动及物质合成提供能源和碳源；另一方面，生物体可以通过不同途径合成各种糖，如单糖、双糖及多糖。

6.2.2.1 光合作用

绿色植物和光合细菌利用太阳光能，以CO_2和H_2O等无机物为原料合成糖类等有机物并释放出氧气的过程称为光合作用。植物体中的糖类是光合作用的直接产物。光合作用是自然界中将光能转变为化学能储存在营养物质中的一个复杂而重要的过程。地球上一切生物生命活动所需的能量，归根结底来自太阳能。

（1）光合作用是合成糖的最大途径　光合作用把无机物转变成有机物。糖类是众多有机物中的主要产物之一，而其他有机物的合成常常又以糖类作为原料。

绿色植物通过叶绿体，利用光能，将 CO_2 和 H_2O 转化为有机物，并且释放出氧气。可用下式表示：

$$CO_2 + 2H_2O \xrightarrow[\text{叶绿素}]{\text{光能}} (C \cdot H_2O) + O_2\uparrow + H_2O$$
$$\text{被还原}$$

植物通过光合作用制造有机物的规模非常巨大。据估计，地球上的自养植物每年约同化 2×10^{11} t 碳素，如以葡萄糖计算，地球上每年同化的碳素相当于 $4\times10^{11}\sim5\times10^{11}$ t 葡萄糖。光合作用是生物界最庞大、最基本的生物化学过程，它是生物界物质转化和能量转换的基础。

（2）光合作用分两个阶段进行　光合作用是绿色植物积蓄能量和形成有机物的过程。能量的积蓄是把光能转变为电能，电能再转换成活跃的化学能，活跃的化学能最后转变为稳定的化学能。

光合作用过程根据其是否需要光可分为光反应和暗反应两个阶段。

① 光反应　光反应是必须在光照下才能引发的反应；绿色植物的光合作用是在植物体内特有细胞器——叶绿体中进行的。叶绿体内含有光合色素，包括叶绿素、叶黄素、类胡萝卜素等。这些色素能吸收光能，不同色素吸收不同波长的光，它们所吸收的光能最后都要传递给叶绿素（主要是叶绿素 a），它能激发叶绿素的电子跃迁，产生光电子，具有高能量的电子再按一定途径传递，在传递过程中能量逐渐释放，用于 ADP 磷酸化生成 ATP（称为光合磷酸化），并使 $NADP^+$ 还原，这就是光反应。因此，光反应就是利用光能合成 ATP，还原 $NADP^+$，并释放氧气的过程：

$$H_2O + NADP^+ + ADP \xrightarrow[\text{光能}]{\text{叶绿体色素}} \frac{1}{2}O_2 + ATP + NADPH + H^+$$

② 暗反应　暗反应是在暗处（也可在光下）进行的，是绿色植物和光合细菌利用上述光反应产生的 NADPH（还原能）和 ATP（水解能）这些活化的化学能，促进 CO_2 还原成糖，这是"纯"生物化学过程，是需要许多酶参与的酶促反应。

暗反应是固定 CO_2 并转变为糖的过程。固定 CO_2 的物质是 1,5-二磷酸核酮糖，在酶的催化下，1,5-二磷酸核酮糖与 CO_2 结合，生成 3-磷酸甘油酸，然后在多种酶的催化下，由 ATP 和 NADPH 提供能量，经过复杂的环式代谢，生成 3-磷酸甘油醛，最后再由 3-磷酸甘油醛转变成葡萄糖。

（3）光合作用的重要意义　光合作用是地球上一切生物体物质转化和能量转化的基础，它为所有生物的生存、发展提供了所必需的碳源、氢源、氧源和能源。

植物通过光合作用制造有机物的规模是巨大的。据估计，自然界每年大约形成 $4\times10^{11}\sim5\times10^{11}$ t 有机物。人类和动物的食物都直接或间接地来自光合作用产生的有机物。

光合作用是地球上氧气的最大来源。据估计，每年经光合作用可产生 5×10^{11} t 氧气。生物的呼吸和燃料的燃烧消耗 O_2，产生 CO_2。光合作用吸收 CO_2，放出 O_2，从而使得大气中的 CO_2 和 O_2 的含量基本上保持稳定。因此，绿色植物可以称为"自动的空气净化器"。

总之，光合作用是生物界最基本的物质代谢和能量代谢，它在整个生物界以至整个自然界中都具有极其重要的意义。

6.2.2.2 糖原的合成与分解

糖原是葡萄糖在体内的储存形式。体内大多数组织中都含有糖原，但以肝和肌肉含量最多，肝糖原总量约100g，肌糖原约250g，脑组织糖原含量最少，只有0.1%。从储存的能量计，远较脂肪为少。但糖原是可以迅速动用的葡萄糖储备，可供进食间歇和饥饿时使用，对维持血糖、供给脑细胞活动和肌肉收缩的能量有重要作用。进食糖类物质几小时，糖原在肝脏中的储存即达饱和（5%～6%）；12h饥饿后，这一数值将降至1%以下，肝糖原降解生成的大部分葡萄糖被释放入血循环。

糖原的合成代谢是指人和动物体内多糖的合成。糖原合成的原料主要有两类：一类是以葡萄糖为合成的基本原料（其他单糖，如半乳糖和果糖等可以通过成磷酸葡萄糖来合成糖原），这种过程称为糖原合成；另一类是由非糖物质，如乳酸、甘油、丙酮酸以及某些氨基酸为原料合成葡萄糖，再转变为糖原，这一过程称为糖异生作用。

（1）糖原的合成　葡萄糖可在肝脏、肌肉和其他组织中合成糖原。果糖和半乳糖等其他单糖在体内也可合成糖原。由单糖合成糖原的过程称为糖原的合成。各组织都能合成糖原，但以肝、肌肉为主。

葡萄糖合成糖原包括四步反应。

$$\text{葡萄糖} + \text{ATP} \xrightarrow[\text{葡萄糖激酶}]{\text{己糖激酶}} \text{6-磷酸葡萄糖} + \text{ADP}$$

$$\text{6-磷酸葡萄糖} \xrightarrow{\text{磷酸葡萄糖变位酶}} \text{1-磷酸葡萄糖}$$

$$\text{1-磷酸葡萄糖} + \text{UTP} \xrightarrow{\text{UDPG焦磷酸化酶}} \text{UDPG} + \text{PPi}$$

$$\text{UDPG} + \text{糖原}(G_n) \xrightarrow{\text{糖原合成酶}} \text{UDP} + \text{糖原}(G_{n+1})$$

在肝脏，催化第一步反应即葡萄糖磷酸化的酶为葡萄糖激酶，而在肌肉或其他组织催化此反应的酶为己糖激酶。6-磷酸葡萄糖先经变位作用转变为1-磷酸葡萄糖，再在UTP参与下由UDP葡萄糖焦磷酸化酶催化生成UDP葡萄糖，才能被糖原合成酶催化，以α-1,4-糖苷键连于糖原前体的非还原端，故UDP葡萄糖又称为活性葡萄糖。上式G_n表示原来的小分子糖原，G_{n+1}表示多了一个葡萄糖单位。多次进行上述反应就使糖原分子直链的长度不断增强。当合成的直链长度达12～18个葡萄糖残基时，分支酶就将长约7个葡萄糖残基的糖链移至邻近的糖链上，并以α-1,6-糖苷键进行连接，从而形成糖原分子的分支。如此反复进行，使小分子糖原变成大分子糖原。糖原合成的限速酶为糖原合成酶。糖原每增加1个葡萄糖残基需消耗2分子ATP。见图6-5。

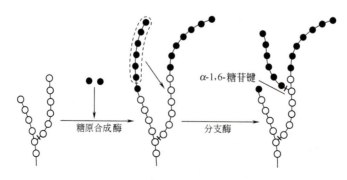

图6-5　糖原的合成示意图

（2）糖原的分解　糖原分解习惯上是指肝糖原分解为葡萄糖的过程，其过程并非糖原合成的逆过程。糖原分解过程均在胞液中进行。其反应过程如下：

$$糖原（G_n）+H_3PO_4 \xrightarrow[H_2O]{磷酸化酶} 糖原（G_{n-1}）+1-磷酸葡萄糖$$

$$1-磷酸葡萄糖 \xrightarrow{磷酸葡萄糖变位酶} 6-磷酸葡萄糖$$

$$6-磷酸葡萄糖 +H_2O \xrightarrow[葡萄糖激酶]{己糖激酶} 葡萄糖 +H_3PO_4$$

糖原磷酸化酶水解 α-1,4- 糖苷键，同时将磷酸根加在葡萄糖分子上，释放出 1- 磷酸葡萄糖。当降解进行至离分支处剩 4 个葡萄糖残基时，脱支酶将剩余 3 个葡萄糖转移至另一个分支上，并水解 α-1,6- 糖苷键，释放出 1 个游离葡萄糖。1- 磷酸葡萄糖转变为 6- 磷酸葡萄糖后，后者在不同的组织进一步的代谢途径不同。肝和肾皮质 6- 磷酸葡萄糖酶活性很高，可将 6- 磷酸葡萄糖水解为葡萄糖，这样肝糖原经分解可生成葡萄糖并释放入血；在缺乏 6- 葡萄糖磷酸酶的组织如肌肉，糖原分解生成的 6- 磷酸葡萄糖只能进入糖酵解途径。糖原分解的限速酶为糖原磷酸化酶（图 6-6）。

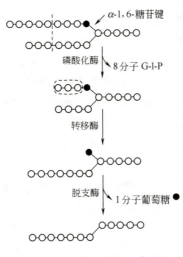

图 6-6　糖原分解示意图

6- 磷酸葡萄糖酶在肝和肾皮质中活性最强，在其他组织中活性很低，肌肉中则缺乏此酶，所以只有肝、肾的糖原能补充血糖。肌糖原分解产生的 6- 磷酸葡萄糖，不能直接水解为葡萄糖，只能通过糖酵解途径生成乳酸经血液到肝，再经糖异生作用合成葡萄糖或肝糖原。

糖原合成和代谢途径可归纳为图 6-7。

（3）糖原合成与分解的生理意义　糖原合成和分解对维持血糖浓度的相对恒定，起着重要作用，饭后，从肠道吸收的大量葡萄糖进入血液使血糖升高，通过糖原的合成使血糖很快能降低至正常浓度，不至于从尿中排出而浪费。空腹时，血糖被各种组织利用而下降，肝糖原则及时分解成葡萄糖进入血液，使血糖不会低于正常浓度，从而保证重要器官的能量供应。

（4）糖原合成与分解的调节　糖原合成与分解的限速酶是糖原合成酶和磷酸化酶，二者均具有活性与无活性两种形式。调节糖原合成与分解的各种因素一般都通过改变这两种酶的活性状态来实现对糖原合成与分解的调节作用。机体的调节方式是通过同一信号使一

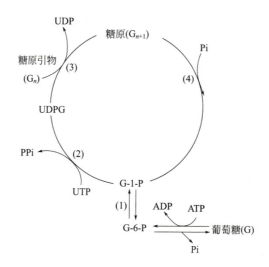

图 6-7 糖原的合成与分解

个酶处于活性状态，另一个酶处于非活性状态。如肾上腺素对糖原合成与分解就具有双重控制机制，因而肾上腺素的作用是一方面促进糖原分解，另一方面又抑制糖原合成。

① 糖原合成酶与磷酸化酶的活性可受磷酸化和去磷酸化的共价修饰。两种酶磷酸化和去磷酸化的方式相同，但效果不同。磷酸化酶去磷酸化后无活性，而糖原合成酶去磷酸化后则是有活性的，此时糖原合成增加，以降低血糖浓度，糖原分解受抑制。反之，磷酸化酶磷酸化后，活性增加，而糖原合成酶磷酸化后则无活性，此时有利于糖原分解，以补充血糖浓度。这种精细的调控，避免了由于分解、合成两个途径的同时进行所造成的 ATP 浪费，有利于合理使用能源物质。

② 磷酸化酶还受变构调节，产生的葡萄糖或 ATP 是磷酸化酶的变构抑制剂，而 AMP 则是该酶的变构激活剂，底物 6-磷酸葡萄糖是糖原合成酶的变构激活剂，当血糖升高时，磷酸化酶变构失活，使肝糖原分解减少。而无活性的糖原合成酶则变构为有活性的糖原合成酶，使糖原合成增加。这种调节方式快速，仅需几毫秒就可产生效果。

（5）糖原累积病　催化糖原合成和分解的酶若在人体中有缺陷，就会导致一系列疾患，造成体内某些器官组织中糖原过多堆积，故称为糖原累积病。糖原累积病是一类遗传性代谢病，不同类型的糖原累积病，根据其缺陷的酶在糖原代谢中的作用和种类不同，受累的器官部位不同，糖原的结构有差异，对健康和生命影响的程度也不一样。

6.2.2.3 糖异生作用

由非糖物质转变为葡萄糖或糖原的过程称为糖异生作用。能在体内转变为糖的非糖物质有乳酸、丙酮酸、甘油和生糖氨基酸等。生理情况下，糖异生的场所主要是肝，肾居其次。饥饿时，肾也成为糖异生的主要器官。

（1）糖异生的途径　糖异生作用的途径基本上是糖无氧分解的逆过程。糖无氧分解过程中的大多数酶促反应都是可逆的，但己糖激酶、1-磷酸果糖激酶和丙酮酸激酶催化的三个反应步骤，都有相当大的能量变化，这些反应的逆过程需吸收大量能量，这样就给逆反应过程构成"能障"，所以，这 3 个酶催化的反应是单向反应。因此，要完成糖异生作用就需要由另外不同的酶催化，以绕过各自的"能障"。

现以丙酮酸生糖为例说明糖异生的途径。

① 丙酮酸转变成磷酸烯醇式丙酮酸，反应由两个酶催化完成——丙酮酸羧化酶与磷酸烯醇式丙酮酸羧激酶。此反应过程也称丙酮酸羧化支路，需消耗能量。

$$\text{CH}_3\text{-CO-COO}^- + CO_2 + ATP \xrightarrow{\text{丙酮酸羧化酶}} {}^-OOC\text{-CH}_2\text{-CO-COO}^- + ADP + Pi$$

$${}^-OOC\text{-CH}_2\text{-CO-COO}^- + GTP \xrightarrow{\text{磷酸烯醇式丙酮酸羧激酶}} \text{CH}_2\text{=C(O-}\textcircled{P}\text{)-COO}^- + GDP + CO_2$$

② 在磷酸烯醇式丙酮酸沿逆酵解途径合成糖原的过程中，由于6-磷酸果糖转变为1,6-磷酸果糖的反应是不可逆的，需借1,6-二磷酸果糖激酶的催化水解，脱去1分子磷酸生成6-磷酸果糖。

$$1,6\text{-磷酸果糖} + H_2O \xrightarrow{\text{1,6-二磷酸果糖激酶}} 6\text{-磷酸果糖} + H_3PO_4$$

③ 6-磷酸葡萄糖转变为葡萄糖时，6-磷酸葡萄糖酶水解其生成葡萄糖，再沿逆酵解途径合成糖原。

$$6\text{-磷酸葡萄糖} + H_2O \xrightarrow{\text{6-磷酸葡萄糖酶}} \text{葡萄糖} + H_3PO_4$$

从丙酮酸到葡萄糖的总反应式为：

$$2\text{丙酮酸} + 4ATP + 2GTP + 2NADH + 2H^+ + 4H_2O \longrightarrow$$
$$\text{葡萄糖} + NAD^+ + 4ADP + 2GDP + 6Pi$$

克服3个"能障"的酶有4种：丙酮酸羧化酶、磷酸烯醇式丙酮酸羧激酶、1,6-二磷酸果糖激酶、6-磷酸葡萄糖酶。它们主要分布在肝和肾皮质，所以其他组织不能进行糖异生作用。现将肝与肾皮质中糖氧化与糖异生的途径归纳于图6-8。

（2）糖异生作用的调节　糖异生过程的限速酶是丙酮酸羧化酶、磷酸烯醇式丙酮酸羧激酶、果糖二磷酸酶和6-磷酸葡萄糖酶。一些代谢物及激素对这4种酶有调节作用。

① 代谢物的调节

a. 当肝细胞内甘油、氨基酸、乳酸及丙酮酸等糖异生原料增高时，糖异生作用则增强。丙酮酸羧化酶可被乙酰CoA激活。脂肪酸氧化产生大量乙酰CoA激活丙酮酸羧化酶后，加速从丙酮酸、氨基酸等的糖异生。

b. ATP可抑制磷酸果糖激酶，激活果糖二磷酸酶，而ADP和AMP的作用与ATP相反。故ATP促进糖异生，ADP与AMP则抑制糖异生。

② 激素的调节

a. 肾上腺素及胰高血糖素能诱导肝细胞中磷酸烯醇式丙酮酸羧激酶的生成，并促进脂肪动员。由此不但提供了糖异生的原料甘油，而且肝中脂肪酸氧化产生的乙酰CoA又可激活丙酮酸羧化酶，进而使糖异生作用加强。

b. 糖皮质激素可诱导肝脏合成糖异生的4种限速酶，并能促进肝外组织蛋白质分解成氨基酸及促进脂肪动员。这些作用均有利于糖异生作用。

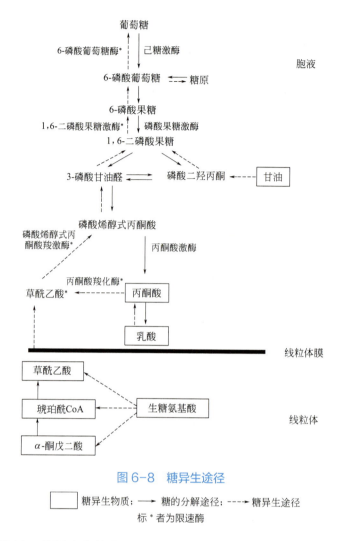

图 6-8 糖异生途径

☐ 糖异生物质；—→ 糖的分解途径；----→ 糖异生途径
标 * 者为限速酶

c.胰岛素则抑制 4 种限速酶的合成，并对抗肾上腺素和胰高血糖素的作用，故抑制糖异生。

（3）糖异生作用的生理意义

① 对维持空腹或饥饿时血糖浓度的相对恒定具有重要作用。体内糖原储存量有限，如果没有外源性补充，只需十几小时糖原即可耗尽。事实上，禁食 24h，血糖仍可维持正常范围；较长时间饥饿时，血糖仍能维持在 3.9mmol/L 水平。禁食或饥饿条件下，血糖维持完全依赖糖异生作用。糖异生作用是经常不断进行，只是在空腹和饥饿时明显加强。

② 乳酸是糖无氧分解的终产物。剧烈运动后，骨骼肌中的糖经无氧分解产生大量的乳酸，乳酸很容易通过细胞膜弥散入血，通过血液循环运至肝脏，经糖异生作用转变为葡萄糖；肝脏糖异生作用生成的葡萄糖又输送入血液循环，再被肌肉摄取利用。这一过程称为乳酸循环。

可见，糖异生作用对乳酸的再利用、肝糖原更新、补充肌肉糖的消耗以及防止乳酸中毒等都起重要作用。

③ 大多数的氨基酸都是生糖氨基酸，这些生糖氨基酸可以分别转变为丙酮酸、α-酮戊二酸和草酰乙酸等，参加糖异生作用。实验证明，进食蛋白质后，肝糖原的含量增加。禁

食晚期，由于组织蛋白分解增强，血中氨基酸含量升高，糖异生作用十分活跃，是饥饿时维持血糖的主要原料来源。可见，氨基酸转变为糖是氨基酸代谢的重要途径之一。

6.2.3 糖代谢在工业上的应用

在工业上利用微生物的糖代谢途径，可生成多种产品。如在发酵工业上，常根据某些微生物的代谢途径设法阻断某些中间反应，制备某些中间产物；或者改变反应途径来制备其他物质。在这些代谢中，枢纽性的中间产物是丙酮酸，由丙酮酸可制备乳酸、乙醇、丙酮以及多种有机酸。

（1）酒精发酵　酒精发酵涉及生产工业酒精以及使用白酒、啤酒等的发酵，主要是在无氧条件下，利用酵母、霉菌、细菌等微生物在中性或微酸性及无氧条件下将糖分解为乙醇。原料及产品不同，所使用的微生物也不同。如啤酒发酵使用啤酒酵母；以糖蜜为原料生成工业酒精，使用糖蜜酵母。

（2）甘油发酵　甘油是国防、化工和医药工业上的重要原料。利用酵母细胞对糖的无氧代谢来生产甘油，是改变了无氧代谢的正常代谢途径，使乙醛不转变为乙醇，而是积累甘油。甘油发酵有两种方法——亚硫酸钠法和碱性法。

亚硫酸钠法是在发酵液中加入亚硫酸钠，使发酵生成的乙醛与亚硫酸钠发生加成反应，这样乙醛就不能作为受氢体，从而不能生成乙醇，3-磷酸甘油醛被还原为 α-磷酸甘油，经磷酸酶催化切去磷酸后生成甘油。

碱性法是使发酵液呈碱性，在碱性条件下醇脱氢酶被抑制，乙醛不能被还原为乙醇。在此条件下乙醛发生歧化反应，生成乙酸和乙醇。碱性条件下，乙醛也不能作为受氢体，只能以磷酸二羟丙酮为受氢体，最后生成甘油。

目前由于甘油发酵成本较高，所以应用较少，有待于进行工艺改造。

 知识链接

血　糖

血糖是指人体内血液中的葡萄糖，它是人体各组织、细胞的能量来源。正常成人空腹血糖浓度为 3.9～6.1mmol/L，血糖浓度的相对恒定取决于人体对血糖来源与去路的调节。

1. 血糖的来源
（1）食物中的糖的消化吸收　这是人体血糖的主要来源。
（2）肝糖原的分解　这是人体空腹时血糖的主要来源。
（3）糖异生作用　这是人体长时间空腹与饥饿状态时维持血糖恒定的重要方式。

2. 血糖的去路
（1）氧化分解　提供能量是血糖最主要的去路。
（2）合成糖原　在肝和肌肉中合成糖原而储存。
（3）转变为其他物质　可转变为脂肪、氨基酸或核糖、氨基多糖等。

（4）随尿液排出　当血糖超过"肾糖阈"（8.89mmol/L），即超出了肾小球的最大重吸收能力时，葡萄糖可随尿液排出，即糖尿。

3. 血糖的调节

（1）肝对血糖的调节　肝是人体内血糖浓度调节的重要器官。用餐后血糖浓度升高，肝糖原合成增加，使血糖浓度不致过高；而空腹时肝糖原分解加强，补充血糖浓度。

（2）激素对血糖的调节　主要分为两类，即降血糖激素和升血糖激素。胰岛素是唯一能够降血糖的激素，肾上腺素、胰高血糖素、糖皮质激素可升高血糖。

4. 糖代谢异常

（1）高血糖　空腹血糖高于6.9mmol/L，称为高血糖。临床表现为糖尿病。

（2）低血糖　空腹血糖低于3.0mmol/L，称为低血糖。临床表现为头晕、出冷汗、倦怠无力等。

习题

1. 名词解释：糖酵解，糖的有氧氧化，三羧酸循环，磷酸戊糖途径，糖原，糖原合成，糖原分解，糖异生乳酸循环。

2. 糖分解代谢有几条途径？糖酵解与糖的有氧氧化有何异同？

3. 糖酵解有什么生理意义？其限速酶有哪几个？

4. 糖有氧氧化有什么生理意义？

5. 三羧酸循环有什么意义和特点？

6. 糖原合成与分解的限速酶分别是哪个？

7. 何谓糖异生作用？其限速酶有哪几个？有何生理意义？

8. 请用化学知识说明剧烈运动时肌肉酸痛的原因。

9. 磷酸戊糖途径有何生理意义，为什么缺乏6-磷酸葡萄糖脱氢酶会引起蚕豆病？

10. 6-磷酸葡萄糖在体内可参与哪些代谢途径？

第 7 章 脂类与脂代谢

导 读

油脂是人们日常生活中不可缺少的重要食品。胆固醇是什么样的结构与性质？为什么它与动脉粥样硬化有关？婴儿奶粉中的 DHA 是什么？它有什么特点？脂类是如何代谢的？糖尿病是如何引起的？通过本章的学习，你就会找到答案。

思政小课堂

运动的时候，一般来说，运动强度越大，糖原消耗比例越大，运动时间越长，脂肪消耗比例越大。然而，强度太低的话消耗的热量又太少。综合考虑，中等强度的长时间有氧运动有利于脂肪的消耗。对于广大同学们来说，要养成良好的作息习惯，科学饮食，坚持锻炼，为健康中国多做贡献。

7.1 脂类

脂类是广泛存在于自然界的一大类物质，它们在化学组成和结构上虽然可以有很大差异，但都有一个共同特性，即难溶于水而易溶于乙醚、氯仿、苯等非极性有机溶剂。脂类的这种特性主要是由其结构组成中碳氢成分含量高所决定的。脂类的这种能溶于有机溶剂而不溶于水的特性称为脂溶性。但这并不是绝对的，由低级脂肪酸构成的脂类就溶于水。

7.1.1 脂类的概念和分类

脂类是脂肪和类脂的总称，脂肪是三脂肪酸甘油酯，又称甘油三酯或三酰甘油。类脂包括磷脂、糖脂、胆固醇及其酯。脂类是一类根据溶解性质定义的生物有机分子，它们是动物和植物体的重要组成部分。

对大多数脂类而言，其化学本质是脂肪酸和醇所形成的酯类及其衍生物。组成脂类的主要元素有碳、氢、氧，有些还含有氮、磷和硫。

通常脂类按化学组成分为三类。

① 单纯脂 是由脂肪酸和醇类形成的酯，如甘油三酯及高级醇和脂肪酸形成的蜡。

② 复合脂　除脂肪酸和醇之外，还含有其他成分，如含有糖的糖脂；含有磷酸和胆碱等成分的磷脂。

③ 衍生脂　包括了由前两类衍生或水解的产物，与脂类关系密切，且具有脂类一般性质的一大类物质，有固醇类、萜类，以及脂蛋白、脂多糖、脂肪酸、甘油等。

7.1.2　脂类的主要生理功能

脂类是组成生物体的重要成分，脂肪和类脂在人体内的分布很不相同。脂肪常以大块组织的形式分布于皮下结缔组织、腹腔的大网膜和肠系膜等处，且多以乳化状的微粒存在于细胞质中。人体脂肪的含量易受营养和运动等因素的影响而变化，一般占体重的10%～20%。类脂是构成细胞生物膜的重要结构和功能成分，通常占膜重的50%以上。

脂类的生理功能因其成分、组成和部位等的不同，而发挥不同的生理作用和效能，主要有以下几方面。

① 储能与供能　脂肪是储存能量和供应能量的重要物质。氧化1g脂肪所释放的能量约37.7kJ，是氧化1g糖或蛋白质释放能量的两倍多。人体20%～30%的能量就是由脂肪提供的，在空腹或饥饿等特殊情况下，脂肪氧化所供给的能量可满足人体50%以上的能量需求。如果摄取的营养物质超过了正常的需要量，那么大部分要转变成脂肪并在适宜的组织中积累下来；而当营养不够时，又可以对其进行分解供给机体能量。

② 保持体温，保护内脏　在生物机体表面的脂肪组织不易导热，可防止热量散失而保持体温。内脏周围的脂肪组织还能缓冲外界的机械冲击，使内脏器官免受损伤。

③ 协助脂溶性维生素的吸收　食物中脂溶性维生素必须溶解于脂质中才能在机体中运输并被机体吸收和利用。脂肪可协助脂溶性维生素A、维生素D、维生素E、维生素K和胡萝卜素等的吸收。

④ 提供必需脂肪酸　饱和脂肪酸和单不饱和脂肪酸主要靠机体自身合成，而亚油酸、亚麻酸、花生四烯酸等多不饱和脂肪酸是人体不可缺的营养素，但自身不能合成，必须要靠食物提供，故称必需脂肪酸。

⑤ 构成生物膜的主要成分　细胞膜、核膜和各种细胞器的膜总称为生物膜。参与构成生物膜骨架的主要是磷脂、胆固醇、膜蛋白等。类脂作为细胞的表面物质，不仅可起到屏障、选择性通透作用，还与细胞识别、组织免疫等有密切关系。现在脂质体也被用作药物载体，以提高药物的组织特异性和药物效能。

⑥ 转变成多种主要的生理活性物质　类脂在体内可转变成多种主要的生理活性物质，如类固醇激素（包括雄激素、雌激素、肾上腺皮质激素）等含量虽很少，但却具有专一的重要生物活性。此外，有一些还是重要的载体、信使物质，以及酶的辅助因子或激活剂等。它们都具有极高的生物活性。

7.1.3　油脂的结构和性质

油脂广泛存在于动植物中，是构成动植物体的重要成分之一。油脂是油和脂的总称，习惯上把在常温下含不饱和脂肪酸多的呈液态的脂类，称为油；含不饱和脂肪酸少的呈固态或半固态的称为脂。自然界中，植物性油含不饱和脂肪酸比动物性油多，在普通室温下以液态形式存在，动物性油脂多数以固态形式存在。

7.1.3.1 脂肪酸

生物体内的脂肪酸多以结合形式存在，如甘油三酯、磷脂、糖脂等；少数以游离状态存在。

脂肪酸是由一条长的烃链和羧基组成的羧酸，在天然脂肪酸的烃链中，C原子的数目绝大多数是双数的，并且大多数含16个或18个C原子。依据其烃链上是否含有双键（或三键）而分为饱和脂肪酸与不饱和脂肪酸两类（表7-1），饱和脂肪酸的碳链完全为H所饱和，如软脂酸、硬脂酸、花生酸等。不饱和脂肪酸的碳链则含有不饱和键（双键或三键）。

根据人体能否自身合成又可分为营养必需和非必需脂肪酸。必需脂肪酸因人体不能合成，故需依赖食物提供，如亚油酸（18：2）、亚麻酸（18：3）和花生四烯酸（20：4）等多种不饱和脂肪酸。

脂肪酸和含脂肪酸化合物的物理和化学性质主要取决于脂肪酸烃链的长度与不饱和程度。烃链越长，溶解度越低；而在室温条件下许多饱和脂肪酸为蜡状固体，而同样链长的不饱和脂肪酸则为油状液体。此外，化学构象的不同，也会造成其理化性质的差别。

脂肪酸是体内合成甘油三酯和甘油磷脂的重要原料。必需脂肪酸是机体正常生长发育、代谢所必需的物质，尚具有抗氧化、抗血栓、抗炎及增强机体免疫力的作用。

表 7-1 常见的天然存在脂肪酸

分类	碳原子	名称	结构式	熔点/℃	来源
饱和脂肪酸	12	十二酸（月桂酸）	$CH_3(CH_2)_{10}COOH$	44	鲸蜡、椰籽油
	14	十四酸（豆蔻酸）	$CH_3(CH_2)_{12}COOH$	54	肉豆蔻脂、椰籽油
	16	十六酸（软脂酸）	$CH_3(CH_2)_{14}COOH$	63	动植物油
	18	十八酸（硬脂酸）	$CH_3(CH_2)_{16}COOH$	70	动植物油
	20	二十酸（花生酸）	$CH_3(CH_2)_{18}COOH$	75	花生油
不饱和脂肪酸	18	十八碳一烯酸（油酸）	$CH_3(CH_2)_7CH=CH(CH_2)_7COOH$	13.4	动植物油脂
	18	十八碳二烯酸（亚油酸）	$CH_3(CH_2)_4CH=CHCH_2CH=CH(CH_2)_7COOH$	-5	棉籽油
	18	十八碳三烯酸（亚麻酸）	$CH_3CH_2CH=CHCH_2CH=CHCH_2CH=CH(CH_2)_7COOH$	-11	亚麻仁油
	20	二十碳四烯酸（花生四烯酸）	$CH_3(CH_2)_4CH=CHCH_2CH=CHCH_2CH=CHCH_2CH=CH(CH_2)_3COOH$	-50	磷脂酰胆碱

7.1.3.2 油脂的结构

最常见的油脂是三酰甘油,也称甘油三酯。它是由 1 分子甘油和 3 分子脂肪酸结合而成的酯,其结构通式为:

$$\begin{array}{l} CH_2-O-\overset{\displaystyle O}{\overset{\displaystyle \|}{C}}-CH_2-R^1 \\ CH\ -O-\overset{\displaystyle O}{\overset{\displaystyle \|}{C}}-CH_2-R^2 \\ CH_2-O-CH-CH_2-R^3 \end{array}$$

R^1、R^2、R^3 代表脂肪酸的烃链,它们可以相同,也可以不同,相同的称为单纯甘油酯,若不同则称为混合甘油酯。

纯的甘油三酯为无色、无味、无臭的稠状液体或蜡状固体;密度低于水,多在 $0.91 \sim 0.94 g/cm^3$;不溶于水,易溶于乙醚、氯仿、苯等非极性有机溶剂,故也称作脂溶剂;其熔点与其所含脂肪酸有关,一般含较多不饱和脂肪酸者熔点较低。

7.1.3.3 油脂的性质

(1)皂化作用 在酸、碱或脂酶的作用下,甘油三酯能够水解为脂肪酸和甘油。其中在碱溶液中水解的重要产物之一是脂肪酸盐(如钠盐、钾盐),俗称肥皂。因此,油脂的碱性水解作用被称作皂化作用。

$$C_3H_5(OCOR)_3 + 3H_2O \longrightarrow 3RCOOH + C_3H_5(OH)_3$$
甘油三酯　　　　　　　　　　　脂肪酸
$$RCOOH + NaOH \longrightarrow RCOONa + H_2O$$
脂肪酸　　　　　　　　　　肥皂

油脂的皂化作用对油脂的分析鉴定极为重要,人们常通过皂化值来检测油脂的质量,分析油脂中是否混有其他的物质,测定油脂的水解程度,而且可以指示将油脂转化为肥皂所需的碱量。皂化值是指完全皂化 1g 油脂所需氢氧化钠的质量(mg)。

(2)氢化作用 油脂分子中的不饱和脂肪酸也和游离脂肪酸一样,能够与氢或卤素发生加成反应。其中油脂中的双键与氢发生加成称为氢化,食品工业中的人造黄油和半固体的烹调脂,就是利用氢化反应将液态的植物油转变成了固态的脂。

(3)乳化作用 肥皂去污是脂肪的乳化作用。油脂虽然不溶于水,但在乳化剂的作用下,可变成很细小的颗粒,均匀地分散在水中而形成稳定的乳状液,这个过程叫乳化作用,所谓乳化剂是一种表面活性剂,能降低水和油两相交界处的表面张力。在日常生活中,用肥皂去污就是一种典型的乳化作用,以肥皂作乳化剂,把衣服上的油污变成细小的颗粒使之均匀地分散在水中,而达到去污的目的。

(4)自动氧化 长时间暴露在空气中的天然油脂常产生异味,这种现象称为酸败,这主要是油脂中不饱和成分发生自动氧化,产生过氧化物,并进而降解成具有挥发性的醛、酮、酸等物质所致。另外,微生物的作用,也是油脂产生异味的重要原因。酸值(价)是用来表示酸败程度的重要指标,即中和 1g 油脂中的游离脂肪酸所需 KOH 的质量(mg)。油脂的酸败程度越高,酸值也就越大。所以酸值可以用来监测油脂的品质。

7.1.4 类脂和固醇

类脂是生物膜的基本组成成分，约占膜重的一半以上，在各种组织中都存在，神经组织中含量较多。

类脂主要包括磷脂和胆固醇等，大约占体重的 5%，其含量较为恒定，个体差异不大，因此又称固定脂或基本脂。

7.1.4.1 磷脂

磷脂是一类含磷的类脂物质，广泛存在于动物的肝、脑、神经组织及蛋黄和植物的种子中。磷脂是细胞膜特有的成分，因而具有重要的生理意义。磷脂按化学组成不同可分为甘油磷脂和鞘磷脂。

（1）甘油磷脂　甘油磷脂是由甘油、脂肪酸、磷酸和含氮化合物结合而成的。甘油磷脂实际上是磷脂酸的衍生物。磷脂酸为磷脂的母体物质，其结构为 1, 2- 二酯酰 -3- 磷酰甘油。磷脂的结构通式表示如下：

$$\begin{array}{c} O \\ \| \\ CH_2-O-C-R^1 \\ O | \\ \| | \\ R^2-C-O-CH \\ | \\ CH_2-O-P-O-X \\ | \\ O^- \end{array}$$

上述结构中 R^1 一般是饱和脂肪酸，而 R^2 是不饱和脂肪酸。根据甘油磷脂磷酸所连的取代基（X）不同，又可分为磷脂酰胆碱（卵磷脂）、磷脂酰乙醇胺（脑磷脂）、磷脂酰丝氨酸（血小板第三因子）和磷脂酰肌醇等（表 7-2）。磷脂酰胆碱和磷脂酰乙醇胺是细胞膜中最丰富的脂质，在动物的心、脑、肾、肝及禽蛋的卵黄中含量也很丰富。

表 7-2　重要的甘油磷脂

X 基团	化合物名称
—H	磷脂酸
—CH$_2$—CH$_2$—N$^+$(CH$_3$)$_3$	磷脂酰胆碱（卵磷脂）
—CH$_2$—CH$_2$—NH$_3^+$	磷脂酰乙醇胺（脑磷脂）
—CH$_2$—CH(NH$_3^+$)—COO$^-$	磷脂酰丝氨酸
肌醇基（环己六醇）	磷脂酰肌醇

甘油磷脂是脂类中极性最大的一类化合物，它既含有两个疏水的脂酰基长链（疏水

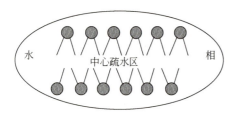

图 7-1 甘油磷脂在水中的脂双分子层结构示意图

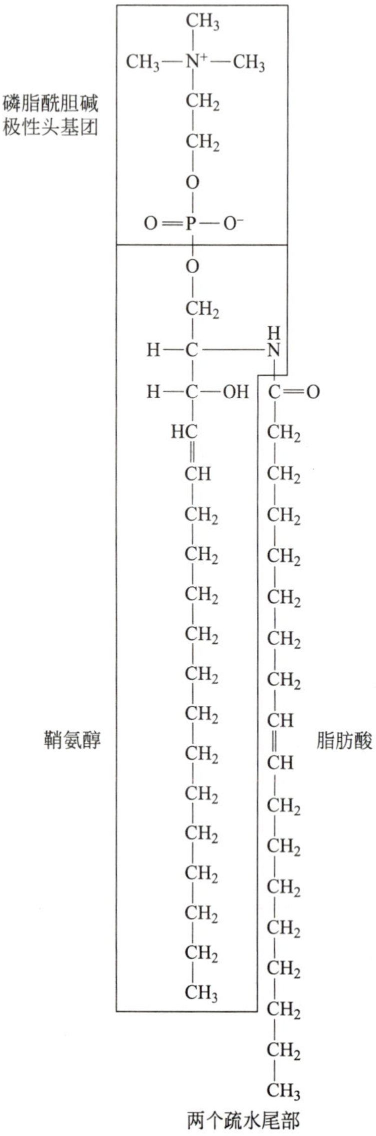

尾),又含有极性强的磷酸及取代基(亲水头),这类化合物又称为两性脂类或极性脂类,因此它在水和非极性溶剂中都有很高的溶解度。在水中,它们的极性基团指向水相,而非极性的疏水尾部由于对水的排斥力而聚集在一起,形成双分子层的中心疏水区(图 7-1)。这种脂双分子层结构在水中处于热力学的稳定状态,是构成生物膜结构的基本特征之一。

甘油磷脂是合成血浆脂蛋白和构成生物膜的重要物质。卵磷脂在蛋黄和大豆中含量丰富,工业用卵磷脂主要从大豆精炼过程中的副产品获得,在食品工业中被广泛用作乳化剂。

(2)鞘磷脂　鞘磷脂在高等动物的脑髓鞘、红细胞膜以及许多植物种子中特别丰富。由鞘氨醇、脂肪酸和磷脂酰胆碱(也有的是磷脂酰乙醇胺)组成,不含有甘油。鞘磷脂也具有一个极性头部和两个非极性尾部(图 7-2)。

7.1.4.2 固醇类

固醇类是真核生物中常见的第三类膜脂。它们都是环戊烷多氢菲的衍生物,由于含有醇羟基故命名为固醇。固醇分为动物固醇、植物固醇和酵母固醇。胆固醇是动物固醇中的一种,因最早是从动物的胆石中分离出来的固醇类化合物,所以称为胆固醇。植物固醇以 β-谷固醇为最多,酵母含麦角固醇。细菌不含固醇类。

所有固醇都含有环戊烷多氢菲的共同结构,并在 C-3 上有一个羟基,在 C-17 上有一个烃基支链(图 7-3)。

从严格的意义上说,固醇类不应属于脂类化合物,但由于它们在性质上相似,分子的一端有极性的头部,另一端具有疏水性,常与脂类共存,所以将其归入脂类。

固醇类物质与磷脂和糖脂不同,一般不含脂肪酸,它们在生物体内的含量虽不多,但许多是非常重要的活性脂质。

胆固醇(图 7-4)是固醇物质的代表,主要存在于动物的脑、肝、肾和蛋黄中,胆固醇在组织中一般以非酯化的游离状态存在于细胞膜上,但在肾上腺、血浆、肝脏中却大多与脂肪酸结合成胆固醇酯,且以胆固醇油酸酯为最多。胆固醇酯是血浆蛋白及细胞外膜的重要组分。

图 7-2 鞘磷脂的结构

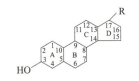

图 7-3　固醇的基本结构　　　　　图 7-4　胆固醇的结构

胆固醇除在体内自身合成外，还可在膳食中获取。胆固醇作为生理必需物质，除了参与膜的组成，并对膜的物理状态起调控作用外，还是类固醇和胆汁酸的前体。但是当胆固醇过多时，会引起某些疾病，如冠心病、胆结石等都与胆固醇有密切关系。

动物中从胆固醇衍生来的类固醇包括 5 类激素（雄激素、雌激素、黄体酮、糖皮质激素、盐皮质激素），以及维生素 D 和胆汁酸。

7.1.5　生物膜

生物体的基本结构和功能单位是细胞，生命活动过程中各种代谢反应几乎都是在细胞内进行的。细胞以一层细胞膜（厚度 6～10nm）将其内含物与环境分开，使细胞内部形成一个稳定的内环境，并通过它与外界进行信息、能量和物质的交换。此外，细胞内还存在各种细胞器，包括细胞核、线粒体、内质网、高尔基体、溶酶体及过氧化物酶体等，这些细胞器也都是由膜包裹着。细胞膜和各种细胞器膜统称为生物膜。

7.1.5.1　生物膜的化学组成

化学分析结果表明，所有的生物膜都是由蛋白质和脂类物质（脂质）组成。此外还有少量的糖、水及金属离子等（表 7-3）。

表 7-3　生物膜的化学组成　　　　　　　　　　　　单位：%

类别	蛋白质	脂质	糖类
神经髓鞘质膜	18	79	3
人红细胞	49	43	8
小鼠肝细胞	44	52	4
嗜盐菌紫膜	75	25	0
线粒体内膜	76	24	0

（1）膜脂　生物膜内的脂质成分主要是磷脂、胆固醇和糖脂等，而其中又以磷脂为主。膜脂中磷脂主要是甘油磷脂和鞘磷脂，它们都是两性分子，既有亲水性，又有疏水性，这是它们在生物膜中形成双分子排列（即脂双层）的分子基础。

当磷脂分子分散在水相时，其疏水端聚拢在一起避开水相，而亲水端暴露于水相，这样就形成了具有双分子层结构的封闭囊泡，这种理化特性非常接近天然生物膜的人工膜，被称为脂质体（图 7-5）。脂质体是研究生物膜结构和功能的良好材料，近年来，脂质体作为药物的载体广泛地应用于医药实践的研究之中，如已用作药物载体等方面。

（2）膜蛋白　根据膜上蛋白质的分布位置分为膜外周蛋白和膜内嵌蛋白两大类（图7-6）。

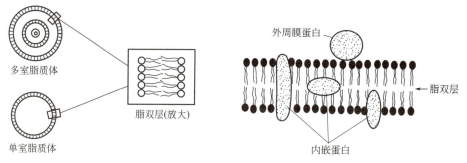

图 7-5　脂质体示意图　　　　图 7-6　膜蛋白示意图

膜外周蛋白分布于膜的脂双层表面，主要依赖静电作用力和非共价键连接于膜上，此类蛋白比较容易被分离开，并且溶于水，一般约占膜蛋白的20%～30%。

膜内嵌蛋白分布于脂双层中，如受体、离子通道、离子泵、运载体、膜酶等，或内嵌于膜中，或横跨全膜，一般依赖疏水力与膜脂相结合，不溶于水，一般约占膜蛋白的70%～80%。

膜蛋白在物质的代谢、转送、细胞运动、信息传递等方面发挥重要作用。

（3）膜糖类　生物膜中的糖类主要是以糖蛋白和糖脂的形式存在，在细胞质膜表面分布较多，一般占质膜总量的2%～10%。其中主要的单糖有半乳糖、甘露糖、岩藻糖、半乳糖胺、葡萄糖胺、葡萄糖和唾液酸。膜糖类结构复杂，功能重要。它是膜的门户，因此有人把细胞膜上的糖比喻为细胞表面的天线，它在细胞接受外界信息及细胞间相互识别方面具有重要作用。

7.1.5.2　生物膜的结构

（1）生物膜的分子结构模型　在近100多年间，有关生物膜的模型已经先后提出不下数十种，较具代表性的有脂双层模型、三夹板模型、单位膜模型、流体镶嵌模型、板块镶嵌模型等，其中应用最广、最具代表性的是流体镶嵌模型（图7-7）。

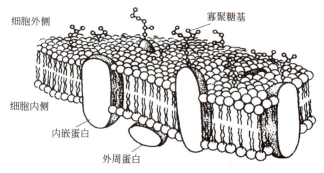

图 7-7　膜结构的流动镶嵌模型

（2）生物膜结构的主要特征
① 膜的基质或膜结构的连续主体是极性的脂质双分子层。

② 膜组分的不对称分布。膜组分中脂质、蛋白质和糖类在膜两侧的分布都是不对称的，从而也就形成了膜两侧电荷数量以及流动性方面的差异。

③ 生物膜的流动性。由于极性脂质的疏水尾部含有一个饱和或不饱和的脂肪酸，而这些脂肪酸在细胞的正常温度下呈流体状态，因而具有流动性，这是生物膜结构的主要特征，它与能量转换、物质运送、信息传递、细胞分裂、细胞融合、胞吞、胞吐以及激素作用等都有着密切关系。合适的流动性对生物膜表现正常功能具有十分重要的作用。

④ 膜蛋白可做横向移动，外周蛋白漂浮在双分子层的表面，而内嵌蛋白完全沉浸于脂双层内，有些蛋白可穿过膜，在物质的转运中起重要作用。

7.1.5.3　生物膜的功能

（1）保护作用　细胞膜作为细胞外周的一层界膜，使得细胞相对封闭，保持了细胞内环境的相对稳定。

（2）物质传送作用　细胞在生命活动过程中，不断地与外界进行物质交换，其上专一性的传送载体蛋白或通道蛋白，是实现细胞内外物质传送、交换的重要渠道。

（3）信息传递作用　膜上的各种受体与激素等信号分子特异性结合，从而诱发产生特定的生理效应；此外，细胞膜还在细胞的识别作用方面，发挥重要作用。

在高等生物中，细胞的内膜系统已高度分化。线粒体内膜及叶绿体类囊体膜，是进行磷酸化反应的主要场所，具有能量转化的功能；内质网糙面的网膜与蛋白质的合成与运输有关，光面内质网则与脂肪、胆固醇代谢、糖原分解、脂溶性毒素的解毒有关；高尔基体膜是细胞内重要的运输系统；核膜则在稳定核的形态和化学成分方面，起着十分重要的作用。

7.2　脂类代谢

7.2.1　脂肪的代谢

7.2.1.1　脂肪的分解代谢

（1）脂肪的酶促水解　脂肪不能直接被生物体利用，必须降解为小分子后才能被利用。脂肪在脂肪酶的作用下，水解为脂肪酸和甘油，经血液运输到其他组织利用的过程称为脂肪动员，以后甘油和脂肪酸在组织内氧化分解生成二氧化碳和水，所放出的化学能用于完成各种生理机能。脂肪酶广泛存在于动物、植物和微生物中。

$$\begin{array}{c} CH_2OCOR^1 \\ | \\ CHOCOR^2 \\ | \\ CH_2OCOR^3 \\ 脂肪 \end{array} \xrightarrow{+H_2O} \begin{array}{c} R^1COO^- \\ 脂肪酸 \end{array} + \begin{array}{c} CH_2OH \\ | \\ CHOCOR^2 \\ | \\ CH_2OCOR^3 \\ 甘油二酯 \end{array} \xrightarrow{+H_2O} \begin{array}{c} R^3COO^- \\ 脂肪酸 \end{array} + \begin{array}{c} CH_2OH \\ | \\ CHOCOR^2 \\ | \\ CH_2OH \\ 甘油一酯 \end{array} \xrightarrow{+H_2O} \begin{array}{c} R^2COO^- \\ 脂肪酸 \end{array} + \begin{array}{c} CH_2OH \\ | \\ CHOH \\ | \\ CH_2OH \\ 甘油 \end{array}$$

（2）甘油的氧化分解（甘油的降解和转化）　甘油的氧化是先经甘油磷酸激酶及ATP

的作用变成 α-磷酸甘油，再经磷酸甘油脱氢酶的作用，变成磷酸二羟丙酮，磷酸二羟丙酮可循酵解过程变成丙酮酸，再进入三羧酸循环氧化分解；也可在肝中沿着糖酵解的逆途径过程进行糖异生生成葡萄糖或糖原。

$$\underset{\text{甘油}}{\begin{array}{c}CH_2OH\\CHOH\\CH_2OH\end{array}} \xrightleftharpoons[\text{甘油磷酸激酶}]{ATP \quad ADP} \underset{\alpha-\text{磷酸甘油}}{\begin{array}{c}CH_2OH\\CHOH\\CH_2O-\textcircled{P}\end{array}} \xrightleftharpoons[\alpha-\text{磷酸甘油脱氢酶}]{NAD^+ \quad NADH+H^+} \underset{\text{磷酸二羟丙酮}}{\begin{array}{c}CH_2OH\\C=O\\CH_2O-\textcircled{P}\end{array}}$$

$$\text{葡萄糖或糖原} \longleftarrow \underset{\text{磷酸二羟丙酮}}{\begin{array}{c}CH_2OH\\C=O\\CH_2O-\textcircled{P}\end{array}} \longrightarrow \text{丙酮酸} \rightleftharpoons \text{乳酸}$$
$$\downarrow$$
$$\text{乙酰CoA}$$
$$\downarrow$$
$$CO_2+H_2O$$

（3）脂肪酸的 β-氧化分解　1904 年 Knoop 用不能被机体分解的苯基标记脂肪酸的 ω 甲基，以此喂养犬或兔，发现如喂标记偶数碳的脂肪酸，尿中排出的代谢物均为苯乙酸（$C_6H_5CH_2COOH$），如喂标记奇数碳的脂肪酸则尿中发现的代谢物均来自苯甲酸（C_6H_5COOH）。据此他提出脂肪酸在体内的氧化分解是从羧基端 β-碳原子开始，每次断裂 2 个碳原子的"β-氧化学说"，这是同位素示踪技术未建立前颇有创造性的实验。以后用酶学及同位素标记等技术证明，他的设想是正确的。20 世纪 50 年代已基本阐明脂肪酸 β-氧化的过程。脂肪酸的氧化在细胞线粒体中完成。

脂肪酸 β-氧化是指脂肪酸在一系列酶的作用下，在 α-碳原子和 β-碳原子之间发生断裂，β-碳原子被氧化成羧基，生成 2 个碳原子的乙酰辅酶 A 和较原来少 2 个碳原子的脂肪酸的过程。脂肪酸经过逐步脱氢和降解碳链，使长链的脂肪酸分解成许多分子乙酰辅酶 A，最后进入三羧酸循环彻底氧化成二氧化碳和水。为了便于理解，将氧化分解分为四个阶段叙述。

① 脂肪酸的激活　脂肪酸在硫激酶催化作用下的激活是氧化降解的第一步。脂肪酸先与 ATP 形成脂酰-磷酸腺苷。脂酰-磷酸腺苷再与辅酶 A 化合，生成脂酰辅酶 A。

$$\underset{\text{脂肪酸}}{RCH_2CH_2CH_2COO^-}+ATP \rightleftharpoons \underset{\text{脂酰-磷酸腺苷}}{RCH_2CH_2CH_3CO-AMP}+\underset{\text{焦磷酸}}{PPi}$$

$$RCH_2CH_2CH_2CO-AMP+CoA \rightleftharpoons RCH_2CH_2CH_3COSCoA+AMP$$

脂肪酸的活化是在线粒体外、细胞液中进行的，1 分子脂肪酸活化要消耗 2 分子 ATP。

② 脂酰基进入线粒体　脂肪酸氧化的酶系存在于线粒体内，而脂酰辅酶 A 不能直接通过线粒体内膜，需要在酶的催化下，由线粒体内膜两侧的肉毒碱将脂酰辅酶 A 转入线粒体内，进入基质的脂酰基要重新转变成脂酰辅酶 A，然后进行氧化分解。

③ 脂肪酸 β-氧化　进入线粒体后，脂酰辅酶 A β-氧化过程如下。

a. 脂酰辅酶 A 经脂酰辅酶 A 脱氢酶的催化，脱去两个 H 变成一个带有反式双键的 α, β-烯脂酰辅酶 A；这一反应需要黄素腺嘌呤二核苷酸（FAD）作为氢的载体。

$$\underset{\text{脂酰辅酶 A}}{RCH_2CH_2CH_2COSCoA}+FAD \rightleftharpoons \underset{\Delta^2-\text{反-烯脂酰辅酶 A}}{RCH_2CH=CHCOSCoA}+FADH_2$$

b. α, β-烯脂酰辅酶 A 经过水化酶的催化，变成 β-羟脂酰辅酶 A。

$$\underset{\Delta^2-\text{反-烯脂酰辅酶 A}}{RCH_2CH=CHCOSCoA}+H_2O \rightleftharpoons \underset{L(+)-\beta-\text{羟脂酰辅酶 A}}{RCH_2CHOHCH_2COSCoA}$$

c. β-羟脂酰辅酶A经β-羟脂酰辅酶A脱氢酶及辅酶NAD的催化，脱去两个H而变成β-酮脂酰辅酶A。

$$RCH_2CHOHCH_2COSCoA + NAD^+ \rightleftharpoons RCH_2COCH_2COSCoA + NADH + H^+$$
$$L(+)-\beta\text{羟脂酰辅酶A} \qquad\qquad \beta\text{-酮脂酰辅酶A}$$

d. β-酮脂酰辅酶A经另一分子辅酶A的分解（硫解酶参加）生成一分子乙酰辅酶A及一分子碳链短两个碳原子的脂酰辅酶A。

$$RCH_2COCH_2COSCoA + CoASH \rightleftharpoons RCH_2COSCoA + CH_3COSCoA$$
$$\beta\text{-酮脂酰辅酶A} \qquad\qquad \text{碳链较短的} \qquad \text{乙酰辅酶A}$$
$$\text{脂酰辅酶A}$$

此碳链较短的脂酰辅酶A又经过脱氢、加水、脱氧及硫脂解等反应，生成乙酰辅酶A，如此重复进行，一分子脂肪酸最终变成许多分子乙酰辅酶A。

④ β-氧化生成的乙酰辅酶A通过三羧酸循环，可彻底氧化成CO_2、H_2O和能量（图7-8）。

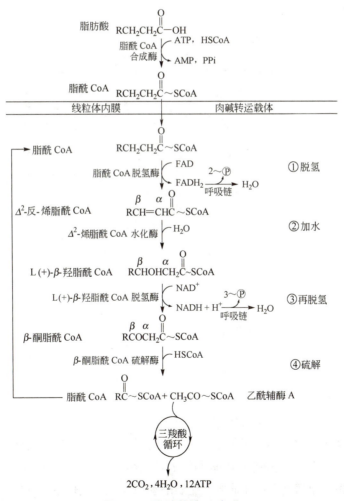

图7-8 脂肪酸的β-氧化

生物体内的不饱和脂肪酸和少量的奇数碳原子脂肪酸，也是通过β-氧化进行分解，不饱和脂肪酸的氧化过程中需要一种烯脂酰辅酶 A 异构酶进行双键的移位和顺反式转换，才能完成 β- 氧化；奇数碳原子脂肪酸经过 β- 氧化后，最后还余 1 分子丙酰辅酶 A，它还要再通过羧化反应生成琥珀酰辅酶 A，然后进入三羧酸循环彻底氧化。

脂肪酸除主要进行 β- 氧化作用外，还有 α- 氧化和 ω- 氧化两种氧化方式。

（4）脂肪酸氧化的能量生成　脂肪酸氧化是体内能量的重要来源，除一部分以热能形式释放外，其余以 ATP 的形式储存，供机体活动需要。以软脂酸为例，软脂酸是含有 16 个碳原子的饱和脂肪酸，经 7 次 β- 氧化，生成 7 分子 $FADH_2$、7 分子 $NADH+H^+$ 及 8 分子乙酰 CoA。每分子 $FADH_2$ 通过呼吸链氧化产生 2 分子 ATP，每分子 $NADH+H^+$ 进入呼吸链氧化产生 3 分子 ATP，每分子乙酰 CoA 通过三羧酸循环氧化产生 12 分子 ATP。因此 1 分子软脂酸彻底氧化共生成（7×2）+（7×3）+（8×12）=131 个 ATP。减去脂肪酸活化时耗去的 2 个高能磷酸键，相当于 2 个 ATP，净生成 129 分子 ATP。由此可见，脂肪酸是机体的重要能源。

（5）酮体的合成和利用　酮体是脂肪酸在肝脏中氧化不完全的产物，包括乙酰乙酸、β- 羟丁酸及丙酮（图 7-9）。

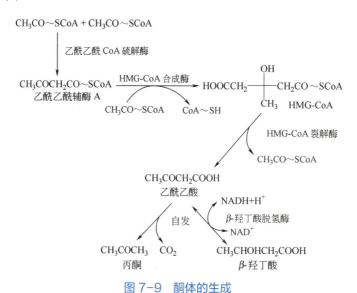

图 7-9　酮体的生成

肝脏具有活性较强的合成酮体的酶系，但缺乏利用酮体的酶系，肝脏中生成的酮体可迅速透出肝细胞沿血循环输送至全身被氧化利用。在肝外组织中，即被乙酰乙酰硫激酶或琥珀酰辅酶 A 转硫酶作用，使乙酰乙酸转变成乙酰乙酰辅酶 A，然后再被硫解酶分解为两分子乙酰辅酶 A，后者进入三羧酸循环被彻底氧化。β- 羟丁酸可在 β- 羟丁酸脱氢酶催化下先转变为乙酰乙酸，再经上述途径氧化（图 7-10）。

正常情况下酮体中的丙酮含量很少，可以由尿排出，有一部分直接从肺部呼出。

可见酮体在肝内生成，肝外利用是酮体的代谢特点。正常情况下，血中仅含有少量酮体，在饥饿、高脂低糖膳食及糖尿病时，脂肪酸动员加强，酮体生成增加。尤其在未控制的糖尿病患者，酮体生成为正常情况的数十倍，这时丙酮约占酮体总量的一半。酮体生成超过肝外组织利用的能力，引起血中酮体升高，可导致酮症酸中毒，并随尿排出，引起酮尿。

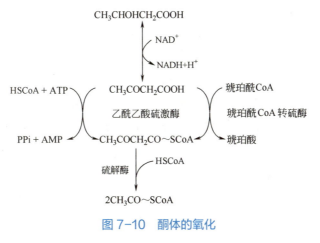

图 7-10 酮体的氧化

7.2.1.2 脂肪的合成代谢

脂肪合成的原料是甘油 -α- 磷酸和脂酰辅酶 A，二者除了由食物供给外，还可以在体内合成；合成脂酰辅酶 A 的原料是乙酰辅酶 A，还需要 NADPH+H^+ 参与。

脂肪的生物合成可分为三个阶段：甘油 -α- 磷酸的合成、脂肪酸的合成、三酰甘油的合成。

（1）甘油 -α- 磷酸的合成　甘油 -α- 磷酸可由糖酵解产生的磷酸二羟丙酮还原而成，亦可由脂肪动员产生的甘油经脂肪组织外的甘油激酶催化与 ATP 作用而成。

$$\begin{array}{c}CH_2OH\\|\\CHOH\\|\\CH_2OH\end{array} + ATP \xrightarrow[\text{(非脂肪细胞)}]{\text{甘油激酶}} \begin{array}{c}CH_2OH\\|\\CHOH\\|\\CH_2O\text{\textcircled{P}}\end{array} + ADP$$

甘油　　　　　　　　　　　　　甘油 -α- 磷酸

$$\begin{array}{c}^{19}CH_2OH\\|\\^{20}C=O\\|\\^{21}CH_2O\text{\textcircled{P}}\end{array} \xrightarrow[\text{甘油 -α- 磷酸脱氢酶}]{NADH+H^+ \quad NAD} \begin{array}{c}CH_2OH\\|\\CHOH\\|\\CH_2O\text{\textcircled{P}}\end{array}$$

磷酸二羟丙酮　　　　　　　　　　　甘油 -α- 磷酸

（2）脂肪酸的合成　除食物中提供脂肪酸在脂酰辅酶 A 合成酶作用下生成脂酰辅酶 A 外，体内还可合成脂肪酸，高等动物脂肪酸合成最活跃的组织是脂肪组织、肝脏和乳腺。脂肪酸的生物合成主要在胞浆中进行。

① 饱和脂肪酸的合成　细胞质中含有一种合成脂肪酸的重要体系，它含有可溶性酶系，可以在 ATP、NADPH、Mg^{2+}、Mn^{2+} 及 CO_2 存在下催化乙酰 CoA 合成脂肪酸，而乙酰 CoA 来自糖的氧化分解。其过程大致如下：

$$CH_3COSCoA + CO_2 \xrightarrow[ATP,\ Mn^{2+},\ 生物素]{\text{乙酰CoA羧化酶}} \begin{array}{c}COO^-\\|\\CH_2\\|\\COSCoA\end{array}$$

乙酰CoA　　　　　　　　　　　　　　　　丙二酰CoA

乙酰 CoA 羧化酶为别构酶，当缺乏别构剂柠檬酸时，即无活性。只有别构部位结合柠檬酸后，才有活性。胞液中柠檬酸浓度是脂肪酸合成的最重要的调节物。

丙二酰 CoA（C_3 片段）与乙酰辅酶 A（C_2 片段）缩合，然后脱羧生成乙酰乙酰基（C_4

片段），是脂肪酸合成的第一步反应。但是在此之前丙二酰基及乙酰基均在转酰酶作用下从辅酶 A 转移到一种蛋白质，即酰基载体蛋白（ACP）上。

$$CH_3COS \cdot 合成酶 + \begin{matrix}COO^-\\CH_2\\COS-ACP\end{matrix} \xrightarrow{\beta-酮脂酰-ACP合成酶} CH_3COCH_2COSACP + CO_2 + 合成酶-SH$$

乙酰-ACP　　　丙二酰-ACP　　　　　　　　　　　　　乙酰乙酰-ACP

以后在一系列酶的作用下合成丁酰 -ACP，此丁酰 -ACP（C_4 片段）乃脂肪酸合成的第一轮产物。

$$CH_3COCH_2COSACP + NADPH + H^+ \xrightleftharpoons{\beta-酮脂酰-ACP还原酶} CH_3CHOHCH_2COSACP + NADP^+$$

乙酰乙酰 -ACP　　　　　　　　　　　　　　　　　　β- 羟丁酰 -ACP

$$CH_3CHOHCH_2COSACP \xrightleftharpoons{\beta-羟脂酰-ACP脱水酶} CH_3CH=CHCOSACP + H_2O$$

β- 羟丁酰 -ACP　　　　　　　　　　　　　　　　β- 烯丁酰 -ACP

$$CH_3CH=CHCOSACP + NADPH + H^+ \xrightarrow{\beta-烯脂酰-ACP还原酶} CH_3CH_2CH_2COSACP + NADP^+$$

β- 烯丁酰 -ACP　　　　　　　　　　　　　　　　丁酰 ACP

通过这一轮反应，延长了两个碳原子，依上述过程一轮一轮反应可生成软脂酸（16 脂肪酸）。软脂酸是大多数有机体脂肪酸合成酶系的终产物，这是由于从 ACP 移去脂酰基的脱酰基酶对 16 个碳原子脂酰基表现最大的活性。

软脂酸的从头合成途径可总结如下式：

$$CH_3COSCoA + 7H_2C\begin{matrix}COO^-\\COSCoA\end{matrix} + 14NADPH + 14H^+ \longrightarrow$$

$$C_{15}H_{31}COO^- + 8CoASH + 14NADP^+ + 6H_2O + 7CO_2$$

② 不饱和脂肪酸的合成　软脂酸和硬脂酸是动物组织中最常见的单双键不饱和脂肪酸软脂烯酸（C_{16}）和油酸（C_{18}）的前体。双键通过脂酰辅酶 A 加氧酶所催化的氧化反应引入脂肪酸链。

软脂酰辅酶 A + NADPH + H + O_2 ⟶ 软脂烯酰辅酶 A + $NADP^+$ + $2H_2O$

硬脂酰辅酶 A + NADPH + H + O_2 ⟶ 油酰辅酶 A + $NADP^+$ + $2H_2O$

上述反应是混合功能氧化反应的例子。因为脂肪酸的单键及 NADPH 两个不同基团同时被氧化。

动物组织很容易在脂肪酸的 Δ^9 部位引入双键，但不能在脂肪酸链的 Δ^9 双键与末端甲基间再引入双键。哺乳动物体内不能自己合成具有多个双键的脂肪酸如亚油酸（$C_{18}\Delta^{9,12}$）及亚麻酸（$C_{18}\Delta^{9,12,15}$）。亚油酸和亚麻酸是动物体内合成其他物质所必需的，必须从植物中获得，故称为必需脂肪酸。大白鼠饲料中缺乏必需脂肪酸能引起皮肤炎。引入体内的亚油酸可能转变成其他的多双键不饱和脂肪酸。特别应当指出的是亚麻酸和花生四烯酸只能从亚油酸转化生成。花生四烯酸是一种 20 碳脂肪酸，双键位于 Δ^5、Δ^8、Δ^{11} 和 Δ^{14} 位上，它是绝大多数前列腺素及血栓素的前体物质，前列腺素是激素样物质，能调节多种细胞功能。

体内合成的脂肪酸在硫激酶催化，ATP 提供能量的条件下，与 HS～CoA 反应生成脂酰辅酶 A 再参与三酰甘油的合成。

$$\text{RCOOH+ATP+HSCoA} \xrightarrow[\text{Mg}^{2+}]{\text{脂酰辅酶A合成酶}} \text{RCO} \sim \text{SCoA+AMP+PPi}$$

　　脂肪酸　　　　辅酶A　　　　　　　　　　　　　脂酰辅酶A　　焦磷酸

　　(3) 三酰甘油的合成　三酰甘油是由 α-磷酸甘油和脂酰辅酶A 逐步缩合而成，人体合成三酰甘油的场所，以肝、脂肪组织及小肠为主，在这些组织细胞内质网中含有合成三酰甘油的酶。其过程如下：

[反应式示意图：L-α-磷酸甘油 → 单脂酰甘油磷酸 → 磷脂酸 → 二酰甘油 → 三酰甘油]

反应过程中磷酸甘油转酰酶是三酰甘油合成的限速酶。

7.2.2 磷脂的代谢

　　含有磷酸的脂类统称磷脂。磷脂是构成生物膜的重要成分，其重要性已在脂类的生理功能中提及。按其化学组成的不同可分为甘油磷脂和鞘磷脂两大类，但体内含量最多的磷脂是甘油磷脂，以脂酰胆碱（卵磷脂）和磷脂酰乙醇胺（脑磷脂）在体内含量最多，占组织及血液中磷脂的 75% 以上。这里主要介绍这两类甘油磷脂的合成途径。

7.2.2.1 甘油磷脂的合成

　　(1) 合成部位　和脂肪的合成不同，全身各组织细胞内质网均有合成磷脂的酶系，因此均能合成甘油磷脂，但以肝、肾及肠等组织最活跃。

　　(2) 合成的原料及辅因子　除脂肪酸、甘油主要由葡萄糖代谢转化而来外，其余的多不饱和脂肪酸必须从植物油摄取。另外还需磷酸盐、胆碱、丝氨酸、肌醇等，胆碱可由食物供给，合成除需 ATP 外，还需 CTP 参加。CTP 在磷脂合成中特别重要，它为合成 CDP-乙醇胺、CDP-胆碱及 CDP-甘油二酯等活化中间物所必需。

　　(3) 合成基本过程（见图 7-11）

　　① 甘油二酯合成途径　磷脂酰胆碱及磷脂酰乙醇胺主要通过此途径合成。甘油二酯来自磷脂酸，磷脂酸是最简单的甘油二酯，是体内合成三

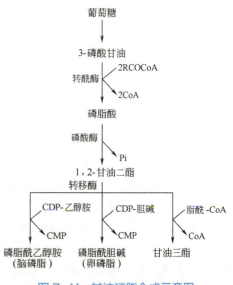

图 7-11　甘油磷脂合成示意图

酰甘油和甘油磷脂的中间物质。

② CDP-乙醇胺和 CDP-胆碱的形成　乙醇胺和胆碱在 ATP 参与下生成磷酸乙醇胺和磷酸胆碱，然后与 CTP 作用，形成 CDP-乙醇胺和 CDP-胆碱（图 7-12）。

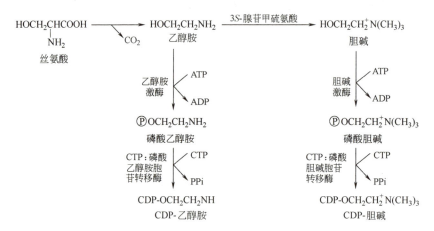

图 7-12　CDP-乙醇胺、CDP-胆碱的合成示意图

7.2.2.2　甘油磷脂的分解

生物体内存在着对磷脂分子不同部位进行水解的磷脂酶。参与磷脂分解的酶主要有磷脂酶 A_1、磷脂酶 A_2、磷脂酶 B_1、磷脂酶 B_2、磷脂酶 C、磷脂酶 D 等，其作用部位如图 7-13 所示。

甘油磷脂的水解产物为甘油、脂肪酸、磷酸、胆碱或乙醇胺。

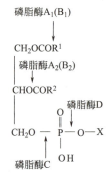

图 7-13　磷脂酶的作用部位

7.2.3　胆固醇的代谢

7.2.3.1　胆固醇的合成

胆固醇是生物膜的主要组成成分，在维持膜的流动性和正常功能中起着重要作用，胆固醇又是类固醇激素、胆汁酸及维生素 D 的前体。体内胆固醇的来源除少量来自动物食物外，主要由机体各组织合成。

（1）合成部位　成人除脑组织及成熟红细胞外，全身各组织几乎都能合成胆固醇，以肝合成能力最强，占全身总合成量的 70%～80%，小肠合成能力次之，占总量的 10%。胆固醇合成酶系存在于胞液和内质网中。

（2）合成原料　乙酰辅酶 A 是合成胆固醇的直接原料，此外还需要 ATP 供能、$NADPH+H^+$ 为供氢体。实验证明：每合成 1 分子胆固醇需要 18 分子乙酰辅酶 A，36 分子 ATP，16 分子的 $NADPH+H^+$。乙酰辅酶 A 和 ATP 大多数来自线粒体中糖的有氧氧化，$NADPH+H^+$ 则来自胞液中糖的磷酸戊糖途径。因此，糖是胆固醇合成原料的重要来源，乙酰辅酶 A 是在线粒体中生成的，由于不能通过线粒体内膜，须经柠檬酸-丙酮酸循环转移到细胞质，参与胆固醇的合成。

(3) 胆固醇合成的基本过程　胆固醇的合成过程比较复杂,有近30步的酶促反应。整个合成过程可分为三个阶段。

① 甲基二羟戊酸的生成　首先由2分子乙酰辅酶A缩合生成乙酰乙酰CoA,然后再与1分子乙酰辅酶A缩合成β-羟基-β-甲基戊二酸单酰辅酶A(HMG-CoA),此过程与酮体生成前几步相同;在线粒体中,3分子乙酰CoA缩合成的HMG-CoA裂解后生成酮体;而在胞液中生成的HMG-CoA,则在内质网HMG-CoA还原酶的催化下,由NADPH+H$^+$供氢,还原生成甲基二羟戊酸(MVA),HMG-CoA还原酶是胆固醇合成途径的限速酶,受胆固醇反馈抑制。

② 鲨烯的生成　MVA首先在ATP供能条件下,脱羧、脱羟基后生成活泼的五碳焦磷酸化合物,然后3分子的五碳化合物缩合成十五碳的焦磷酸法呢酯,2分子的十五碳化合物再缩合成含三十碳的多烯烃化合物,即鲨烯。

③ 胆固醇的合成(见图7-14)　鲨烯结合在胞液中固醇载体蛋白上,经加氧酶、环化酶等作用,先环化生成羊毛脂固醇,后者经氧化、脱羧及还原等反应脱去3个甲基,生成二十七碳的胆固醇。反应过程中消耗氧,并由NADPH+H$^+$提供氢。

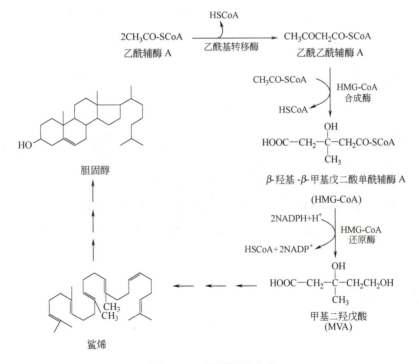

图7-14　胆固醇的合成

7.2.3.2　胆固醇的消化吸收

人体每天可以从食物摄取0.3～0.8g胆固醇,主要来自肉类、动物内脏、蛋黄及奶油等动物性食品。膳食中以游离胆固醇为主,少量为胆固醇酯。游离的胆固醇和磷脂、一酯酰甘油及脂肪酸和胆汁酸共同组成混合微团,将胆固醇运送到肠黏膜细胞表面而被吸收。在肠黏膜细胞内,绝大部分胆固醇又与长链脂肪酸主要是油酸结合成胆固醇酯,后者与少量游离胆固醇、脂肪、磷脂及载脂蛋白等共同组成乳糜微粒,经淋巴系统进入血液循环。

7.2.3.3 胆固醇的转化和排泄

胆固醇除作为细胞膜的结构成分外，其本身在体内不能被彻底氧化分解为 CO_2、H_2O，也不能作为能源物质提供能量，而只能经氧化、还原转变成其他重要的生理活性物质。

（1）胆固醇的转化（见图 7-15）

① 转变为胆汁酸　胆固醇在肝中转化成胆汁酸是胆固醇在体内代谢的主要去路，胆汁酸随胆汁进入肠道，促进脂类及脂溶性维生素的吸收。

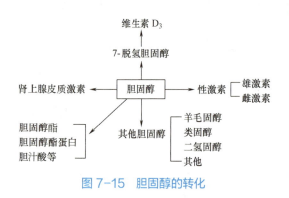

图 7-15　胆固醇的转化

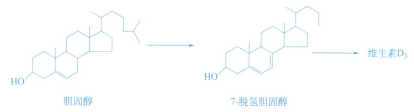

② 转变为维生素 D_3　胆固醇在肝、小肠黏膜和皮肤等处，可脱氢生成 7-脱氢胆固醇。储存于皮下的 7-脱氢胆固醇，经紫外线（如日光）照射进一步转化成维生素 D_3。

③ 转变成类固醇激素　胆固醇在肾上腺皮质细胞内可转变成肾上腺皮质激素，在卵巢可转变成黄体酮及雌性激素；在睾丸可转变成睾酮等雄性激素。

（2）胆固醇的排泄　体内大部分胆固醇在肝内转变为胆汁酸随胆汁排出，这是胆固醇排泄的主要途径。还有一部分胆固醇也可直接随胆汁或通过肠黏膜排入肠道。进入肠道的胆固醇，一部分被重吸收，另一部分则被肠道细菌还原，转变成粪固醇，随粪便排出。

脂质代谢异常引起的疾病——脂肪肝

脂质代谢的紊乱也称为血脂异常，脂肪肝就是其中的一种。肝脏在脂质代谢中起着非常重要的作用，它能合成脂蛋白，有利于脂质运输，也是脂肪酸氧化和酮体形成的主要场所。正常时肝含脂质量不多，约为 2%~4%，其中主要是磷脂。当肝脏不能及时将脂肪运出，脂肪在肝细胞中堆积，超过肝湿重的 5% 时称之为脂肪肝。在肝脏堆积的脂肪，可影响肝细胞功能，破坏肝细胞，使结缔组织增生。大多数脂肪肝属于三酰甘油含量异常增高，根据脂肪含量，可将脂肪肝分为轻型（含脂肪 5%~10%）、中型（含脂肪 10%~25%）、重型（含脂肪 25%~50% 或 >30%）三型。脂肪肝是一个常见的临床现象，而不是一个独立的疾病，脂肪肝属可逆性疾病，早期诊断并及时治疗常可恢复正常，最主要的方式是调整饮食结构和加强运动。

习 题

1. 什么是脂类？包括哪些化合物？有何特性？
2. 脂类有哪些生理功能？
3. 在动、植物组织中，脂肪酸在组成和结构上有何特点？
4. 甘油磷脂分子在组成与结构上有何特点？在水中形成怎样的结构？为什么？
5. 生物膜的组成成分是什么？生物膜在结构上有何特点？
6. 脂肪是如何彻底氧化分解的，氧化分解的主要部位是什么？
7. 什么是 β-氧化？1mol 硬脂酸彻底氧化可净产生多少摩尔 ATP？
8. 酮体是如何产生和氧化的，产生和氧化分解部位在何处？
9. 脂肪酸是如何在体内合成的？
10. 胆固醇是如何在体内生成、转化和排泄的？

第 8 章 核酸化学与核酸的代谢

导 读

生命为什么能够延续？DNA 的双螺旋结构是如何形成的？人类基因组计划研究哪些内容？遗传病与基因突变有什么关系？这些内容都将在本章讨论。

思政小课堂

我国科学家于 1981 年人工全合成酵母丙氨酸转移核糖核酸，是世界上首次人工合成的核糖核酸，这项研究带动了多种核酸类药物包括抗肿瘤药物、抗病毒药物的研制和应用。

酵母丙氨酸转移核糖核酸（酵母丙氨酸 tRNA）人工全合成研究结果先后发表在 1982 年的《科学通报》和 1983 年的《中国科学》上。本工作启动于 1968 年，完成于 1981 年 11 月，是继我国 1965 年在世界上首次人工合成蛋白质——结晶牛胰岛素后，又在世界上首次人工合成一个核酸分子，其组成、序列和生物功能与天然的酵母丙氨酸 tRNA 完全相同。人工合成酵母丙氨酸 tRNA 历时 13 年。

核酸与蛋白质一样，是生物体内一类重要的生物大分子，是生命活动的重要物质基础。"种瓜得瓜，种豆得豆"的遗传现象即源于核酸上所携带的遗传信息。核酸是生命遗传信息的携带者和传递者。核酸及其促成单位在生命的延续、生物物种遗传特性的保持、细胞分化、个体发育、生长等生命过程中起着重要的作用。

现已证明，任何生物体内，从病毒、细菌等低等生物，到植物、动物等高等生物体内都含有核酸，核酸占细胞干重的 5%～15%。核酸研究经历了 100 多年的漫长岁月，目前仍是生命化学研究中的一个非常重要的领域。

核酸是瑞士一位年轻科学家 F. Miescher 于 1868 年首先发现的，当时他从外科绷带上的脓细胞的细胞核中分离出了一种含磷很高的有机化合物，由于这种物质是从细胞核中分离出来的，当时就将其称之为核素，后来发现核素具有酸性，改称为核酸。

8.1 核酸化学

8.1.1 概述

8.1.1.1 核酸的种类与功能

核酸是由碱基、戊糖、磷酸组成的，按其所含戊糖种类不同分为两大类：脱氧核糖核酸（DNA）和核糖核酸（RNA）。前者是遗传信息的储存和携带者，是遗传的物质基础；后者主要参与遗传信息的传递和表达，在蛋白质生物合成过程中起重要作用。核酸对生物体的生长、繁殖、遗传、代谢等都有极其重要的作用。

核酸普遍存在于生物界，常与蛋白质结合存在。除病毒外所有的生物细胞都同时含有两类核酸，而病毒只含其中之一，或含 DNA，或含 RNA。

DNA 主要分布在细胞核，少量分布在线粒体和叶绿体等细胞器中；DNA 与组蛋白结合成染色体的形式存在，每个染色体还有一个高度压缩的 DNA 分子。染色体是细胞核内能够被碱性染料染色的物质（染色质）的聚缩棒状结构，染色体是遗传信息的载体。

RNA 主要分布在细胞质中，少量分布在细胞核。按其功能的不同，RNA 中又分 mRNA（信使 RNA）、tRNA（转运 RNA）和 rRNA（核糖体 RNA）3 种。

DNA 与 RNA 组分的区别见表 8-1。

表 8-1 DNA 与 RNA 组分的区别

DNA		RNA	
组分	代号	组分	代号
磷酸		磷酸	
D-2-脱氧核糖		D-核糖	
腺嘌呤	Ade	腺嘌呤	Ade
鸟嘌呤	Gua	鸟嘌呤	Gua
胞嘧啶	Cyt	胞嘧啶	Cyt
胸腺嘧啶	Thy	尿嘧啶	Ura

8.1.1.2 核酸的化学组成

（1）核酸的元素组成　核酸主要由 C、H、O、N、P 等元素组成，其中 P 含量比较恒定，一般为 9%～10%，平均 9.1%，即 1g 磷相当于 11g 核酸，故可作为核酸定量的依据。核酸定量测定的经典方法中，多以磷含量来代表核酸含量。

（2）核酸的分子组成　核酸是生物大分子，在酸、碱和酶的作用下可完全水解。核酸部分水解则产生核苷酸，完全水解产生碱基（嘌呤和嘧啶等碱性物质）、戊糖（核糖或脱氧核糖）和磷酸。每个核苷分子含一分子碱基和一分子戊糖，一分子核苷酸部分水解后除产生核苷外，还有一分子磷酸，核酸的各种水解产物可用色谱或电泳等方法分离鉴定。核酸的逐步水解过程可总结如图 8-1 所示。故核苷酸是核酸的基本结构单位，而碱基、戊糖、磷酸是组成核酸的基本分子。

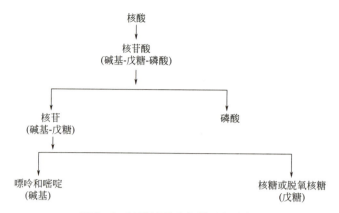

图 8-1 核酸连续水解的降解产物

① 戊糖（核糖和脱氧核糖） 核酸分子中存在两种 β- 呋喃型戊糖：β-D- 核糖和 β-D-2-脱氧核糖。DNA 和 RNA 两类核酸中所含戊糖不同，DNA 所含的戊糖为 D-2- 脱氧核糖，RNA 所含戊糖为 D- 核糖，其结构式如图 8-2 所示。

图 8-2 脱氧核糖和核糖结构式

为了区别碱基上的碳原子编号，核糖上的碳原子编号的右上方都加上 "′"，如 1′、3′等表示核糖上的第 1 和第 3 位碳原子。

② 碱基（嘌呤碱和嘧啶碱） 核酸分子中含有两类碱基：嘌呤碱和嘧啶碱。嘌呤碱为核酸中的嘌呤物质，主要为腺嘌呤和鸟嘌呤，次黄嘌呤是腺嘌呤的代谢产物，结构式如图 8-3 所示。

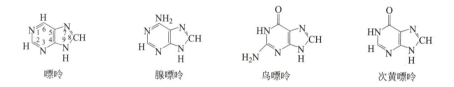

图 8-3 嘌呤碱结构式

核酸中存在的嘧啶碱主要有胞嘧啶、尿嘧啶和胸腺嘧啶，它们的结构式如图 8-4 所示。

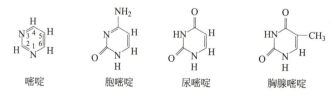

图 8-4 嘧啶碱结构式

DNA 分子中的碱基是腺嘌呤、鸟嘌呤、胞嘧啶和胸腺嘧啶，RNA 分子中的碱基是腺嘌呤、鸟嘌呤、胞嘧啶和尿嘧啶，两类核酸所含的嘌呤碱基相同，不同的是在 RNA 中以尿嘧啶代替了 DNA 中的胸腺嘧啶。

碱基通常取英文名称前 3 个字母表示，如腺嘌呤（adenine）为 Ade，鸟嘌呤（guanine）为 Gua，胞嘧啶（cytosine）为 Cyt，尿嘧啶（uracil）为 Ura，胸腺嘧啶（thymine）为 Thy；还可直接取第一个字母表示，分别为 A、G、C、U、T，近些年单字符号使用更多。

在一些核酸中还存在有少量其他修饰碱基，由于这些修饰碱基通常含量很少，所以也叫作微量碱基或稀有碱基。核酸中的修饰碱基多是四种主要碱基的衍生物，其结构多种多样。tRNA 中的修饰碱基种类较多，如次黄嘌呤、二氢尿嘧啶等。

③ 磷酸　两类核酸中都含有无机磷酸，所以呈酸性。

④ 核苷　核苷是碱基与戊糖通过共价键相连而形成的一种糖苷。即由核糖（或脱氧核糖）与嘌呤碱（或嘧啶碱）生成糖苷，戊糖环上的 C-1 与嘌呤碱 N-9（或嘧啶碱的 N-1）之间以 C—N 相连接，形成糖苷键（图 8-5）。

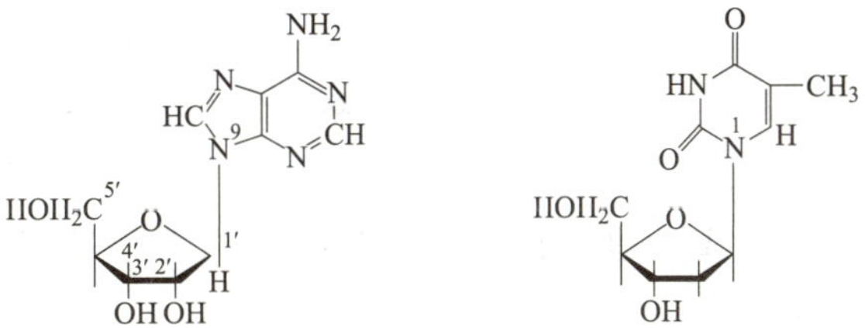

核苷用单字符号 A、G、C、U 表示，脱氧核苷则在单字符号前加一小写的 d，表示为 dA、dG、dC、dT，见表 8-2。

图 8-5　腺苷和脱氧胸苷的结构式

表 8-2　核苷的类别

核糖核苷	代号	脱氧核糖核苷	代号
腺苷	A	脱氧腺苷	dA
鸟苷	G	脱氧鸟苷	dG
胞苷	C	脱氧胞苷	dC
尿苷	U	脱氧胸苷	dT

⑤ 核苷酸　核苷酸是核苷的磷酸酯。核苷酸的核糖有 3 个自由羟基，可以磷酸酯化而分别生成 2′-核苷酸、3′-核苷酸和 5′-核苷酸。脱氧核苷酸的糖上只有 2 个自由羟基，只能生成 3′-脱氧核苷酸和 5′-脱氧核苷酸。生物体内游离核苷酸多为 5′-核苷酸。所以通常将核苷-5′-磷酸称为核苷磷酸或核苷酸。各种核苷酸在文献中通常用英文缩写表示，见表 8-3。

表 8-3　核苷酸的类别

核苷酸	代号	脱氧核苷酸	代号
腺苷（一磷）酸	AMP	脱氧腺苷酸	dAMP
鸟苷（一磷）酸	GMP	脱氧鸟苷酸	dGMP
胞苷（一磷）酸	CMP	脱氧胞苷酸	dCMP
尿苷（一磷）酸	UMP	脱氧胸苷酸	dTMP

生物体内的核苷一磷酸可以与一分子磷酸结合，从而形成核苷二磷酸；核苷二磷酸再与一分子磷酸结合形成核苷三磷酸；如生物体内的 AMP 可与一分子磷酸结合成腺苷二磷酸

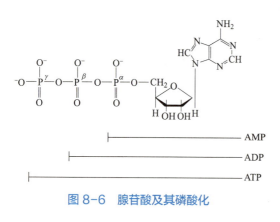

图 8-6 腺苷酸及其磷酸化

（ADP），ADP 再与一分子磷酸结合成腺苷三磷酸（ATP）（图 8-6）。其他单核苷酸也可以和腺苷酸一样磷酸化，产生相应的二磷酸化合物。各种核苷三磷酸（ATP，CTP，GTP，UTP）是体内 RNA 合成的直接原料，各脱氧核苷三磷酸（dATP，dCTP，dGTP 和 dTTP）是 DNA 合成的直接原料。核苷三磷酸化合物，在生物体的能量代谢中起着重要的作用。其中 ATP 在所有生物系统化学能的储藏和利用中起着关键的作用。有些核苷三磷酸还参与特定的代谢过程，如 UTP 参加糖的互相转化与合成，CTP 参加磷脂的合成，GTP 参加蛋白质和嘌呤的合成等。

8.1.2 核酸的结构与功能

8.1.2.1 DNA 的分子结构

DNA 的基本组成单位是脱氧核糖核苷酸，主要有 dAMP、dGMP、dCMP、dTMP 四种，DNA 在碱基组成上遵照 Chargaff 规则：

① 腺嘌呤和胸腺嘧啶的物质的量相等，即 A=T；
② 鸟嘌呤和胞嘧啶的物质的量相等，即 G=C；
③ 嘌呤的总数等于嘧啶的总数，即 A+G=T+C。

这个规律的发现为 DNA 双螺旋结构的建立提供了重要的依据。另外，DNA 的碱基组成具有种属特异性，但不具有组织特异性，这一规律为确立 DNA 为遗传物质提供了重要的依据。

DNA 的分子结构包括一级结构、二级结构、三级结构和更高级结构。

（1）DNA 的一级结构　DNA 的一级结构是指分子中四种脱氧核糖核苷酸的排列顺序，包括核苷酸间的连接键。

DNA 作为遗传物质，其所携带的遗传信息就蕴藏在碱基的不同排列顺序中。从生物进化的角度看，生物的亲缘关系越近，它们的 DNA 碱基组成和排列顺序就越相似。

组成核酸大分子的基本结构单元是核苷酸，很多实验证明 DNA 和 RNA 都是没有分支的多核苷酸长链。链中核苷酸的连接方式是 3′,5′-磷酸二酯键，即前一个核苷酸的 3′-羟基和后一个核苷酸的戊糖上的 5′-磷酸基缩合形成酯键。由此许许多多个核苷酸连接成一个不分支的链状分子（见图 8-7）。

由于 3′,5′-磷酸二酯键的存在，使得核苷酸链具有特殊的方向性，即从 5′→3′，因此核酸一级结构的阅读方向或书写时，按方向 5′→3′ 进行，即核苷酸链的 5′-末端磷酸基写在左边，而 3′-末端的羟基写在右边。DNA 的一级结构书写举例如图 8-8 所示。

（2）DNA 的二级结构　DNA 的二级结构是指两条 DNA 单链形成的双螺旋结构。

通过用 X 射线衍射法（一种研究晶体结构的方法）研究 DNA，Watson 和 Crick 于 1953 年提出了 DNA 的双螺旋结构模型，后人的许多工作证明，这个模型基本上是正确的。

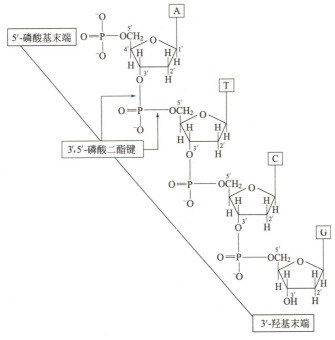

图 8-7 核酸的一级结构及核苷酸的连接方式

DNA 的双螺旋结构有如下要点。

① 两链反向平行　DNA 分子的二级结构是由两条长度相等，走向相反（一条链的走向是 $5'\to 3'$，另一条链的走向是 $3'\to 5'$），但相互平行的多核苷酸链围绕同一中心轴以右手螺旋的方式盘旋形成的双螺旋结构。双螺旋结构的表面有深沟和浅沟，它们是调节蛋白与 DNA 相互作用的位点，与基因表达的调控有关（图 8-9）。

② 磷酸-戊糖骨架位于双螺旋的外侧，戊糖平面与螺旋轴基本平行。碱基位于双螺旋的内侧，碱基平面与螺旋轴基本垂直，成对碱基大致处于同一平面，该磷酸碱基在糖环的外侧。

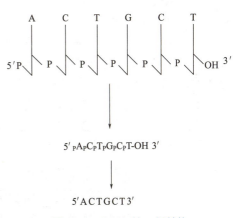

图 8-8 DNA 的一级结构

③ 碱基配对规则　即两条 DNA 链之间 A 与 T 通过形成两个氢键配对，G 与 C 通过三个氢键配对（图 8-10）。每个碱基对中的两个碱基称为互补碱基，DNA 分子的两条链称为互补链。DNA 双螺旋每上升一圈包括 10 个碱基对，螺距为 3.4nm，螺旋直径为 2nm。

由于碱基互补规则，只要知道一条链上的核苷酸排列顺序，就能确定另一条链上核苷酸的排列顺序。这种互补配对规则在遗传信息的传递中起重要作用。

④ 维系双螺旋结构稳定的因素　在双螺旋内，横向稳定靠两条链间互补碱基的氢键，纵向稳定则靠碱基平面间的堆积力，后者更为重要。

DNA 的双螺旋结构并非刚性，具有构象多样性。对含水量不同的天然 DNA 和人工合成的 DNA 进行 X 射线衍射研究，Watson 和 Crick 在对相对湿度为 92% 的 DNA 钠盐纤维进行研究时发现，其 DNA 结构有多种类型，据此 X 射线衍射图提出的双螺旋结构称为 B

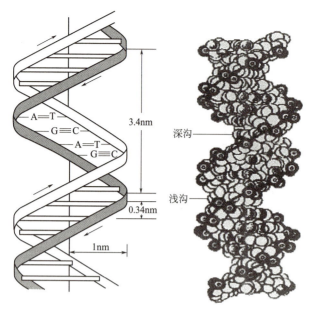

图 8-9 DNA 双螺旋结构示意图

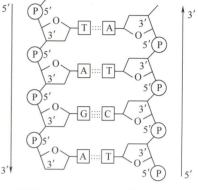

图 8-10 DNA 双螺旋碱基间
氢键形成示意图

型 DNA。在溶液中，DNA 一般为 B 型；但当水合的 DNA 脱水时，它就转变为 A 型。A 型的每一螺旋圈含 11 个碱基对，碱基对与中轴倾斜角约为 20°，两个核苷酸之间的夹角为 33°（B 型为 36°）。

1979 年美国麻省理工学院的 Rich 及王连君等将人工合成的 DNA 片段 d（CpGpCpGpCpGp）制成晶体，并进行了 X 射线衍射分析，发现此片段有左手螺旋的双螺旋结构，又因磷酸基在多核苷酸骨架上呈 Z 字形分布，故称为 Z-DNA 螺旋。这种结构每转一圈含有 12 个碱基对，整个分子比较细长而伸展（图 8-11）。天然 B-DNA 的局部区域可以出现 Z-DNA 结构，说明 B-DNA 与 Z-DNA 之间是可以互相转变的。目前仍然不清楚 Z-DNA 究竟具有何种生物学功能。表 8-4 是 DNA 几种构象的结构参数。

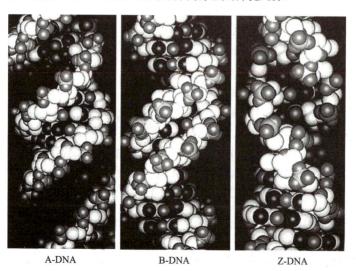

A-DNA   B-DNA   Z-DNA

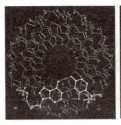

图 8-11　DNA 双螺旋结构的多态性

表 8-4　双螺旋 DNA 的构象类型

类型	旋转方向	螺旋直径/nm	螺距/nm	每转碱基对数目	碱基对间垂直距离/nm	碱基对与水平面倾角
A-DNA	右	2.3	2.8	11	0.255	20°
B-DNA	右	2.0	3.4	10	0.34	0°
Z-DNA	左	1.8	4.5	12	0.37	7°

DNA 的二级结构大多为线形的,但电镜观察结果表明,生物体内有些 DNA 是以双链环形 DNA 形式存在的,如某些病毒 DNA、某些噬菌体 DNA、细菌质粒 DNA、真核细胞中的线粒体 DNA,以及许多细菌染色体 DNA 都是环形的。线形结构 DNA 的两端有黏性末端,可以借助于 DNA 连接酶将互补的黏性末端连接起来,成为环形 DNA。环状结构还可进一步扭曲成为更复杂的三级结构。

（3）DNA 的三级结构　DNA 的三级结构是指 DNA 的双螺旋结构进一步盘曲或在螺旋处形成的更复杂的立体结构。主要形式是超螺旋结构。

超螺旋意味着在螺旋的基础上再螺旋。例如,电话话筒和电话机之间的电话线一般是螺旋的,这种螺旋线的再卷曲缠绕就形成了超螺旋。DNA 是以双螺旋的形式围绕着同一个轴缠绕的,当双螺旋 DNA 的这个轴再弯曲缠绕时,DNA 就处于超螺旋状态,DNA 的超螺旋状态是结构张力的表现。

不同的生物体内,DAN 的三级结构的形状各不相同。绝大部分原核生物 DNA 的二级结构是闭环的双螺旋分子,闭环双链很容易缠绕盘曲成超螺旋结构（图 8-12）。

(a) 环状DNA　　　(b) 超螺旋DNA

图 8-12　原核生物 DNA 三级结构示意图

8.1.2.2　RNA 的分子结构

RNA 是生物体内另一大类核酸,它的基本组成单位是核糖核苷酸,主要由四种核糖核苷酸组成,即腺嘌呤核糖核苷酸（AMP）、鸟嘌呤核糖核苷酸（GMP）、胞嘧啶核糖核苷酸（CMP）、尿嘧啶核糖核苷酸（UMP）。这些核糖核苷酸中的戊糖不是脱氧核糖,而是核糖。4 种核苷酸也是以 3′,5′- 磷酸二酯键彼此连接起来的（图 8-13）。

根据 RNA 的某些理化性质和 X 射线衍射分析,证明大多数 RNA 分子是一条单链,链

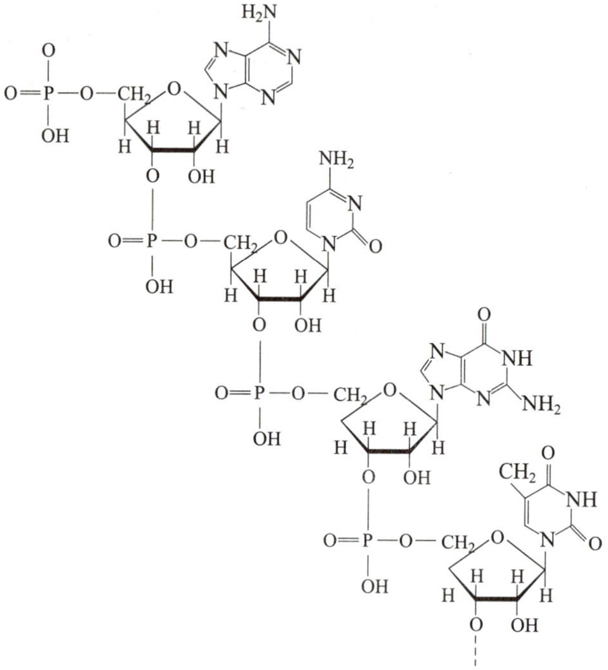

图 8-13 RNA 的一级结构

的许多区域自身发生回折，回折区内的多核苷酸段呈双螺旋结构，RNA 中的双螺旋结构为 A-DNA 类型的结构，约有 40%～70% 的核苷酸参与这种螺旋的形成，因此，RNA 分子实际上是一条含有短而且不完全螺旋区的多核苷酸链。由于链的回折使可以配对的碱基（如 A 与 U，G 与 C）在螺旋区内相遇成对，每一段双螺旋区至少需要 4～6 对碱基才能保持稳定，配对的碱基之间形成氢键，不能配对的碱基膨大形成环状（图 8-14）。这就是 RNA 的二级结构。

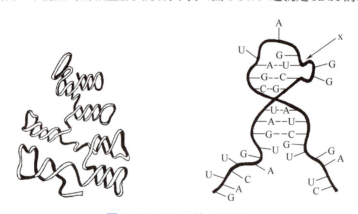

图 8-14 RNA 的二级结构
一条多核苷酸链中有几个螺旋区及螺旋区的碱基配对箭头处 x 表示螺旋的环状突起

前面已述及 RNA 主要有三种，即转运 RNA（transfer RNA，缩写成 tRNA）、核糖体 RNA（ribosomal RNA，缩写成 rRNA）和信使 RNA（messenger RNA，缩写成 mRNA）。下面将分述它们的高级结构。

（1）tRNA 的高级结构

① tRNA 的二级结构呈三叶草形（图 8-15） tRNA 约占细胞 RNA 总量的 15%，由核内形

成并迅速加工后进入细胞质，主要作用是将氨基酸转运到核糖体-mRNA 复合物的相应位置，用于蛋白质合成。虽然大多数蛋白质仅有 20 种氨基酸组成，但每种氨基酸可由一种以上的 tRNA 进行转运，细胞内一般有 50 种以上不同的 tRNA，有些真核生物细胞甚至可多达 100 多种。

1965 年，R.W.Holly 在测出酵母丙氨酸转移核糖核酸（tRNA）的一级结构后，提出了酵母 tRNA 的"三叶草"形二级结构模型，各种 tRNA 的结构基本相似，都是三叶草形。三叶草模型的基本特征如下。

a. 四臂四环　形如三叶草，以氢键连接的双螺旋区称为臂；以单链形式存在的臂连接的突出部位称为环。

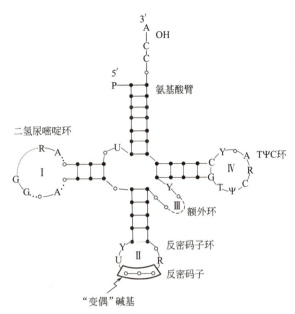

图 8-15　tRNA 二级结构的三叶草结构模型

b. 氨基酸接受区（包括一臂）　是 5′端和 3′端由 7 个核苷酸对形成的臂；3′端有一不成对的游离—CCAOH 区段，末端羟基在 tRNA 执行功能时就与活化氨基酸的羟基相连。

c. 反密码区（一臂一环）　在氨基酸接受臂对侧，有一个由 5 个核苷酸对组成的臂，叫反密码子臂，此臂连接一个突环，为反密码子环，反密码子环正中的 3 个核苷酸称为反密码子，反密码子在蛋白质（肽）合成中能与 mRNA 上的密码子配对，反密码子环一般由 7 个核苷酸组成。

d. 二氢尿嘧啶区（一臂一环）　在"三叶草"的左侧存在一个含二氢尿嘧啶的单链环，即二氢尿嘧啶环，由 8～12 个核苷酸组成；与该环相连的臂就称为二氢尿嘧啶臂，由 3～5 个核苷酸对组成。二氢尿嘧啶（D）是 5、6 位加双氢饱和的尿嘧啶，为一种稀有组分。

e. TΨC 区（一臂一环）　在三叶草结构的右侧（3′端侧）有一个含 TΨC 的环，称为 TΨC 环，由 7 个核苷酸组成；连接它的臂就称为 TΨC 臂，由 5 个核苷酸对组成。

f. 可变区　在反密码区和 TΨC 区之间存在一个额外区，这个区的长度变化较大，根据大小对 tRNA 进行分类，因此得名可变区。此区较小的仅形成一个小臂，比较大的则形成一个突环。

在 tRNA 的三叶草形二级结构中，维持其稳定的是氢键。而且在此结构基础上，突环上未配对的碱基也可因分子结构扭曲而形成配对，这样就形成了 tRNA 的三级结构。

② tRNA 的三级结构——倒 L 形　S.H.Kim（1973）和 Robertus（1974）提出，酵母 tRNA 的 X 射线衍射晶体结构为倒 L 形，随后又有几种 tRNA 的三级结构相继被测定，进一步阐明了所有真核和原核生物的 tRNA 的三级结构都是倒 L 形（图 8-16）。

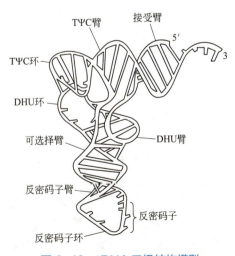

图 8-16　tRNA 三级结构模型

（2）rRNA 和 mRNA 的二级结构　细胞中的 rRNA 含量最高，与蛋白质一起构成核糖体，核糖体是蛋白质合成的场所，许多 rRNA 的一级结构及二级结构都已阐明，不同 rRNA 的碱基比例和碱基序列各不相同，分子结构基本上都是由部分双螺旋和部分单链突环相间排列而成，通过单链自身折叠形成茎环结构。大肠杆菌 5S rRNA 的形状表示如图 8-17 所示。

mRNA 的二级结构也是通过单链自身折叠形成的茎环结构。

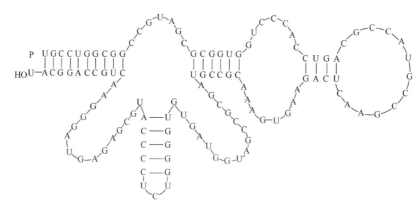

图 8-17　大肠杆菌 rRNA 的结构

8.1.3　核酸的理化性质

8.1.3.1　核酸的一般物理性质

RNA 和 DNA 及其组成成分核苷酸、核苷、碱基的纯品都是白色粉末或结晶，而大分子 DNA 则为疏松的石棉一样的纤维状结晶。

核酸分子中既含有酸性基团（磷酸基），也含有碱性基团（氨基），因而核酸也具有两性性质，可以利用电泳进行分离和研究其特性。由于核酸分子中的磷酸是一个中等强度的酸，而碱性基团（氨基）是一个弱碱，所以核酸表现为酸性，其等电点比较低，如 DNA 的等电点为 4～4.5，RNA 的等电点为 2～2.5。

DNA 和 RNA 都是极性化合物，一般都微溶于水，不溶于乙醇、乙醚、氯仿、三氯乙酸等有机溶剂。所以在分离核酸时，采用加入二倍体积的乙醇使核酸沉淀的方法对其进行纯化。核酸、核苷酸、碱基在水中的溶解度依次减小，但核酸的钠盐比自由酸易溶于水；不同核酸在水中溶解所需盐浓度不同。

大多数 DNA 为线形分子，分子极不对称，其长度可以达到几厘米，而分子的直径只有 2nm。DNA 溶液的黏度极高，RNA 溶液的黏度要小得多。

在生物体细胞内，大多数核酸（DNA 和 RNA）都与蛋白质结合成核蛋白形式存在，即 DNA 蛋白（DNP）和 RNA 蛋白（RNP）。两种核酸蛋白在水中的溶解度受盐浓度的影响不相同。DNA 蛋白的溶解度在低浓度盐溶液中随盐浓度的增加而增加，在 1mol/L NaCl 溶液中的溶解度要比纯水中高 2 倍，可是在 0.14mol/L NaCl 溶液中溶解度最低（几乎不溶）。RNA 蛋白在溶液中的溶解度受盐浓度的影响较小，在 0.14mol/L NaCl 溶液中溶解度却较大。因此，在进行核酸分离提取时，常用 0.14mol/L NaCl 溶液条件来分别提取 DNA 蛋白和 RNA 蛋白，然后用蛋白质变性剂（如十二烷基硫酸钠）去除蛋白，即得纯的 DNA 或 RNA。此法称为 0.14 摩尔法。

8.1.3.2 核酸的紫外吸收

由于核酸中的嘌呤碱和嘧啶碱具有共轭双键体系存在，碱基、核苷、核苷酸、核酸都在240～290nm范围内有强烈的紫外吸收特征。由于各组分结构上的差异，其紫外吸收也有区别。例如，最大吸收波长AMP为257nm、GMP为256nm、CMP为280nm、UMP为262nm。通常在对核酸及核苷酸测定时，选用260nm波长。由于蛋白质在这一光区仅有微弱的吸收，因此可以利用核酸的这一光学特性来定位它在细胞和组织中的分布，细胞的紫外光照相主要是利用核酸强烈吸收紫外光的特性。

利用紫外吸收作核苷酸的定性测定时，通常以下列几个数据判断：最大吸收波长（λ_{max}）、最小吸收波长（λ_{min}），在两个波长下的吸光度比值（250nm/260nm、280nm/260nm和290nm/260nm）。

进行定量测定时，可用下式求出核苷酸百分含量：

$$核苷酸 = \frac{M_r \times A_{260}}{\varepsilon_{260} \times c} \times 100$$

式中，M_r为核苷酸分子量；ε_{260}为在260nm的消光系数；c为样品浓度，mg/ml；A_{260}为样品在260nm波长下的吸光度值。

对于大分子核酸的测定，常用比消光系数法或摩尔磷原子消光系数法。比消光系数ε是指一定质量浓度（mg/ml、μg/ml）的核酸溶液在260nm的吸光度值，是非常有用的数据，如天然状态的DNA的比消光系数为0.020，是指浓度为1μg/ml的天然DNA水溶液在260nm的吸光度值。也就是说当测得A_{260}为1时，就相当于样品中含DNA 50μg/ml。RNA的比消光系数为0.025。

摩尔磷原子消光系数$\varepsilon(P)$是指含磷为1mol/L浓度时的核酸水溶液在260nm处的吸光度值。在pH7.0条件下，天然DNA的$\varepsilon(P)$值为6000～8000，RNA为7000～10000。当核酸变性或降解时，$\varepsilon(P)$值大大升高。因为大分子核酸的分子量难以确定，所以用摩尔磷原子消光法测定大分子核酸更为方便。

当核酸发生变性时，氢键破坏，碱基暴露，在260nm处紫外吸收增强，该现象称为增色效应；当变性的核酸复性时，其紫外吸收降低，称为减色效应，见图8-18。

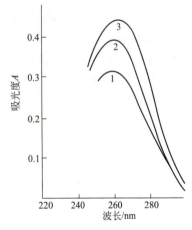

图8-18 DNA的紫外吸收光谱
1—天然DNA；2—变性DNA；
3—核苷酸总吸光度值

8.1.3.3 核酸的变性、复性与分子杂交

（1）核酸的变性

① 变性的概念　核酸变性指双螺旋区氢键断裂，空间结构破坏，形成单链无规则线团状态的过程。变性只涉及次级键的变化，磷酸二酯键的断裂称核酸降解。变性后的核酸，其理化性质和生物功能都会发生急剧变化，最重要的表现为黏度降低，沉降速度增高，紫外光吸收急剧增高。RNA本身只有局部的双螺旋区，所以变性行为所引起的性质变化没有

DNA 明显。

② 变性因素　引起变性的外部因素有加热、极端的 pH、有机溶剂、尿素、甲酰胺等，它们都能破坏氢键、盐键、疏水键、碱基堆积力等次级键，从而破坏双螺旋区。

DNA 变性的特点是爆发式的，类似于结晶的溶解，变性作用发生在一个很窄的温度范围内。引起 DNA 发生"熔解"的温度变化范围不过几度，这个温度范围的中点称为熔解温度，用 T_m 表示，DNA 的 T_m 值一般在 70～85℃。

③ 影响 T_m 的因素

a. G-C 对含量　G-C 对含 3 个氢键，A-T 对含 2 个氢键，故 G-C 对相对含量越高，T_m 值也越高。

经验公式为：

$$(G+C)\% = (T_m - 69.3) \times 2.44$$

b. 溶液的离子强度　离子强度较低的介质中，T_m 较低。在纯水中，DNA 在室温下即可变性。分子生物学研究工作中需核酸变性时，常采用较低的离子强度。

c. 溶液的 pH　高 pH 下，碱基广泛去质子而丧失形成氢键的能力；pH 大于 11.3 时，DNA 完全变性；pH 低于 5.0 时，DNA 易脱嘌呤。对单链 DNA 进行电泳时，常在凝胶中加入 NaOH 以维持变性状态。

d. 变性剂　甲酰胺、尿素、甲醛等可破坏氢键，妨碍碱基堆积，使 T_m 下降。对单链 DNA 进行电泳时，常使用上述变性剂。

(2) 核酸的复性

① 复性的概念　DNA 的变性是可逆的，解除变性条件后，变性核酸的互补链在适当条件下重新缔合成双螺旋的过程称为复性。对已经热变性的 DNA 溶液缓慢冷却，双螺旋 DNA 又重新形成，故复性又称退火。

复性时单链随机碰撞，不能形成碱基配对或只形成局部碱基配对时，在较高的温度下两链重又分离，经多次试探性碰撞才能形成正确的互补区。所以，核酸复性时，温度不宜过低，T_m 为 -25℃ 是较合适的复性温度。

② 影响复性速度的因素

a. 单链片段浓度越高，随机碰撞的频率越高，复性速度越快。

b. 较大的单链片段扩散困难，链间错配频率高，复性较慢。

c. 片段内的重复序列多，则容易形成互补区，因而复性较快。

维持溶液一定的离子强度，消除磷酸基负电荷造成的斥力，可加快复性速度。

(3) 核酸的分子杂交　核酸分子杂交是 DNA 复性的实际应用。根据变性 DNA 的复性性质，我们可知道，DNA 单链之间、RNA 单链之间、一条 DNA 和一条 RNA 链之间只要存在序列互补配对区域，不管是整条链互补，还是部分序列互补，即可重新形成整条双链或部分双链。

不同来源的 DNA 分子放在一起加热使其变性，然后慢慢冷却，让其复性。若这些异源 DNA 之间有互补的序列或部分互补的序列，则复性时会形成"杂交分子"。在退火条件下，不同来源的 DNA 互补区形成双链，或 DNA 单链和 RNA 链的互补区形成 DNA-RNA 杂合双链的过程称分子杂交。核酸的杂交在分子生物学和分子遗传学的研究中应用极为广泛。如将已知基因的 DNA 制成具有同位素标记的 DNA 片段——DNA 探针（DNA probe），用其去检测未知 DNA 分子。

在核酸杂交的基础上发展起来的一种用于研究和诊断的非常有用的技术称为探针技术。它是将样品 DNA 切割成大小不等的片段，经凝胶电泳分离后用杂交技术寻找与探针互补的 DNA 片段。由于凝胶机械强度差，Southern 提出一种方法，将电泳分离后的 DNA 片段从凝胶转移到硝酸纤维素膜或尼龙膜上，再进行杂交，称 Southern 印记法或 Southern 杂交技术。随后，Alwine 等提出将电泳分离后的变性 RNA 吸附、印迹到纤维膜上再进行分子杂交的技术，被戏称为 Northern 印迹法或 Northern 杂交。Southern 杂交和 Northern 杂交广泛用于研究基因变异，基因重排，DNA 多态性分析和疾病诊断。

8.2 核酸的降解和核苷酸代谢

8.2.1 核酸的酶促降解

生物体内几乎所有的生物细胞都含有与核酸代谢有关的酶类，它们协同作用，分解细胞内各种核酸，产物为嘌呤、嘧啶、戊糖和磷酸。核酸是由许多核苷酸以 $3',5'$-磷酸二酯键连接而成的大分子化合物，作用于核酸磷酸二酯的酶称为核酸酶。1979 年国际生化协会酶学委员会公布的酶分类表中，将核酸酶按其作用位置分为核酸外切酶和核酸内切酶两类，另外，核酸酶根据底物不同，又可分为 DNA 酶和 RNA 酶。

8.2.1.1 核酸外切酶

核酸外切酶作用于核酸链一端，逐个水解下核苷酸。它们是非特异性的磷酸二酯酶，有些从 DNA 或 RNA 的游离 $3'$-羟基端开始，逐个水解下 $5'$-核苷酸；有些从游离 $5'$-羟基端开始，逐个水解下 $3'$-核苷酸。

8.2.1.2 核酸内切酶

核酸内切酶可特异地水解多核苷酸内部的键，它们是特异性较强的磷酸二酯酶。

限制性核酸内切酶只作用于双链 DNA，是 DNA 核酸酶中的一种，可识别 DNA 分子内部特异性的碱基序列，并在该部位切断 DNA 双链。这些特异性碱基序列又称识别位点，这些位点的长度一般在 4~8 个碱基对范围内。通常具有回文结构，切割后形成黏性末端或平齐末端。

大肠杆菌体内有一种限制性内切酶 *Eco*R I，它对 DNA 的识别顺序以及酶作用产物的黏性末端表示如下（箭头表示酶的作用切点）：

$$5'\cdots pGAATTCp\cdots 3' \quad \xrightarrow{EcoRI} \quad 5'\cdots pG \qquad pAATTCp\cdots 3'$$
$$3'\cdots pGTTAAGp\cdots 5' \qquad\qquad\qquad 3'\cdots pCTTAAp \qquad Gp\cdots 5'$$

环状或线状的双链 DNA 分子经限制性内切酶作用后都形成线状双链 DNA，每条单链的一端带有识别顺序中的几个互补碱基，这样的末端称为黏性末端。

限制性核酸内切酶的专一性很强，是进行 DNA 体外重组和大分子 DNA 分析的重要工具，目前已发现了几百种。

8.2.2 核苷酸的分解代谢

体内核苷酸的分解代谢类似于食物中核苷酸的消化过程。核酸经核酸酶降解后产生核苷酸，核苷酸经核苷酸酶作用，水解为核苷及无机磷酸，即：

$$核苷酸 \xrightarrow[H_2O]{核苷酸酶} 核苷 + Pi$$

一些非特异性的核苷酸酶能作用于一切核苷酸，只有特异性强的核苷酸酶可水解 3'- 核苷酸或 5'- 核苷酸，分别称为 3'- 核苷酶或 5'- 核苷酸酶。

核苷经核苷酶作用分解为嘌呤碱（或嘧啶碱）和戊糖，分解核苷的酶有两类：核苷磷酸化酶和核苷水解酶，前者催化的反应可逆，后者催化的反应不可逆。

$$核苷 \xleftrightarrow{核苷磷酸化酶} 碱基 + 戊糖 -1- 磷酸$$

$$核苷 \xrightarrow[H_2O]{核苷水解酶} 碱基 + 戊糖$$

核苷的降解产物嘌呤和嘧啶还可以继续分解。

8.2.2.1 嘌呤核苷酸的分解代谢

不同种类生物分解嘌呤碱的酶系不一样，因而代谢产物各不相同。腺嘌呤在腺嘌呤脱氨酶作用下产生次黄嘌呤，次黄嘌呤在次黄嘌呤氧化酶作用下氧化成黄嘌呤。鸟嘌呤在鸟嘌呤脱氨酶作用下脱氨生成黄嘌呤，黄嘌呤在黄嘌呤氧化酶作用下生成尿酸。人类、灵长类、鸟类、爬行类以及大多数昆虫体内嘌呤的最终产物是尿酸，其他动物则为尿囊素。某些硬骨鱼中尿囊素再分解为尿囊酸。大多数鱼类、两栖类的尿囊酸再分解为尿素和乙醛酸。还有某些低等动物能将尿素分解为氨和二氧化碳。嘌呤的分解代谢过程见图 8-19。

在一些其他生物体内，嘌呤的脱氨基和氧化作用可在核苷酸、核苷和碱基三个水平上进行，见图 8-20。

正常人血浆中尿酸含量为 20 ~ 60mg/L，超过 80mg/L 时，尿酸盐晶体可沉积于关节、软组织、软骨、肾，导致关节炎、尿路结石及肾脏疾病，称为痛风症。进食高嘌呤饮食，体内核酸大量分解，或尿酸排泄障碍时易患此症。

植物和微生物体内嘌呤代谢途径大致与动物相似。

8.2.2.2 嘧啶核苷酸的分解代谢

与嘌呤分解类似，嘧啶分解时，有氨基的首先水解脱氨基。胞嘧啶脱氨基即转化为尿嘧啶，尿嘧啶和胸腺嘧啶经还原打破环内双键后，水解开环成链状化合物，继续水解成 CO_2、NH_3、β- 丙氨酸和 β- 氨基异丁酸，后者脱氨基后进入有机酸代谢或直接排出体外（图 8-21）。

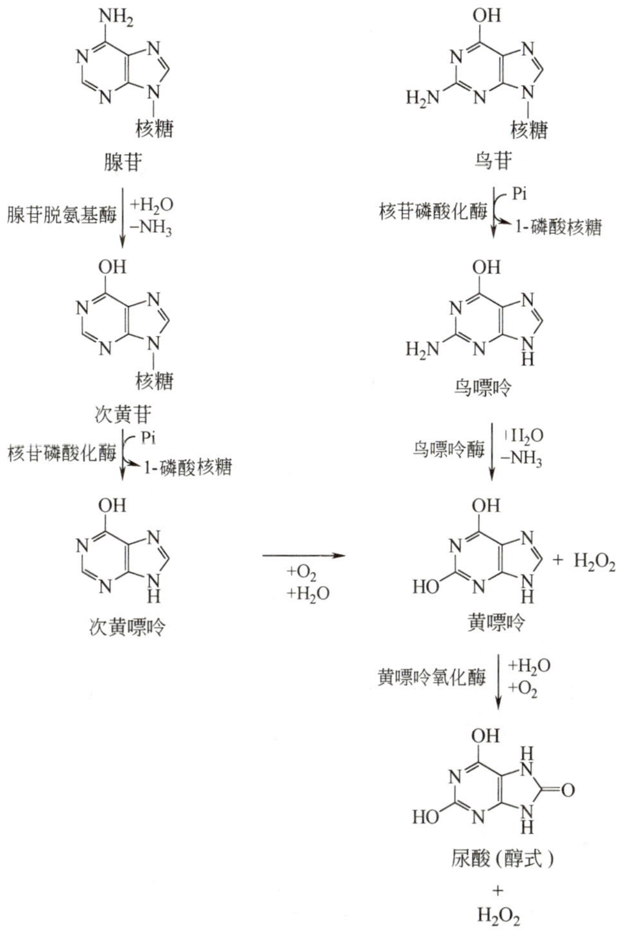

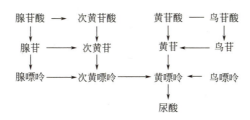

图 8-19 嘌呤的分解代谢途径

图 8-20 嘌呤类在核苷酸或核苷水平上的降解

8.2.3 核苷酸的合成代谢

有生命的细胞通常都能合成各种嘌呤和嘧啶的核苷酸，核苷酸在细胞内的合成有两条基本途径：其一是利用核糖磷酸、某些氨基酸、CO_2 和 NH_3 等简单物质为原料，经一系列酶促反应合成核苷酸。此途径并不经过碱基、核苷的中间阶段，称"从头合成"途径，或"从无到有"途径。其二是利用体内游离的碱基或核苷合成核苷酸，称"补救途径"。二者在不同组织的重要性各不相同。在生物体内，一般启用第一条途径，当第一条途径受阻时，才启用第二条途径，补救途径对正常生命活动的维持来说，是必不可少的。

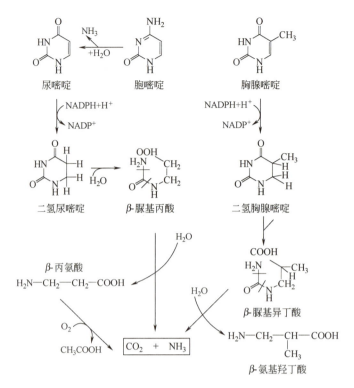

图 8-21 嘧啶的分解代谢

核苷酸的生物合成途径概括如图 8-22 所示。

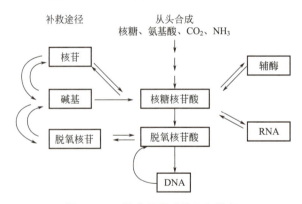

图 8-22 核苷酸合成的两条途径

8.2.3.1 嘌呤核苷酸的合成途径

（1）从头合成

① 原料及来源　5-磷酸核糖；来自磷酸戊糖途径的中间产物。

嘌呤碱：有鸽子的营养实验和同位素标记实验证明，嘌呤环中各原子来源于不同的物质（图 8-23）。

② 合成过程及特点　嘌呤核苷酸的合成不是先合成嘌呤环，再与核糖、磷酸结合成核苷酸，而是核糖与磷酸先合成磷酸核糖，然后逐步由谷氨酰胺、甘氨酸、一碳基团、CO_2

及天冬氨酸，掺入碳原子或氮原子形成嘌呤环，最后合成嘌呤核苷酸。

合成的起始物质是 5-磷酸核糖-1-焦磷酸（简写 PRPP）。从 PRPP 到嘌呤核苷酸的生成要经历两个主要阶段：一是由 PRPP 到次黄嘌呤核苷酸（IMP）的合成；二是由 IMP 分别合成 AMP 和 GMP，如图 8-24、图 8-25 所示。

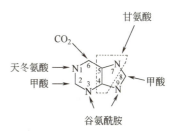

图 8-23 嘌呤各原子的来源

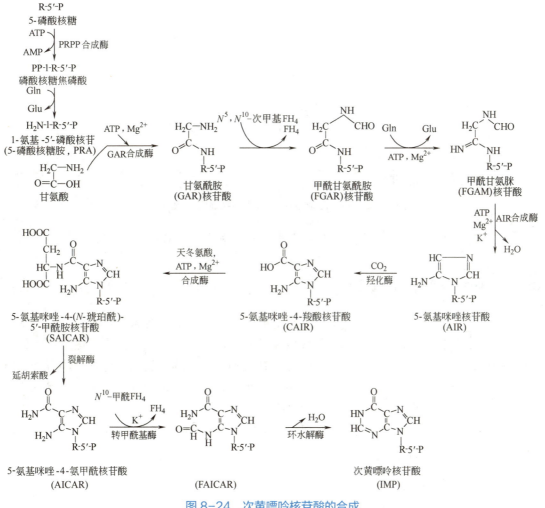

图 8-24 次黄嘌呤核苷酸的合成

（2）补救途径　是利用内源性的核苷酸分解代谢产物再合成新核苷酸的途径。嘌呤核苷酸合成的补救途径有两种。

① 核苷酸焦磷酸化酶催化

腺嘌呤 + PRPP $\xrightleftharpoons{\text{腺苷酸焦磷酸化酶}}$ 腺苷酸 + PPi

鸟嘌呤 + PRPP $\xrightleftharpoons{\text{鸟苷酸焦磷酸化酶}}$ 鸟苷酸 + PPi

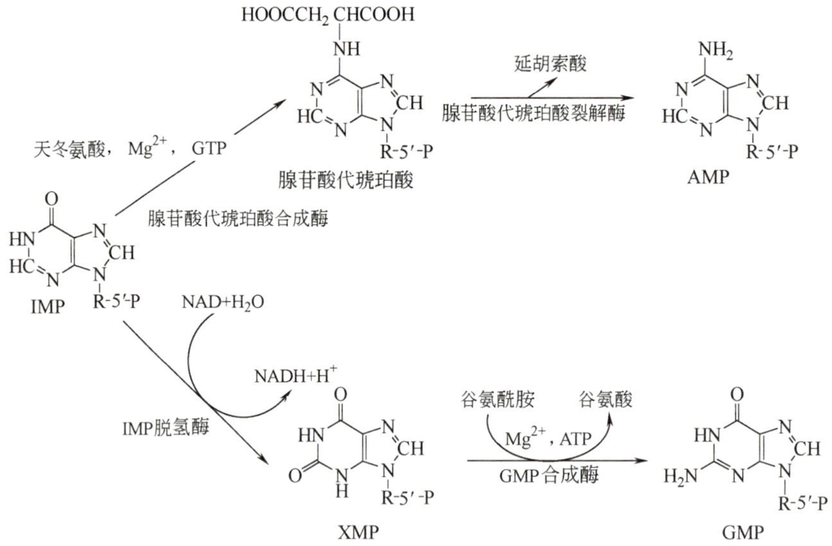

图 8-25　由 IMP 合成 AMP 及 GMP

② 核苷酸磷酸化酶催化

嘌呤 + 核糖 -1- 磷酸 $\xrightleftharpoons{\text{核糖磷酸化酶}}$ 嘌呤核苷 +Pi

嘌呤核苷 +ATP $\xrightleftharpoons{\text{核苷磷酸激酶}}$ 核苷酸 +ADP

8.2.3.2　嘧啶核苷酸的合成途径

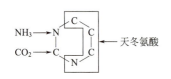

图 8-26　嘧啶环各原子的来源

嘧啶环上的原子来自简单的前体化合物——CO_2、NH_3 和天冬氨酸（图 8-26）。

与嘌呤核苷酸的合成不同，生物体先利用小分子化合物形成嘧啶环，再与核糖磷酸结合成尿苷酸。关键的中间化合物是乳清酸（图 8-27）。

其他嘧啶核苷酸则由尿苷酸转变而成。

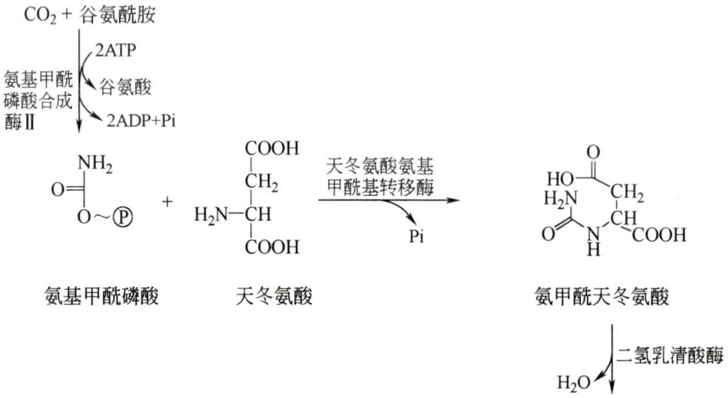

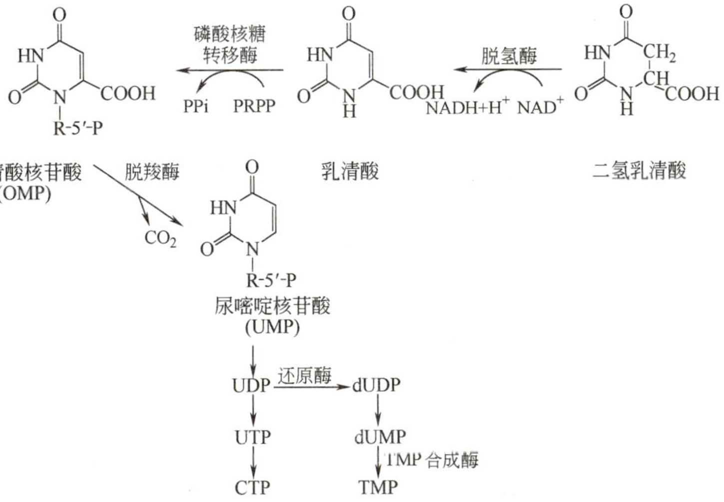

图 8-27 嘧啶核苷酸的合成代谢

8.3 核酸的生物合成

8.3.1 DNA的生物合成

现代生物学已充分证明，核酸是生物遗传的物质基础。除少数 RNA 病毒外，几乎所有的生物均以 DNA 为遗传信息的载体。生物的遗传信息以密码的形式储存在 DNA 分子上，表现为特定的核苷酸排列顺序。在细胞分裂过程中，通过 DNA 复制把亲代细胞所含的遗传信息忠实地传给子代细胞。在子代细胞的生长发育过程中，这些遗传信息通过转录传递给 RNA；再由 RNA 通过翻译转变成相应的蛋白质多肽链上的氨基酸序列，由蛋白质执行各种各样的生物学功能，使后代表现出与亲代极其相似的遗传特征。

DNA 复制（replication）是指以亲代 DNA 分子的双链为模板，按照碱基配对的原则，合成出与亲代 DNA 分子相同的两个双链 DNA 分子的过程。而转录（transcription）则是以 DNA 分子中的一条链为模板，按照碱基配对原则，合成出一条与模板 DNA 链互补的 RNA 分子的过程。翻译（translation）或称转译，是以 mRNA 为模板，按照三个核苷酸碱基（三联体密码子）决定一个氨基酸的原则，把 mRNA 上的遗传信息转换成蛋白质分子中特定的氨基酸序列的过程。

遗传信息的传递过程即复制—转录—翻译，可用分子生物学的中心法则来概括，如图 8-28 所示。

中心法则奠定了遗传、免疫、进化系统在分子水平上的理论基础。

20 世纪 70 年代人们发现，RNA 病毒能以自己的 RNA 为模板复制出新的病毒 RNA。其中，逆病毒（retrovirus）在宿主细胞中能以其 RNA 为模板合成 DNA，遗传信息的传递方向和上述

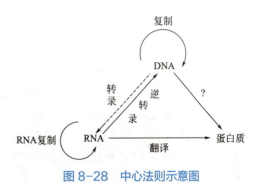

图 8-28 中心法则示意图

转录过程相反，称为逆转录（reverse transcription）。由此看来，经典的遗传信息传递的"中心法则"正在得到不断的补充。可以说，以 DNA 为主导的中心法则是单向的信息流，显示出遗传的某种程度的保守性；经过扩充了的中心法则，使 RNA 似乎成了中心，这或许预示 RNA 可能还有更广泛的功能。

自从 1953 年 Watson 和 Crick 提出 DNA 双螺旋结构模型以来，对核酸的结构与功能的探索已成为生命科学中最重要、最活跃的研究领域。尤其是近 20 年，对核酸的生物合成及其调控机理的研究日渐深入，不仅使人们对细胞的生长、发育、遗传、变异等重要的生命现象有了更加深刻的认识，极大地推动了相关领域的研究工作；而且以这方面的理论和技术为基础，建立并发展了基因工程。这些研究和技术的不断发展，将给人类的生产和生活带来深刻的变化。

8.3.1.1 DNA 的复制

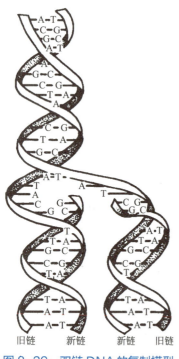

图 8-29 双链 DNA 的复制模型

（1）DNA 的复制方式　作为遗传物质的 DNA 不仅要储存大量的遗传信息，而且还必须能够准确地自我复制，并有可能在不损伤亲代主要信息的前提下，发生少量的变异。DNA 严格遵循碱基配对原则，形成互补的双链结构，这对于保持遗传信息的稳定性和实现复制的准确性具有十分重要的意义。

① 半保留复制　早在 1953 年，Watson 和 Crick 在 DNA 双螺旋结构的基础上提出了 DNA 的半保留复制假说。他们推测复制时 DNA 的两条链分开，然后用碱基配对方式按照单链 DNA 的核苷酸顺序合成新链，以组成新 DNA 分子。这样新形成的两个 DNA 分子与原来 DNA 分子的碱基顺序完全一样。每个子代分子的一条链来自亲代 DNA、另一条链是新合成的。这种复制方式称为半保留复制，后来的许多实验都证实了 DNA 的这种半保留复制（图 8-29）。

② DNA 复制的分子机制——冈崎片段和半不连续复制

按照 Watson-Crick 假说，DNA 的两条链的方向相反，所以复制时，如新生 DNA 的一条链从 $5'\rightarrow 3'$ 端合成，则另一条链必须从 $3'\rightarrow 5'$ 端延伸。可是，迄今发现的 DNA 聚合酶都只能催化 DNA 链从 $5'\rightarrow 3'$ 端延长。

1968 年冈崎等用 ^{3}H-脱氧胸苷掺入噬菌体感染的大肠杆菌，然后分离经过标记的 DNA 产物，发现短时间内首先合成的是较短的 DNA 片段，接着出现较大的分子。一般把这些 DNA 片段称为冈崎片段。进一步的研究证明，冈崎片段在细菌和真核细胞中普遍存在。细菌的冈崎片段较长，有 1000～2000 个核苷酸。冈崎的重要发现以及后来许多其他人的研究成果，使人们认识到 DNA 的半不连续复制过程：新 DNA 的一条链是按 $5'\rightarrow 3'$ 方向连续合成的，称为"前导链"，另一条链的合成则是不连续的，即先按 $5'\rightarrow 3'$ 方向合成若干短片段（冈崎片段），再通过酶的作用将这些短片段连在一起构成第二条子链，称为"后随链"。DNA 的半不连续复制见图 8-30。

（2）DNA 的复制过程　各种生物细胞中 DNA 的复制过程大同小异，大致包括以下几个阶段。

① 起始　起始阶段包括对起始位点的识别，DNA 双螺旋的解开，引物的合成几个步骤。

a. 识别起始位点　DNA 的合成并不在模板的任意部位开始，而是从特定的位点开始。原核细胞染色体的复制只能从一个特定位点开始，在另一特定位点终止，能独立进行复制的单位称为复制子。真核细胞基因的线状 DNA 上有多个复制起点，是多复制子的。引物酶等一些特殊蛋白质可识别并结合模板的起始位点，开始引物的合成。

b. DNA 解链　旋转酶、解链酶与 DNA 的复制起点结合，解开双螺旋形成两条局部的单链，并且单链结合蛋白也随即结合到 DNA 单链上。

c. RNA 引物的生成　引物酶（RNA 聚合酶）以 DNA 链为模板合成 RNA 引物。原核细胞中引物一般长为 50～100 个核苷酸；真核细胞的引物较短，哺乳动物的引物约 10 个核苷酸。前导链的模板上只合成一段引物，而后续链的模板上可以合成许多个冈崎片段的引物（图 8-31）。

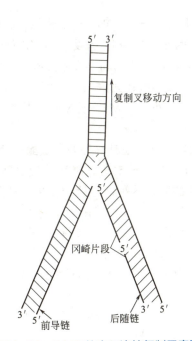

图 8-30　DNA 的半不连续复制示意图

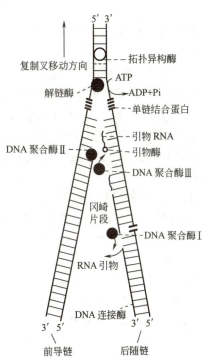

图 8-31　DNA 复制过程示意图

② 延伸　在 DNA pol Ⅲ（真核为 α 酶）的催化下，根据模板链 3′→5′的核苷酸顺序，在 RNA 引物的 3′-OH 末端逐个添加脱氧核苷三磷酸，每形成 1 个磷酸二酯键，即释放 1 个焦磷酸，直至合成整个前导链或冈崎片段，这二者的新链合成延伸方向都是 5′→3′。在延伸（elongation）阶段，还有延伸因子、ATP 及其他一些蛋白质参与。新链（段）的延伸速度很快，在大肠杆菌可达每分钟 50000bp。延伸的方向在许多情况下是定点、双向、对称并等速的，少数情况下有单向，或双向非对称进行的。

③终止　终止（termination）阶段主要发生两种生化事件，具体如下。

a．RNA 引物的切除和缺口的填补　每个冈崎片段 5′端的引物由特异核酸酶 RNase H 或 pol Ⅰ 的 5′→3′外切酶活性切除引物，然后由 pol Ⅰ 的 5′→3′的聚合活性填补缺口。

b．DNA 片段的连接　对后续链而言，由 pol Ⅰ 填补缺口，最后需要由 DNA 连接酶催化形成磷酸二酯键，完成新链的合成。

新 DNA 分子还需在旋转酶的作用下形成具有空间结构的新 DNA，实际上是一边复制，一边就螺旋空间化了。

8.3.1.2　参与 DNA 复制的酶和蛋白质

DNA 的复制是一个十分复杂而精确的过程，涉及许多蛋白质因子和酶。由于 DNA 是由脱氧核苷酸聚合而成的，所以与 DNA 复制有关的酶，包括 DNA 聚合酶、一些解除 DNA 高级结构的酶和蛋白质因子。

（1）DNA 聚合酶——DNA 复制的基本酶　DNA 聚合酶（DNA polymerase）是催化体内以脱氧核苷三磷酸（dNTP）为底物合成 DNA 的一类酶，不同生物体内 DNA 聚合酶的种类不同。

① 原核细胞 DNA 聚合酶

a．pol Ⅰ　1956 年 A.Kornberg 等在大肠杆菌中发现了第一个 DNA 聚合酶（pol Ⅰ），该酶是一个 M_r 为 109000 的单链蛋白，它所催化的 DNA 合成反应是以 DNA 作为模板（template）的，故又被称为依赖 DNA 的 DNA 聚合酶。实验证明，pol Ⅰ 催化 DNA 合成反应所需要的条件有：单链 DNA 作为模板，四种脱氧核苷三磷酸作为底物，与模板 DNA 链互补的一段具有 3′-OH 末端的低聚脱氧核苷酸为引物，另外需要 Mg^{2+} 或 Mn^{2+}。聚合反应按 5′→3′的方向进行，产物是与模板 DNA 互补的 DNA 链。

pol Ⅰ 是一种多功能酶，除了具有 5′→3′聚合催化功能外，还具有外切核酸酶的活性，即同时具有 3′→5′外切酶活性和 5′→3′聚合酶活性。pol Ⅰ 的 3′→5′外切酶活性与 5′→3′的聚合酶活性作用正好相反，当存在与模板错配的核苷酸时，这种活性就起作用，切除错配的核苷酸，然后再继续进行聚合反应，从而起到了校正功能（正确配对的底物能抑制 3′→5′的外切酶活性）。pol Ⅰ 的 5′→3′外切酶活性主要用于切除引物、切除变异核苷酸，故又起到了修复功能。pol Ⅰ 的各种酶活性都是以聚合酶活性为中心的。

b．pol Ⅱ、pol Ⅲ　20 世纪 70 年代初，从大肠杆菌中先后又分离出两种 DNA 聚合酶，分别命名为 DNA 聚合酶Ⅱ和聚合酶Ⅲ。

pol Ⅱ 和 pol Ⅲ 都具有 5′→3′的 DNA 聚合酶活性，催化反应所需要的条件也与 pol Ⅰ 基本相同，只是所需引物为 RNA。在外切酶活性方面，pol Ⅱ 只有 3′→5′的外切酶活性，而无 5′→3′的外切酶活性；pol Ⅲ 具有两个方面的外切酶活性，是复制时发挥主要作用的酶。

② 真核细胞 DNA 聚合酶　真核生物中至少拥有五种 DNA 聚合酶，分别命名为 α、β、γ、δ 和 ε。它们能在 5′→3′方向上聚合 DNA 链，但各酶的具体功能不尽相同。

真核细胞中与 DNA 复制相关的主要聚合酶是 DNA polα 和 DNA polδ，它们在 DNA 复制中可能是互相协作的，polδ 催化前导链合成，polα 催化后续链的合成；polδ 还具有 3′→5′外切酶的校正功能，并具有解旋酶的作用。

DNA polγ 是首先在真核细胞的线粒体中发现的，它催化相关 DNA 的复制。polε 在真核细胞内主要与修复有关。polβ 可能与 polα 和 polε 在 DNA 修复中共同发挥作用。

（2）DNA 连接酶——连接 DNA 片段的酶　DNA 连接酶催化一个 DNA 链的 5′- 磷酸根与另一个 DNA 链的 3′- 羟基形成磷酸二酯键，但是这两个链必须与同一个互补链结合，而且两个链必须是相邻的，反应要供给能量。

（3）引物酶和引发体　各种 DNA 复制开始时都需要有引物，在引物基础上才能进行 DNA 的聚合反应。因为所有的 DNA 聚合酶都只有按照模板链的指令在引物 3′-OH 端延伸新链的功能，没有从头开始合成的活力。通常，引物是再复制前先行合成的一小段 RNA，它的合成是 RNA 聚合酶与复制起点结合后，以 DNA 为模板而催化合成的引物，酶的分子量为 60000，它必须与另外几种辅助蛋白质组装成引发体，才有合成引物的活性。

（4）解链酶　解链酶又称解旋酶。DNA 在复制和修复时都必须解开双链，使其成为单链，提供单链 DNA 模板，DNA 解旋酶就是催化 DNA 双螺旋解链的酶。解旋酶是借助 ATP 的能量来解开 DNA 双链的。原核细胞中，解旋酶与单链 DNA 的亲和力强，并能沿模板 DNA 5′→3′方向由单链向双链部分移动。各种解旋酶与引物酶等常构成复合体，在 DNA 复制时有协同作用，从而解开双螺旋。

（5）旋转酶　旋转酶即拓扑异构酶，其作用是消除 DNA 的超螺旋，旋转酶根据作用于 DNA 的方式不同而分为两类：旋转酶Ⅰ和旋转酶Ⅱ。

（6）单链结合蛋白　单链结合蛋白（SSB）又称为螺旋去稳定蛋白，是一种能与单链 DNA 结合的特异蛋白。当它与经解链的单股 DNA 链结合后，两条 DNA 链就不能再形成双螺旋，保证了单链区的稳定，让单链能够作为 DNA 合成的模板。

单链 DNA 与 SSB 结合后，既可保护自身免遭核酸酶的降解，又可防止解链的 DNA 再度自发生成螺旋，使单链 DNA 保持伸展状态，并使碱基暴露，以便作为合成新链的模板。

8.3.1.3　DNA 的损伤与修复

一些物理、化学因子，如紫外线、电离辐射和化学诱变剂能使细胞 DNA 受到损伤，实质就是 DNA 碱基发生突变导致 DNA 结构和功能发生改变，而引起生物的突变或致死，细胞具有一系列修复机制，能在一定条件下使 DNA 的损伤得到修复。目前知道的修复系统有两大类：光诱导修复和不依赖于光的暗修复。

（1）光修复　紫外光照射可以使 DNA 链中相邻的嘧啶形成一个环形丁烷，主要产生胸腺嘧啶二体，二聚体的形成可以使 DNA 的复制和转录功能受到阻碍。

受紫外光损伤的细胞，在强的可见光照射后，大部分能恢复正常。这是由于可见光激活了细胞内的光裂合酶，使嘧啶二聚体解开，恢复成两个单独的嘧啶碱基。光修复酶分布很广，从单细胞生物到鸟类都有，但在高等哺乳动物中不存在。

（2）暗修复　暗修复也称切除修复，是比较普遍的一种修复机制，对多种损伤均能起到修复作用。切除修复包括两个步骤：第一步，由特异的修复酶识别损伤部位，并切除包括损伤部位在内的单链 DNA 片段；第二步，由 DNA 聚合酶和连接酶以另一条完整的链为模板进行修补（图 8-32）。

8.3.1.4 DNA 畸变与遗传病

在遗传信息的传递过程中，DNA 是遗传信息的原始载体，蛋白质是遗传信息的最终体现。基因是 DNA 分子中特定区段，它的改变导致蛋白质结构和功能发生改变，表现出相关病理现象，这种疾病称为分子病或遗传病，所以说遗传病的本质是基因突变。

基因突变是因 DNA 碱基序列改变所造成的基因结构异常，可分为单点突变和多点突变。多点突变一般是指较大的 DNA 片段插入或缺失；单点突变是 DNA 序列上单个碱基的改变，包括碱基替换和移码突变。

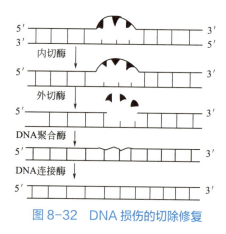

图 8-32 DNA 损伤的切除修复

8.3.1.5 DNA 重组与 DNA 克隆

（1）DNA 重组　DNA 重组是指在体外按既定的目的和方案，将目的基因片段，与载体结合，构成 DNA 重组体，再将重组分子导入受体细胞，使其与受体细胞基因组合，在细胞中繁殖和扩增，也可进行基因表达，产生特定的基因产物或新性状遗传物质的过程。DNA 重组技术是基因工程的主要内容。

（2）DNA 克隆　所谓克隆是指通过无性繁殖过程产生与亲代完全相同的子代群体，原来用在园艺学上是指无性繁殖的技术。任何 DNA 片段都能通过先插入质粒或细菌病毒（噬菌体）DNA，然后在细菌细胞中生长而扩增百万倍以上，这个由单一 DNA 片段复制成许多相同 DNA 片段的过程称为"DNA 克隆"。

8.3.2　RNA 的生物合成——转录

RNA 的生物合成包括以 DNA 作为模板合成 RNA 和以 RNA 为模板合成 RNA（即复制）两个方面。细胞内的各类 RNA，包括参与翻译过程的 mRNA、rRNA 和 tRNA 以及具有特殊功能的小 RNA，都是以 DNA 为模板，在 RNA 聚合酶的催化下合成的。此外除逆转录病毒，其他的 RNA 病毒均以 RNA 为模板进行复制。

以 DNA 为模板合成 RNA 的过程称为转录。转录过程中的主要催化酶是 DNA 指导的 RNA 聚合酶。

8.3.2.1　RNA 聚合酶

在原核生物和真核生物中都有 RNA 聚合酶。它以 DNA 为模板，以四种核苷三磷酸（ATP、GTP、UTP 和 CTP）为底物，并在二价阳离子（Mn^{2+} 和 Mg^{2+}）参与下，催化 RNA 合成，又称为依赖于 DNA 的 RNA 聚合酶。

原核生物细胞中的 RNA 聚合酶，与 DNA 复制中催化 RNA 片段合成的引物酶不同，是一种复杂的多亚基酶。由 5 个亚基组成（α_2、β、β'、σ），不含 σ 亚基的酶称为核心酶。各亚基功能如下：

β′亚基，与 DNA 模板链结合，具有酶的催化功能；

β 亚基，有核苷酸（NTP）结合位点，催化磷酸二酯键的形成；

α 亚基，参与全酶和起始位点的结合及特定基因的转录；

σ 亚基，具有启动子结合部位的功能，识别起始位点，并与 DNA 形成稳定的复合物。

原核细胞中只有一种 RNA 聚合酶，其转录产物包括 mRNA 前体、rRNA 前体和 tRNA 前体。而真核细胞中至少有 3 种 RNA 聚合酶，都是由多个（8～14 个）亚基组成的含 Zn^{2+} 的寡聚酶，分别转录不同的基因。

8.3.2.2 基因转录的过程

基因转录的过程是以 DNA 为模板合成 RNA 的过程，可分为起始、延伸和终止三个阶段，但不同于 DNA 的复制过程。

（1）转录的起始阶段　RNA 合成时，首先由 RNA 聚合酶的 σ 因子辨认 DNA 模板的启启动基因，在适当条件下，核心酶与 DNA 模板结合，并使该部位 DNA 双螺旋解开，形成局部单链区。然后以模板链为模板，按 5′→3′方向开始合成 RNA 链的 5′端。

（2）RNA 链的延伸阶段　当第一个核苷酸结合后，σ 因子便从全酶中脱落下来，核心酶在 DNA 链上每滑动一个核苷酸距离，即有一个与 DNA 链碱基互补的 NTP 进入。转录时碱基配对的规律是 A-U、G-C。核心酶不断滑动，RNA 就沿着 5′→3′方向不断延长。已合成的部分 RNA 链从 5′端逐渐与模板链脱离，模板链与编码链重新形成双螺旋结构（图 8-33）。

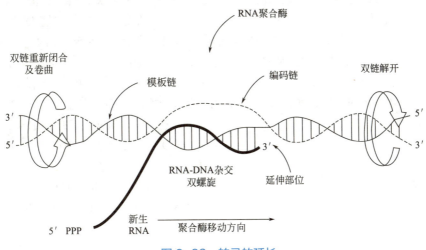

图 8-33　转录的延长

（3）转录的终止阶段　转录的终止有两种机制：一种是依赖于模板链上终止序列；另一种是依赖于终止因子——蛋白质 ρ 因子。DNA 模板链上有终止信号，当 ρ 因子识别并与之结合时，核心酶不再向前滑动，转录终止。此时，新合成的 RNA 链，以及核心酶从 DNA 模板链上脱落。

8.3.2.3 基因转录的方式

基因转录有以下几种方式。

（1）对称转录　转录时 DNA 两条链都作为模板,同时由许多不同的 RNA 聚合酶与互补的 DNA 单链识别,并在每条单链 DNA 模板上按 3′→5′ 方向移动。合成新生 RNA 链,RNA 链的延长方向都是 5′→3′,这种转录方式称为对称转录,但不是细胞转录的主要方式。

（2）不对称转录　基因转录时,DNA 的两条链中常常只有一条作为模板,转录生成 RNA,这种转录方式称为不对称转录。在此种转录中,作为模板的那条 DNA 链称为转录链,也有称模板链、反义链的;另一条称为非转录链,也称编码链、有义链,又称信息链。非转录链具有维持 DNA 完整性和构象的作用,有利于 RNA 聚合酶不断产生 RNA。

（3）逆向转录

① 逆转录概念及逆转录酶　自然界中绝大多数生物都是以 DNA 为遗传物质,但也有某些噬菌体和病毒以 RNA 为遗传物质,RNA 也能复制。1911 年即发现劳氏肉瘤病毒 RSV（RNA 病毒）可使鸡致癌,1970 年,H.Temin 和 D.Baltimore 在该病毒中发现了逆转录酶,阐明了逆转录现象及机制。

以 RNA 为模板合成 DNA 的过程称为逆（向）转录或反转录。

逆转录酶又称依赖 RNA 的 DNA 聚合酶,不仅存在于致癌 RNA 病毒中,也存在于其他 RNA 病毒以及人的正常细胞和胚胎细胞中。该酶有三种活性:依赖 RNA 的 DNA 聚合酶活性（逆转录功能）;核糖核酸酶 H 活性（特异地降解 RNA-DNA 杂化双链中的 RNA 链）;依赖 DNA 的 DNA 聚合酶活性。

② 逆转录的过程　逆转录过程是由依赖于 RNA 的 DNA 聚合酶（逆转录酶,RDDP）催化 DNA 的生物合成,该酶所依赖的模板为 RNA 单链,底物是四种脱氧核苷三磷酸,所需引物是一种 tRNA,DNA 新链延长的方向也是 5′→3′,逆转录的结果是形成 RNA-DNA 杂交分子,最后由依赖于 DNA 的 DNA 聚合酶催化,使杂交分子中的单链 DNA 合成为一双链分子。这个全过程也是病毒（如 RNA 病毒）基因（为 RNA 单链片段）转变为宿主细胞 DNA 基因的感染转化过程,也是癌病毒基因在宿主细胞中形成的机理。

a. 当逆转录病毒感染宿主细胞后,在细胞中脱去外壳,以病毒 RNA 为模板,（病毒的）tRNA 为引物,dNTP 为原料,由逆转录酶催化,在引物的 3′-OH 末端沿 5′→3′ 方向,合成一条与病毒 RNA 互补的 DNA 链,称为互补 DNA（cDNA）。病毒 RNA 与 cDNA 形成 RNA-DNA 杂交分子。

b. 逆转录酶继续催化杂交分子水解去掉 RNA,再以 cDNA 单链为模板,形成双链 cDNA,即前病毒。

c. 双链 cDNA 可以整合到宿主细胞 DNA 分子中,从而影响宿主细胞基因的表达。逆转录的过程如图 8-34 所示。

逆转录酶存在于 RNA 病毒中,可能与细胞的恶性转化有关。病毒的 RNA 通过逆转录形成前病毒,然后整合到宿主细胞染色体 DNA 中,随宿主细胞 DNA 复制传代。静止状态该病毒基因并不表达,但在某些情况下,该病毒基因可被激活而复制表达,有

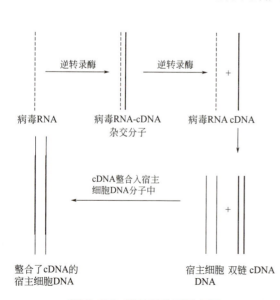

图 8-34　逆转录作用示意图

时会使宿主细胞发生癌变。

逆转录的发现是对中心法则的补充和完善，逆转录酶也是分子生物学研究中常用的工具酶之一，基因工程中，可利用逆转录酶经 mRNA 合成目的基因（cDNA）。

逆转录酶也存在于正常细胞和胚胎细胞中，可能与细胞分化及胚胎发育有关。

8.3.2.4 转录产物的加工修饰

由 RNA 聚合酶最初合成的 RNA 链都是不成熟的，一般不具有生物学功能，这种 RNA 链称为 RNA 前体，如 HnRNA（mRNA 的前体），这些前体经过一系列酶促"加工"或修饰过程才能成为有功能的成熟 RNA（mRNA、tRNA、rRNA），这就是转录产物的加工修饰。转录后的加工修饰过程包括切除某些核苷酸序列，拼接形成 5′ 或 3′ 端的特殊结构，改变糖苷键等过程。不同 RNA 加工的加工修饰由不同的酶催化完成。

（1）mRNA 的加工形成　原核生物的 mRNA 不需要加工，它在合成尚未完成时就已开始在蛋白质生物合成系统中发挥作用。真核生物 mRNA 前体需要加工，它的加工剪接是由核酸内切酶、ATP 酶、解链酶等催化完成。真核细胞 mRNA 转录后加工包括：① 5′ 端有一个"帽"状结构（m^7G）的形成；② mRNA 3′ 端有一个"尾"结构的形成，它是在特异性酶切除一段 10～30 个核苷酸片段后，在一个分子量为 300000 的 RNA 末端腺苷酸转移酶催化下，将 ATP 逐个加聚到 mRNA 切下的 3′ 端上形成的。

（2）rRNA 的转录后加工　大肠杆菌的 rRNA 前体分子沉降系数为 30S，大约含有 6300 个核苷酸残基。这种 30S rRNA 前体先在特定碱基上甲基化，然后被专一的核酸酶裂解，形成 17S、25S 等中间产物，再由另一些专一的核酸酶切除不必要的核苷酸残基，生成特有的 16S、23S、5S rRNA 和几个 tRNA。

在真核细胞中除 5S rRNA，其他 rRNA 的转录以及前体的最后加工和核糖体组装均在核仁中进行。真核细胞 45S rRNA 前体约含 14000 个核苷酸残基，其转录后加工包括核糖上的甲基化和一系列酶促裂解，最后生成 28S、5.8S 和 18S rRNA（图 8-35）。

（3）tRNA 的转录后加工　大肠杆菌约有 60 个 tRNA 基因，除少数与 rRNA 一起转录外，其余的大都呈簇排列，转录成含有两个或多个 tRNA 的前体。tRNA 前体转录后的加工包括切除 5′ 和 3′ 端多余的核苷酸序列，有的 tRNA 要在 3′ 端添加 CCA 3 个核苷酸序列作为氨基酸结合部位，还要在一系列专一的酶促反应中对碱基、核糖进行特征性修饰。

8.3.2.5 RNA 的复制

某些大肠杆菌噬菌体，如 MS2、R17 是 RNA 病毒。这些病毒染色体 RNA 的功能好似病毒蛋白质的 mRNA，它是在宿主细胞中由 RNA 指导的 RNA 聚合酶（或称 RNA 复制酶）催化合成的。RNA 的复制和 DNA 指导下的 RNA 聚合酶所催化的反应类似，新 RNA 链的合成方向是 5′→3′ 端。RNA 复制酶需要专一的 RNA 模板，这可以解释在有多种类型 RNA 的宿主细胞中病毒 RNA 是怎样复制的。

总之，RNA 病毒在繁殖方式上有两种类型：一种是以病毒 RNA 直接作为复制的模板；另外一种类型如劳氏肉瘤病毒（一种逆转录病毒），是以病毒 RNA 为模板逆转录为 DNA，然后再从 DNA 转录出病毒 RNA。

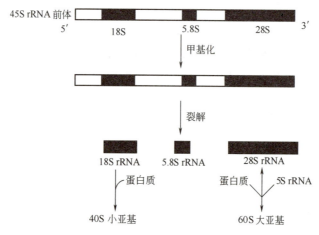

图 8-35　真核细胞 rRNA 的合成

人类基因组计划

人类基因组计划（human genome project，HGP）是由美国科学家在1985年提出，于1990年正式启动的。美国、英国、法国、德国、日本和我国科学家共同参与了这一预算达30亿美元的人类基因组计划。HGP 的目的是解码生命，了解生命的起源、生命体生长发育的规律，认识种属之间和个体之间存在差异的起因、认识疾病产生的机制以及长寿与衰老等生命现象，为疾病的诊治提供科学依据。按照这个计划的设想，在2005年，要把人体内约 2.5 万个基因的密码全部解开，同时绘制出人类基因的图谱。人类基因组计划与曼哈顿原子弹计划和阿波罗计划并称为三大科学计划，被誉为生命科学的"登月计划"。

 习 题

1. 比较 DNA 和 RNA 在化学组成、分子结构和生物学功能方面的主要特点。
2. 简述 DNA 双螺旋结构的基本要点。
3. 简述核酸变性和复性的过程。
4. 简述 RNA 的主要类型结构、功能特点。
5. 列出嘌呤核苷酸和嘧啶核苷酸从头合成的前提物质。
6. 何谓 DNA 半保留复制？
7. 何谓转录和逆转录？

第 9 章　蛋白质降解与氨基酸代谢

　导　读

蛋白质是人体必需的营养成分，它在人体内如何转化并提供能量？本章将开启探索之旅。

思政小课堂

蛋白质过量，会加重肾脏的负荷，一旦蛋白质在体内转化为脂肪，血液的酸性就会提高，这样就会消耗大量的钙质，结果储存在骨骼当中的钙质就被消耗了，使骨质变脆。

蛋白质缺乏，在成人和儿童中都有发生，但处于生长阶段的儿童更为敏感。蛋白质缺乏的常见症状是代谢率下降，对疾病抵抗力减退，易患病，远期效果是器官的损害，常见的是儿童生长发育迟缓、营养不良、体质量下降、淡漠、易激怒、贫血以及干瘦病或水肿，并因为易感染而继发疾病。

对于广大同学们，要加强健康知识的学习，特别是通过生物化学课程进一步了解其中的原理。让我们用所学的知识来服务生活，为更多人宣传健康理念。

一切生命现象都不能离开蛋白质，蛋白质是生命活动的重要的物质基础。生物体内的各种蛋白质不断地进行分解和合成代谢，处于动态更新之中。蛋白质的降解产物氨基酸，不仅能重新合成蛋白质，而且还是许多重要生物分子的前体，如嘌呤、嘧啶、卟啉、某些维生素和激素等。由于蛋白质在体内首先分解成为氨基酸后才进一步代谢，因此氨基酸的合成与分解代谢是体内蛋白质代谢的中心内容。当体内摄取的氨基酸过量时，氨基酸可以发生脱氨基作用，产生的酮酸可以通过糖异生途径转变为葡萄糖，也可以通过三羧酸循环氧化成二氧化碳和水，并为机体提供所需的能量，每克蛋白质在体内氧化分解产生 17.19kJ（4.1kcal）的能量。高等动物分解蛋白质的主要部位在小肠内，蛋白质的合成在细胞的核糖体上进行。代谢概况如图 9-1 所示。

9.1　蛋白质的营养作用

个体的生长、繁殖，组织细胞更新和修补都需要从膳食中摄取足够量的优质蛋白质，才能维持正常生理的平衡。给发育时期的儿童供给丰富的蛋白质尤为重要。人体各组织细

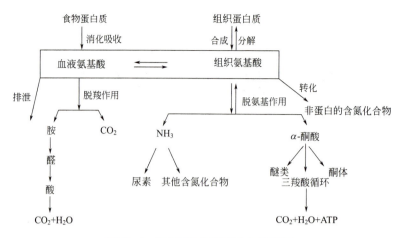

图 9-1 蛋白质和氨基酸主要代谢图

胞的蛋白质都在不断地更新,如血浆蛋白质的半衰期约为 10 天,肝脏中大部分蛋白质的半衰期约为 1~8 天,有些蛋白质半衰期更短(如酶蛋白、激素等)。因此,摄取足够的蛋白质才能维持组织的更新。此外,在组织创伤时,更需要蛋白质作为修补原料。

9.1.1 蛋白质的生理需要量

9.1.1.1 氮平衡

人体必须经常补充足够质和量的蛋白质才能维持正常的生理活动。常用于确定人体蛋白质需要量的方法为氮平衡法,多种混合蛋白质的含氮(N)平均值为 16%。通过氮摄入量和氮排出量的对比关系大致可以反映人体蛋白质合成和分解代谢的动态变化。可由食物中的含氮量计算出蛋白质的量。依据机体状况不同氮平衡可出现三种情况。

① 氮总平衡 摄入氮量应等于排出氮量,称为氮总平衡。反映了正常成年人组织蛋白质的合成和分解大致相当。

② 氮正平衡 摄入氮量大于排出氮量,称为氮正平衡。反映了体内蛋白质的合成大于分解。常见于儿童生长期或疾病恢复期的病人。

③ 氮负平衡 摄入氮量小于排出氮量,称为氮负平衡。反映了体内蛋白质的合成小于分解。常见于膳食中蛋白质欠佳或量不足,或体内蛋白质长期大量消耗性疾病患者。

9.1.1.2 蛋白质的生理需要量

根据氮平衡实验,成人在不进食蛋白质时,体内每天最低分解蛋白质约 20g。由于食物蛋白质与人体蛋白质组成不同,不可能全部被利用,故成人每天最低需要蛋白质 30~50g。

为了长期保持总氮平衡,尚需增大摄入量才能满足体内需要。我国营养学会推荐健康成人(60kg 体重)每日蛋白质需要量为 80g。孕妇、乳母、脑力劳动或强体力劳动者,蛋白质的需要量要相应增加。

9.1.2 蛋白质的营养价值

蛋白质是物质代谢及生命活动过程中起重要作用的物质。蛋白质在塑造细胞、组织和器官以及催化、运输、运动、生长、分化和调控等方面都有极重要的功能。同时，蛋白质在体内氧化分解过程中也释放出能量供机体应用（这一功能可由糖或脂肪来代替），因此，必须经常从食物中摄入足够质和量的蛋白质，才能维持正常代谢和保证各种生命活动的顺利进行。体内蛋白质不断地进行合成代谢和分解代谢，其消耗必须由氨基酸来补充。不断补充蛋白质，达到质与量适宜，是蛋白质营养的重要问题。

9.1.2.1 蛋白质的营养价值

衡量食物蛋白质营养价值的高低，主要取决于蛋白质分子中所含营养必需氨基酸的种类和数量以及适宜的比例。必需氨基酸种类齐全、数量充足的蛋白质其营养价值高，否则营养价值低。一般而言，食物蛋白质所含必需氨基酸的种类、数量和比例与人体需要愈接近，营养价值就愈高，易为人体所利用。一般而言，动物蛋白质所含营养必需氨基酸的种类与比例接近于人体蛋白质，故营养价值比植物的要高。

9.1.2.2 蛋白质的互补作用

植物蛋白质中往往一种或几种必需氨基酸的含量较低或缺乏，故单独食用则营养价值低，若混合食用几种营养价值低的蛋白质，则必需氨基酸可以互相补充，从而提高蛋白质的营养价值，这称为食物蛋白质的互补作用。例如，谷类蛋白质中赖氨酸较少而色氨酸较多，而大豆蛋白质则与之相反，若将二者混合食用，可使必需氨基酸互相补充，提高营养价值。因此，在膳食中要提倡食物多元化，并注意合理搭配。

9.2 蛋白质酶促降解

蛋白质的酶促降解过程是在蛋白水解酶系的催化下进行的，蛋白质的水解，使肽键断裂，最后生成氨基酸。在真核细胞中水解蛋白质的酶主要存在于溶酶体内，动物的消化道内也有大量蛋白质水解酶类。动物从食物中摄取的蛋白质由消化系统中的水解酶降解。

9.2.1 蛋白质酶促降解的相关酶类

所有蛋白水解酶的作用都是水解肽键，将肽链降解为氨基酸及小肽。根据蛋白水解酶作用方式不同，可分为蛋白酶和肽酶两类。

蛋白酶也称为肽链内切酶，广泛存在于各种生物体内，它能随机地水解多肽链内部的肽键，将肽链降解为小的肽段。

肽酶也称为肽链端解酶，作用于肽链末端的肽键，每次水解下一个或两个氨基酸。根据其作用特性，肽酶可分为羧肽酶和氨肽酶两大类。在种子、叶片、根尖、果实、块茎等植物的各种组织或器官中都含有羧肽酶和氨肽酶帮助进行蛋白质的降解反应。羧肽酶专一性地从多肽链羧基端开始进行水解，水解产物可以是游离氨基酸或二肽；氨肽酶专一性地从多肽链氨基端开始进行水解，通常每次水解下一个氨基酸。

在肽酶和蛋白酶的共同作用下，蛋白质被完全水解成氨基酸。通常情况下，生物细胞会保持一定浓度的游离氨基酸，一旦细胞需要合成新的多肽或蛋白质，或需要利用氨基酸转变成其他含氮化合物时，这些氨基酸能够被立即动员起来进入各相关代谢过程。

9.2.2 蛋白质降解的基本过程

蛋白质在生物体内的降解，就是在酶的作用下加水分解，使蛋白质中的肽链断裂，最后生成氨基酸的过程。

蛋白质在哺乳动物消化道中降解为氨基酸要经过一系列的消化过程。

9.2.2.1 蛋白质的消化

高等动物摄入的蛋白质在胃和肠道内经多种蛋白酶及肽酶协同作用被降解为氨基酸和小分子的肽后再被吸收，这个过程称为蛋白质的消化。蛋白质消化的实质是一系列的酶促水解反应。其基本过程如下：

$$\text{膳食蛋白质} \xrightarrow[\text{(胃)}]{\text{水解酶}} \text{肽及未消化的蛋白质} \xrightarrow[\text{(小肠)}]{\text{水解酶}} \text{氨基酸}$$

蛋白质未经消化不易吸收，人和动物不能直接利用食物中的异体蛋白质来进行组织的更新和修复，如异体蛋白质直接进入人体则会引起过敏现象，产生毒性反应。需经消化过程，使大分子蛋白质变成小肽和氨基酸，以便为机体所吸收利用。

（1）蛋白质在胃中的消化　人类唾液中无水解蛋白质的酶，所以食物蛋白质的消化自胃中开始。胃液中含有胃蛋白酶，是由胃蛋白酶原在盐酸及有活性的胃蛋白酶自身催化作用下生成的。胃蛋白酶的最适 pH=1.5～2.5，pH 为 6 时失活。在胃液的酸性条件下，胃蛋白酶将食物中的蛋白质水解成多肽。此外，胃蛋白酶还有凝乳作用，使乳中的酪蛋白与钙离子（Ca^{2+}）结合凝集成乳块后，延长其在胃中的停留时间，有利于乳蛋白质的消化。

（2）蛋白质在肠中的消化　蛋白质在胃中的消化是很不完全的。胃中的蛋白质消化产物及小部分未被消化蛋白质随食糜流入小肠，小肠是蛋白质消化的主要场所。在小肠内，受来自胰脏的胰脏蛋白酶和胰凝乳蛋白酶的作用，进一步分解为小肽，然后小肽又被肠黏膜里的二肽酶、氨肽酶及羧肽酶分解为氨基酸，氨基酸可以直接吸收利用。

9.2.2.2 氨基酸的吸收和运转

在胃及肠中，一般食物蛋白质在各种蛋白水解酶催化下 95% 可以被水解，水解产物主要为氨基酸及一些小肽。氨基酸、二肽和三肽可直接在小肠内被吸收。关于吸收机制，目前尚未完全清楚，一般认为它主要为耗能的主动吸收过程。

实验研究证明，由于氨基酸侧链结构的差异，主动运转氨基酸的运转蛋白也不相同。氨基酸通过小肠黏膜刷状缘由载体运转。在小肠黏膜的刷状缘至少有七种运转系统负责 L-氨基酸和小肽的吸收。这七种运转蛋白分别参与不同氨基酸的吸收。它们是：中性氨基酸运转蛋白、碱性氨基酸运转蛋白、酸性氨基酸运转蛋白、亚氨基酸运转蛋白、β-氨基酸运转蛋白及二肽和三肽运转蛋白。其中，有与葡萄糖吸收相似的需 Na^+ 耗能的主动运转过程。在这种吸收过程中，首先是氨基酸与 Na^+ 和运转蛋白结合，结合后运转蛋白构象发生改变，从而使氨基酸与 Na^+ 转入肠黏膜上皮细胞内。为了维持细胞 Na^+ 的低浓度，再由钠泵将 Na^+ 泵出细胞，此过程需分解 ATP 以供应能量。

9.3 氨基酸的分解代谢

膳食中的蛋白质经消化、吸收后，以氨基酸的形式经血液循环进入全身各组织，用以合成组织蛋白质，以满足各组织对氨基酸代谢的需要。

天然氨基酸分子除侧链基团不同外，均为含 α- 氨基和羧基的氨基酸，它们在体内的分解代谢虽各有特点，但都有共同代谢途径。氨基酸的分解是指共同性分解代谢途径，包括脱氨基作用和脱羧基作用。其分解过程如下：

$$CO_2 + RCH_2NH_2 \xleftarrow{\text{脱羧基作用}} R-\underset{NH_2}{\underset{|}{\overset{H}{\overset{|}{C}}}}-COOH \xrightarrow{\text{脱氨基作用}} R-\overset{O}{\overset{\|}{C}}-COOH + NH_3$$

胺　　　　　　　α-氨基酸　　　　　　　α-酮酸

9.3.1 氨基酸的脱氨基作用

氨基酸的脱氨基作用是生物体内氨基酸分解代谢的主要途径，主要包括氧化脱氨基、转氨脱氨基、联合脱氨基、非氧化脱氨基和脱酰胺基等几种方式，联合脱氨基是最重要的一种脱氨方式。

9.3.1.1 氧化脱氨基作用

在酶的作用下，氨基酸在脱氢氧化的同时伴有脱氨基的反应过程称为氧化脱氨作用。氨基酸先经脱氢生成不稳定的亚氨基酸，然后水解产生 α- 酮酸和氨。

$$\underset{R}{\underset{|}{\overset{COOH}{\overset{|}{CHNH_2}}}} \xrightarrow{\text{酶}} \underset{R}{\underset{|}{\overset{COOH}{\overset{|}{C=NH}}}} \xrightarrow{+H_2O} \underset{R}{\underset{|}{\overset{COOH}{\overset{|}{C=O}}}} + NH_3$$

氨基酸　　　亚氨基酸　　　α-酮酸

催化氧化脱氨作用的酶有氨基酸氧化酶（L- 氨基酸氧化酶和 D- 氨基酸氧化酶）和 L- 谷氨酸脱氢酶。

D- 氨基酸氧化酶在生物体内分布较广，在人体的肾脏、肝脏也有发现，但蛋白质氨基酸都是 L- 氨基酸，故该酶在氨基酸分解代谢中基本不起作用，其真正功能目前还不清楚；L- 氨基酸氧化酶以 FMN 或 FAD 为辅因子，反应过程需氧，能作用于多种氨基酸，作用的最适 pH 值为 10 左右，所以生理条件下活性不强，故也不是氨基酸分解的主要酶。

L- 谷氨酸脱氢酶是以 NAD^+ 或 $NADP^+$ 为辅酶的不需氧的脱氢酶。它分布广泛，活性强，专一地催化 L- 谷氨酸氧化脱氨生成 α- 酮戊二酸，同时也在其他氨基酸的脱氨反应中起到极重要作用。

$$\text{谷氨酸} \begin{matrix} COO^- \\ | \\ CH_2 \\ | \\ CH_2 \\ | \\ CHNH_3^+ \\ | \\ COO^- \end{matrix} + NAD^+ + H_2O \xrightleftharpoons{\text{L-谷氨酸脱氢酶}} \begin{matrix} COO^- \\ | \\ CH_2 \\ | \\ CH_2 \\ | \\ C=O \\ | \\ COO^- \end{matrix} + NADH + H^+ \quad \alpha\text{-酮戊二酸}$$

此催化反应是可逆的反应,其逆反应的产物谷氨酸的氨基又可转移到一些 α- 酮酸上,生成相应的氨基酸,反应平衡常数偏向于谷氨酸的合成。这就是发酵工业生产味精(谷氨酸钠)的基本原理。当谷氨酸和 NAD^+ 的浓度高,而 NH_3 浓度低时,则进行氧化脱氨基反应。然而 L- 谷氨酸脱氢酶的特异性强,仅催化 L- 谷氨酸氧化脱氨基,且活性大、分布广,故大多数氨基酸需通过其他方式脱氨。

L- 谷氨酸脱氢酶在动植物和微生物中普遍存在,特别是在肝、肾和脑中活性较强,而在肌肉中活性较低。它是一种变构酶,其活性可受变构调节。ATP、GTP、NADH 是变构抑制剂,ADP、GDP 是变构激活剂。在 ATP 和 GTP 不足时,脱氨作用加快,促使氨基酸分解以提供能量。

9.3.1.2 转氨基作用

(1)概念 在转氨酶催化作用下,α- 氨基酸的氨基转移到另一 α- 酮酸的酮基上,生成相应的 α- 酮酸和新的氨基酸,此反应称为转氨基作用。反应通式可表示如下:

$$\begin{matrix} H \\ | \\ R^1-C-COOH \\ | \\ NH_2 \end{matrix} + \begin{matrix} R^2 \\ | \\ C=O \\ | \\ COOH \end{matrix} \xrightleftharpoons{\text{转氨酶}} \begin{matrix} H \\ | \\ R^2-C-COOH \\ | \\ NH_2 \end{matrix} + \begin{matrix} R^1 \\ | \\ C=O \\ | \\ COOH \end{matrix}$$

转氨酶所催化的反应是可逆的。通过转氨作用,原有的氨基酸分解,新的氨基酸合成。转氨作用既是氨基酸分解代谢的开始步骤,也是体内非必需氨基酸合成代谢的重要途径。

(2)转氨酶 实验表明,体内除赖氨酸、苏氨酸、脯氨酸外,其他氨基酸都可在特异的转氨酶作用下进行转氨反应。转氨酶种类多、分布广,其中最重要的是谷丙转氨酶 [GPT,或称丙氨酸转氨酶(ALT)] 和谷草转氨酶 [GOT,或称天冬氨酸转氨酶(AST)],前者催化谷氨酸与丙酮酸之间的转氨反应,后者催化谷氨酸和草酰乙酸之间的转氨反应,其反应式可表示如下:

$$\begin{matrix} COOH \\ | \\ CH_2 \\ | \\ CH_2 \\ | \\ CH-NH_2 \\ | \\ COOH \end{matrix} + \begin{matrix} CH_3 \\ | \\ C=O \\ | \\ COOH \end{matrix} \xrightleftharpoons{\text{谷丙转氨酶}} \begin{matrix} COOH \\ | \\ CH_2 \\ | \\ CH_2 \\ | \\ C=O \\ | \\ COOH \end{matrix} + \begin{matrix} CH_3 \\ | \\ CH-NH_2 \\ | \\ COOH \end{matrix}$$

谷氨酸   丙酮酸   α-酮戊二酸   丙氨酸

$$\begin{matrix} COOH \\ | \\ CH_2 \\ | \\ CH_2 \\ | \\ CH-NH_2 \\ | \\ COOH \end{matrix} + \begin{matrix} COOH \\ | \\ CH_2 \\ | \\ C=O \\ | \\ COOH \end{matrix} \xrightleftharpoons{\text{谷草转氨酶}} \begin{matrix} COOH \\ | \\ CH_2 \\ | \\ CH_2 \\ | \\ C=O \\ | \\ COOH \end{matrix} + \begin{matrix} COOH \\ | \\ CH_2 \\ | \\ CH-NH_2 \\ | \\ COOH \end{matrix}$$

谷氨酸   草酰乙酸   α-酮戊二酸   天冬氨酸

转氨酶只分布在细胞内,正常血清中含量很少。肝脏富含丙氨酸转移酶。当肝细胞病变时,如急性肝炎,因细胞通透性增大或组织坏死,谷丙转氨酶大量释放入血,造成血清中转氨酶活性明显升高;而心肌梗死时血清中谷草转氨酶明显上升。因此,在临床上测定血清中的谷丙转氨酶和谷草转氨酶活性则有助于诊断。

(3)辅酶 催化转氨基反应的转氨酶种类至少有50种以上,但其辅酶只有一种,即磷酸吡哆醛(维生素 B_6 的磷酸酯)。转氨酶是通过其辅酶磷酸吡哆醛实现转氨作用的。在转氨酶催化下,磷酸吡哆醛从氨基酸接受氨基变成磷酸吡哆胺,氨基酸则变成相应的 α-酮酸。磷酸吡哆胺以相同的方式将氨基转移给另一个 α-酮酸生成另一种氨基酸。磷酸吡哆胺因转出氨基又转变为磷酸吡哆醛。辅酶磷酸吡哆醛在转氨基反应中起氨基传递体的作用。其作用机制如图9-2所示。

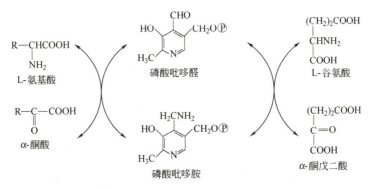

图 9-2 转氨基作用机制

9.3.1.3 联合脱氨基作用

转氨基作用是体内一种重要的脱氨基方式,但通过转氨基作用只有氨基转移,而无游离的氨释放,其最终结果是一种新的氨基酸代替原来的氨基酸。现已证实体内氨基酸的脱氨基主要是联合脱氨作用,即转氨基与氧化脱氨基相偶联。

联合脱氨基作用是氨基酸脱氨的根本途径。除肌肉组织外,体内大多数组织(特别是肝)中的氨基酸主要借此方式进行脱氨基作用。生物体内存在两种联合脱氨基方式。

(1)转氨基作用与氧化脱氨基作用的联合 α-氨基酸与 α-酮戊二酸在转氨酶的催化下,经转氨作用生成谷氨酸,谷氨酸在L-谷氨酸脱氢酶的催化下,脱去氨基重新生成 α-酮戊二酸,同时释放出 NH_3。其反应过程如图9-3所示。

L-谷氨酸脱氢酶在肝、肾和脑组织中的活性很强,这些组织中氨基酸脱氨的主要方式是转氨基作用与氧化脱氨基作用的联合。这一反应可逆且是体内合成营养非必需氨基酸的有效途径。

转氨基作用与氧化脱氨基作用联合的特点:

① 偶联时顺序 对许多氨基酸的脱氨基作用,一般是先转氨基,再氧化脱氨基。

② 转氨基作用的氨基受体是 α-酮戊二酸 由于氧化脱氨基时,L-谷氨酸脱氢酶的活性高且特异性强,只有 α-酮戊二酸作为转氨基作用的氨基受体,才能生成谷氨酸。其他 α-酮酸虽可参与转氨基作用,但它们生成的相应氨基酸由于缺乏适当的酶,而不易进一步氧化脱氨基。

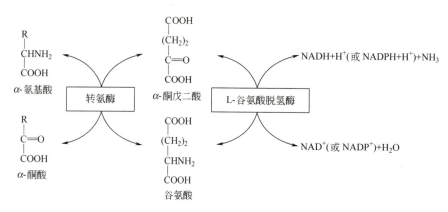

图 9-3　转氨基作用与氧化脱氨基作用的联合

（2）转氨基作用与嘌呤核苷酸循环的联合　上述联合脱氨基作用虽然重要，但在骨骼肌和心肌中的 L-谷氨酸脱氢酶活性很低，故在这些组织中的氨基酸需经过转氨基作用与嘌呤核苷酸循环偶联的联合脱氨基方式。反应过程如图 9-4 所示。

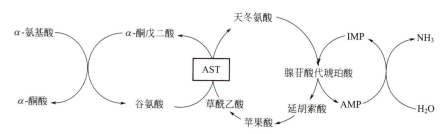

图 9-4　转氨基作用与嘌呤核苷酸循环的联合

在肌肉等组织中的氨基酸通过转氨基作用将其分子上的氨基转移给 α-酮戊二酸生成谷氨酸。谷氨酸在 AST 的催化下再次进行转氨基作用，使草酰乙酸生成天冬氨酸（Asp），Asp 将氨基转移给次黄嘌呤核苷酸（IMP）生成腺苷酸代琥珀酸，后者在裂解酶的作用下生成腺嘌呤核苷酸（AMP）和延胡索酸，AMP 被水解释放出 NH_3 再生成 IMP，IMP 重新接受 Asp 分子上的氨基形成循环。延胡索酸水解生成苹果酸或进一步脱氢氧化为草酰乙酸，后者再次参与转氨基作用。转氨基作用与嘌呤核苷酸循环的联合可能在骨骼肌中是一种主要的脱氨基方式。

9.3.2　氨基酸的脱羧基作用

氨基酸在脱羧酶的作用下，脱羧反应生成相应的胺类化合物的过程，称为脱羧作用。氨基酸脱羧酶广泛存在于动植物和微生物体内。脱羧反应的代表式为：

$$\underset{\text{氨基酸}}{\overset{R}{\underset{COO^-}{H-C-NH_3^+}}} \xrightarrow[\text{脱羧酶}]{\text{磷酸吡哆醛}} \underset{\text{胺}}{\overset{R}{\underset{H}{H-C-NH_2}}} + CO_2$$

氨基酸脱羧酶的专一性很强，与转氨酶相同，其辅酶也是磷酸吡哆醛。磷酸吡哆醛以其醛基与氨基酸的氨基结合生成醛亚胺形式的中间产物，再经脱羧、水解产生一级胺，并重新生成磷酸吡哆醛。

$$\begin{array}{c}\text{R} \\ \text{H—C—NH}_3^+ \\ \text{COO}^-\end{array} + \begin{array}{c}\text{H} \\ \text{O=C—B}_6\text{PE}\end{array} \xrightarrow{-\text{H}_2\text{O}} \begin{array}{c}\text{R} \quad\;\; \text{H} \\ \text{H—C—N=C—B}_6\text{PE} \\ \text{COO}^-\end{array}$$

磷酸吡哆醛 \qquad\qquad 醛亚胺

$$\xrightarrow{-\text{CO}_2} \begin{array}{c}\text{R} \quad\;\; \text{H} \\ \text{H—C—N=C—B}_6\text{PE} \\ \text{H}\end{array} \xrightarrow{+\text{H}_2\text{O}} \begin{array}{c}\text{R} \\ \text{H—C—NH}_2 \\ \text{H}\end{array} + \begin{array}{c}\text{H} \\ \text{O=C—B}_6\text{PE}\end{array}$$

胺 \qquad 磷酸吡哆醛

不同的氨基酸需特异的脱羧酶催化，生成的胺类也各不相同，它们在生理浓度时，常具有重要的生理作用。若这些物质在体内蓄积过多，则会引起神经系统及心血管系统的功能紊乱。但体内广泛存在着胺氧化酶（肝中此酶活性较高），它能催化胺类物质氧化成醛，醛继续氧化为酸，酸再氧化为 H_2O 和 CO_2，或随尿排出体外。下面列举几种氨基酸脱羧产生的重要胺类物质。

9.3.2.1　γ-氨基丁酸

谷氨酸在 L-谷氨酸脱羧酶作用下，脱去 α-羧基生成 γ-氨基丁酸（GABA）。

$$\text{HOOC—CH}_2\text{—CH}_2\text{—}\underset{\text{L-谷氨酸}}{\underset{|}{\text{CH}}\text{—COOH}}^{\text{NH}_2} \xrightarrow{\text{L-谷氨酸脱羧酶}} \underset{\text{γ-氨基丁酸}}{\text{HOOC—CH}_2\text{—CH}_2\text{—CH}_2\text{—NH}_2} + \text{CO}_2$$

谷氨酸脱羧酶在脑组织中活性很高，所以脑中 GABA 含量较多。GABA 是抑制性神经递质，对中枢神经有抑制作用，故临床上常用维生素 B_6 治疗妊娠呕吐及小儿惊厥。

9.3.2.2　组胺

组氨酸在组氨酸脱羧酶的作用下，脱羧生成组胺。组胺在体内分布广泛，尤其在乳腺、肺、肝、肌肉及胃黏膜中含量高。组胺是一种强烈的血管舒张剂，具有扩张血管降低血压、促进平滑肌收缩及胃液分泌等作用。

$$\underset{\text{组氨酸}}{\text{HN}\diagup\text{C—CH}_2\text{—CH(NH}_2\text{)—COOH}} \xrightarrow{\text{组氨酸脱羧酶}} \underset{\text{组胺}}{\text{HN}\diagup\text{C—CH}_2\text{—NH}_2} + \text{CO}_2$$

9.3.2.3　5-羟色胺

在色氨酸羟化酶的作用下色氨酸脱羧生成 5-羟色胺（5-HT），或称为血清素。

$$\underset{\text{色氨酸}}{\text{(吲哚)—CH}_2\text{CH(NH}_2\text{)COOH}} \xrightarrow{\text{色氨酸羟化酶}} \underset{\text{5-羟色氨酸}}{\text{HO—(吲哚)—CH}_2\text{CH(NH}_2\text{)COOH}}$$

$$\xrightarrow{\text{5-羟色氨酸脱羧酶}} \underset{\text{5-羟色胺}}{\text{HO—(吲哚)—CH}_2\text{CH}_2\text{NH}_2} + \text{CO}_2$$

5-羟色胺是一种重要的神经递质，广泛分布于机体各组织，尤以脑组织含量最高。5-羟色胺具有收缩血管的作用，但对骨骼肌血管主要起扩张作用。它对胃肠道平滑肌有兴奋作用。它与神经系统的兴奋、抑制状态，与睡眠、疼痛和体温调节有密切关系。5-羟色胺降低时，可引起睡眠障碍、痛阈降低。

9.3.2.4 多胺

分子中含有两个或两个以上氨基或亚氨基的胺称为多胺。多胺化合物能促进细胞生长和分裂。某些氨基酸的脱羧作用可以产生多胺类物质。例如，鸟氨酸脱羧形成腐胺，然后再转变成精脒和精胺等多胺化合物。

$$NH_2(CH_2)_3CH(NH_2)COOH \xrightarrow{-CO_2} H_2N(CH_2)_4NH_2 \rightarrow H_2N(CH_2)_3NH(CH_2)_4NH_2$$
鸟氨酸   腐胺   精脒

$$H_2N(CH_2)_3HN(CH_2)_4NH(CH_2)_3NH_2$$
精胺

精脒和精胺是调节细胞生长的重要物质。凡生长旺盛的组织，如胚胎、再生肝、生长激素作用的细胞，其鸟氨酸脱羧酶（多胺合成的限速酶）的活性和多胺的含量都增加。目前，临床上将癌症病人血、尿中多胺含量作为观察病情和辅助诊断的生化指标之一。

9.3.3 氨基酸分解产物的代谢

通过各种联合脱氨基作用，α-氨基酸分解代谢生成各种分解产物，如 NH_3、α-酮酸和胺类等，这些产物在体内可进一步发生代谢转变。

9.3.3.1 氨的代谢

氨是一种正常机体代谢的产物，但也是有毒物质。实验证明，血氨浓度过高会引起中毒。正常人血氨浓度低于 58.8μmol/L，这是因为机体能够通过各种途径使氨的来源去路处于相对平衡，将血氨浓度保持在正常范围。某些原因引起血氨浓度升高，可导致神经组织，特别是脑组织功能障碍，称为氨中毒。正常情况下，由于氨在体内有完整的解毒机制，能消除氨对机体的有害影响，机体不会发生因氨堆积导致的中毒。因此氨代谢实际是对氨的解毒过程。

（1）氨的来源

① 氨基酸经脱氨作用　体内氨基酸生成的氨是体内氨的主要来源。另外胺类、嘌呤、嘧啶等含氮化合物的分解也产生少量的氨。

② 肠道吸收　每天肠道产氨约 4g，有两个来源：一是食物中未被消化的蛋白质或未被吸收的氨基酸，在肠道细菌的作用下进行分解代谢产生，称为蛋白质腐败作用；二是血中尿素扩散入肠道后，经细菌尿素酶作用水解产氨。氨的吸收部位主要在结肠，NH_3 比 NH_4^+ 易穿过细胞膜而被吸收。NH_3 与 NH_4^+ 的互变受肠道 pH 的影响。在碱性环境中，偏向于 NH_3 的生成，导致氨的吸收增加。因此，临床上对高血氨的病人采用弱酸性透析液做结

肠透析，禁用碱性肥皂水灌肠。

③ 肾脏产生　肾小管上皮细胞含有较丰富的谷氨酰胺酶，可催化谷氨酰胺水解生成谷氨酸和氨。

机体各种途径来源的氨汇入血液形成血氨。

（2）氨的去路　在体内各组织产生的氨，主要以合成尿素或以铵盐的形式排出。

① 尿素的合成　尿素是蛋白质分解代谢的最终无毒产物，合成尿素也是体内氨代谢的主要途径，约占尿液中排除总氮量的80%。肝是合成尿素的重要器官。参与合成尿素的酶分布在肝细胞的胞液和线粒体内。其他器官，如肾和脑，也有少量尿素合成。由氨合成尿素是通过鸟氨酸循环进行的。

a. 鸟氨酸循环的详细过程。合成过程可分为四个步骤。

第一步是氨基甲酰磷酸的合成。在氨基甲酰磷酸合成酶Ⅰ的催化下，NH_3和CO_2为原料，以ATP供能合成氨基甲酰磷酸，此反应不可逆。氨基甲酰磷酸合成酶Ⅰ存在于肝细胞线粒体内。

$$NH_3 + CO_2 + 2ATP + H_2O \xrightarrow[Mg^{2+}]{\text{氨基甲酰磷酸合成酶Ⅰ}} H_2N-\overset{O}{\underset{}{C}}-PO_3H_2 + 2ADP + Pi$$
氨基甲酰磷酸

氨基甲酰磷酸是高能化合物，易与鸟氨酸反应生成瓜氨酸。

第二步是瓜氨酸的合成。在鸟氨酸氨基甲酰转移酶的催化下，氨基甲酰磷酸将氨甲酰基转移到鸟氨酸上合成瓜氨酸。

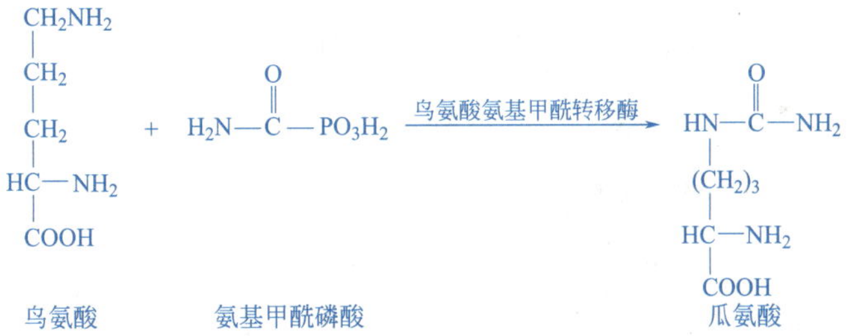

该反应不可逆。鸟氨酸氨基甲酰转移酶存在于肝细胞线粒体中。瓜氨酸合成后，经膜载体运至细胞液。

第三步是精氨酸的合成。线粒体内合成的瓜氨酸穿过线粒体膜进入胞液，与天冬氨酸反应生成精氨酸代琥珀酸，此反应在精氨酸代琥珀酸合成酶的催化下进行；其后，精氨酸代琥珀酸在精氨酸代琥珀酸裂解酶的作用下，裂解成精氨酸和延胡索酸。生成的延胡索酸进入三羧酸循环生成草酰乙酸，再经转氨基作用重新生成天冬氨酸。上述反应所需的氨基不是直接来自氨，而是来自天冬氨酸的氨基。

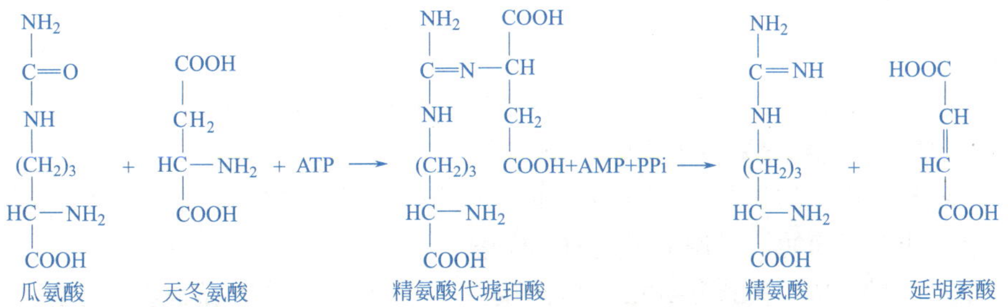

第四步是尿素的合成。在胞液中，在专一性很强的精氨酸酶的催化下，精氨酸水解生

成尿素和鸟氨酸。鸟氨酸经膜载体转运至线粒体，再次参与鸟氨酸循环过程。

$$\begin{matrix}NH_2\\\|\\C=NH\\\|\\NH\\\|\\(CH_2)_3\\\|\\HC-NH_2\\\|\\COOH\end{matrix}+H_2O \xrightarrow{\text{精氨酸酶}} \begin{matrix}NH_2\\\|\\C=O\\\|\\NH_2\end{matrix} + \begin{matrix}NH_2\\\|\\(CH_2)_3\\\|\\HC-NH_2\\\|\\COOH\end{matrix}$$

精氨酸　　　　　　　　　　　尿素　　　鸟氨酸

从以上四步反应可知，由鸟氨酸开始至鸟氨酸结束进行的循环反应，这个循环过程称为鸟氨酸循环，如图9-5所示。由图可见，每经过一个循环，需要2分子NH_3和1分子CO_2缩合成1分子尿素。因此，鸟氨酸循环的总反应式可表示如下：

$$2NH_3+CO_2+3ATP+3H_2O \longrightarrow \begin{matrix}H_2N\\\diagdown\\C=O\\\diagup\\H_2N\end{matrix}+2ADP+AMP+4H_3PO_4$$

尿素分子中的2个氮原子，1个来自氨，另1个来自天冬氨酸，而天冬氨酸又可由其他氨基酸通过转氨基作用而生成。尿素合成是一个耗能的过程，合成1分子尿素需要消耗4个高能磷酸键。

通过鸟氨酸循环将CO_2和有毒的NH_3转变成尿素并通过肾脏排出体外，从而解除了氨毒。

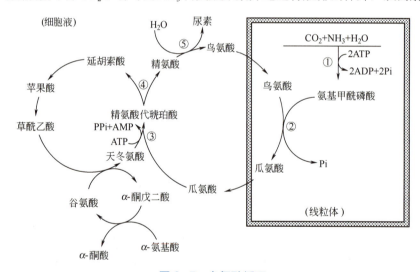

图9-5　鸟氨酸循环

①氨基甲酰磷酸合成酶Ⅰ；②鸟氨酸氨基甲酰转移酶；③精氨酸代琥珀酸合成酶；
④精氨酸代琥珀酸裂解酶；⑤精氨酸酶

b. 尿素合成的调节

ⅰ. 食物　高蛋白质膳食时尿素合成加快，反之，低蛋白质膳食时尿素合成减慢。

ⅱ. 氨基甲酰磷酸合成酶Ⅰ　N-乙酰谷氨酸（AGA）是此酶的变构激活剂，精氨酸促进AGA的合成，因此精氨酸浓度高时，尿素合成加快。

ⅲ. 尿素合成酶系的调节　所有参加反应的酶中，以精氨酸代琥珀酸合成酶的活力最低，是尿素合成的限速酶，可调节尿素的合成速率。

② 谷胺酰胺的合成　氨的主要去路是合成尿素，也有一部分氨生成酰胺。在心、脑和肌肉等组织中，广泛存在着谷氨酰胺合成酶，它可催化氨和谷氨酸合成谷氨酰胺，反应由ATP供能。

$$\text{谷氨酸 (COOH-(CH}_2)_2\text{-CH(NH}_2)\text{-COOH)} + NH_3 + ATP \underset{}{\overset{\text{谷氨酰胺合成酶}}{\rightleftharpoons}} \text{谷氨酰胺 (CONH}_2\text{-(CH}_2)_2\text{-CH(NH}_2)\text{-COOH)} + ADP + H_2O + Pi$$

谷氨酰胺可通过血液循环运送到肾脏，在谷氨酰胺酶催化下水解为谷氨酸和氨，其水解释放的 NH_3 与 H^+ 结合，以铵盐（NH_4^+）的形式随尿排出。这对于清除毒性氨和维持机体的酸碱平衡都有积极的意义。

③ 氨的其他去路　氨也可通过联合脱氨基的逆过程及转氨基作用合成非必需氨基酸，还可参加嘌呤、嘧啶等物质的合成。

9.3.3.2　α- 酮酸的代谢

氨基酸经脱氨基后生成的 α- 酮酸在体内的代谢主要有三条途径。

（1）生成营养非必需氨基酸　α- 酮酸可经脱氨基作用的逆过程氨基化，生成相应的氨基酸。这是机体合成营养非必需氨基酸的重要途径。

（2）转变为糖或脂肪　氨基酸所生成的 α- 酮酸可经特定代谢途径转变为糖和脂肪。依据所生成产物的不同，可将氨基酸分为三类。

① 生糖氨基酸　在体内可以转变为糖的氨基酸，包括甘氨酸、丙氨酸、丝氨酸、半胱氨酸、缬氨酸、组氨酸、精氨酸、甲硫氨酸、脯氨酸、谷氨酸和谷氨酰胺、天冬氨酸和天冬酰胺。

② 生酮氨基酸　可沿脂肪酸代谢途径转变成酮体和脂肪酸的氨基酸。生酮氨基酸只有亮氨酸和赖氨酸两种。

③ 生糖兼生酮氨基酸　既可转变成糖又能转变为酮体的氨基酸，有异亮氨酸、苏氨酸、色氨酸、苯丙氨酸和酪氨酸。

（3）氧化供能　氨基酸脱氨基后生成的各种 α- 酮酸，在体内可以通过三羧酸循环彻底氧化成 CO_2 和水，同时释放出能量供机体的需要。因此氨基酸（蛋白质）也是机体生命活动的能源物质之一。

各种氨基酸脱氨形成 α- 酮酸的分解途径如图 9-6 所示。

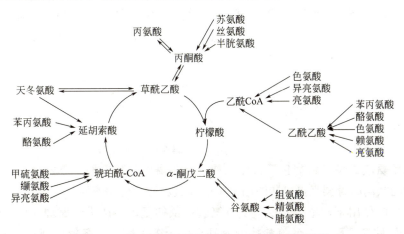

图 9-6　各种氨基酸脱氨形成 α- 酮酸的分解途径

9.4 氨基酸的合成代谢

9.4.1 氨基酸合成途径的类型

生物体内各种转氨酶催化的反应都是可逆的,所以转氨基过程既发生在氨基酸分解过程中,也在氨基酸合成中同时进行着。

构成蛋白质的氨基酸具有各自独特的分子结构,其生物合成的途径也不相同。常将氨基酸的合成途径分为六种类型。

(1)丙酮酸类型 这类中包括丙氨酸、缬氨酸、亮氨酸和异亮氨酸。它们的共同碳骨架来源是糖酵解生成的丙酮酸。

在谷丙转氨酶的作用下,丙酮酸接受谷氨酸转来的氨基,生成丙氨酸,通常以谷氨酸为氨基供体,催化反应的酶是谷丙转氨酶。丙酮酸和 α- 酮丁酸的活性乙醛基缩合,形成乙酰乳酸。经异构还原和脱水后,生成 α- 酮异戊酸,在转氨酶催化下接受谷氨酸提供的氨基,生成缬氨酸。α- 酮异戊酸接受乙酰 CoA 的酰基,经异构化和脱氢作用,接受谷氨酸的氨基,生成亮氨酸。其合成途径示意图见图 9-7。

(2)丝氨酸类型 这一类包括丝氨酸、甘氨酸和半胱氨酸。它们的共同碳骨架来源是糖酵解的中间产物 3- 磷酸甘油酸。经脱氢、转氨等反应,3- 磷酸甘油酸可以转变为丝氨酸,丝氨酸再经过其他反应产生甘氨酸和半胱氨酸。此合成途径示意图见图 9-8。

图 9-7 丙酮酸类型氨基酸合成途径　　图 9-8 丝氨酸类型氨基酸合成途径

在植物的光合组织中,丝氨酸型的碳骨架也可来自光呼吸的中间产物乙醛酸,乙醛酸经转氨作用可生成甘氨酸,再经过其他反应转变成丝氨酸和半胱氨酸。

在大多数植物和微生物中,丝氨酸可接受乙酰 CoA 转来的乙酰基,生成 O- 乙酰丝氨酸,再经硫氢化形成半胱氨酸。

(3)谷氨酸类型 属于这类的有谷氨酸、谷氨酰胺、脯氨酸和精氨酸。它们的共同碳骨架都来自三羧酸循环的中间产物 α- 酮戊二酸。关于谷氨酸及谷氨酰胺的合成过程,前面已有叙述。谷氨酸经还原作用生成 L- 脯氨酸。谷氨酸在酶催化下生成乙酰谷氨酸半醛,在转氨酶作用下,经转氨和去乙酰基生成鸟氨酸,经过鸟氨酸循环又可生成精氨酸。合成途径示意图见图 9-9。

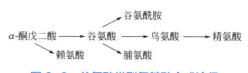

图 9-9 谷氨酸类型氨基酸合成途径

(4)天冬氨酸类型 这类包括天冬氨酸、天冬酰胺、赖氨酸、苏氨酸、异亮氨酸和蛋氨酸。它们的共同碳骨架来自三羧酸循环中的草酰乙酸或延胡索酸。

在转氨酶的作用下,草酰乙酸接受谷氨酸提供的氨基生成天冬氨酸,再由天冬氨酸开始合成其他几种氨基酸。天冬氨酸接受氨基合成天冬酰胺。天冬氨酸还可在酶的作用下,还原为高丝氨酸,然后经高半胱氨酸生成蛋氨酸。高丝氨酸在其激酶作用下在羟基位转移 ATP 上一个磷酸基团,再水解生成苏氨酸。在细菌和植物体内,天冬氨酸还原为天冬氨酸-β-半醛,它与丙酮酸缩合再经还原、转琥珀酰、转氨基、脱去琥珀酸、差向异构和脱羧基等过程,生成赖氨酸。合成途径示意图见图 9-10。

图 9-10 天冬氨酸类型氨基酸合成途径

(5)组氨酸类型 组氨酸的合成过程比较复杂,是来自磷酸戊糖形成途径的中间产物 5-磷酸核糖在 ATP、谷氨酰胺的参与下,经过一系列复杂过程最后生成组氨酸。

(6)芳香族氨基酸类型 这一类中包括酪氨酸、色氨酸和苯丙氨酸。它们只能由植物和微生物合成。它们的共同碳骨架来自磷酸戊糖途径中的中间产物 4-磷酸赤藓糖和糖酵解的中间产物磷酸烯醇式丙酮酸(PEP),二者化合后经多步反应生成莽草酸。莽草酸经磷酸化和与 PEP 的反应形成分支酸。分支酸是芳香族氨基酸合成途径的分支点。分支酸可转变为预苯酸,后者经脱羧、转氨基作用生成酪氨酸。预苯酸经脱水酶催化,生成苯丙酮酸,后者经转氨基作用生成苯丙氨酸。分支酸经一系列复杂反应生成色氨酸。合成途径示意图见图 9-11。

图 9-11 芳香族氨基酸合成途径

从以上各种氨基酸的生物合成途径可以看出,虽然合成途径不同,但都与机体的几条中心代谢途径密切相关,即糖酵解、磷酸戊糖途径和三羧酸循环的代谢中间物作为氨基酸生物合成的起始物,再经过不同的途径合成不同的氨基酸。

9.4.2 氨基酸的其他代谢与某些重要生物活性物质

9.4.2.1 一碳单位代谢

某些氨基酸在代谢过程中产生含一个碳原子的活性基团,称为一碳单位或一碳基团。一碳单位的生成、转变、运输和参与物质合成的反应过程叫作一碳单位代谢,CO_2 的代谢除外。

(1)一碳单位及其载体 体内重要的一碳单位有:

甲基:—CH_3　　　　　亚甲基:—CH_2—

次甲基或甲川基:—CH=　　甲酰基:—CHO

亚氨甲基:—CH=NH

一碳单位从氨基酸释放后不能游离存在,与载体结合后才能被运输并参与代谢。一碳单位的载体是四氢叶酸(FH_4),并且其在一碳单位转移过程中起辅酶作用。FH_4 的结构如图 9-12。

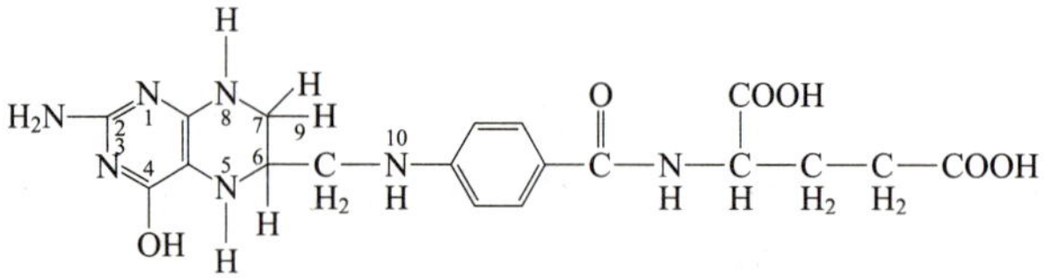

图 9-12 FH₄ 的结构

FH₄ 将体内的一碳单位结合在分子的 N^5、N^{10} 的位置上，使一碳单位被运输并参与代谢。体内的一碳单位与 FH₄ 的结合位点形式见表 9-1。

表 9-1 体内的一碳单位与 FH₄ 的结合位点形式

一碳单位的名称		与 FH₄ 的结合位点形式
甲基	—CH₃	N^5- 甲基四氢叶酸（N^5-CH₃FH₄）
亚甲基	—CH₂—	N^5,N^{10}- 亚甲基四氢叶酸（N^5,N^{10}-CH₂FH₄）
次甲基	—CH=	N^5,N^{10}- 次甲基四氢叶酸（N^5,N^{10}=CHFH₄）
甲酰基	—CHO	N^5 或 N^{10}- 甲酰四氢叶酸（N^5 或 N^{10}-CHO FH₄）
亚氨甲基	—CH=NH	N^5- 亚氨甲基四氢叶酸（N^5-CH=NH FH₄）

（2）一碳单位的来源　体内一些重要的一碳单位来自不同的氨基酸。它们是甘氨酸、色氨酸、组氨酸、丝氨酸和蛋氨酸。一碳单位生成的方式有以下几种。

① 由丝氨酸和甘氨酸生成　丝氨酸在羟甲基转移酶的催化下，与 FH₄ 作用生成甘氨酸和 N^5,N^{10}- 亚甲基四氢叶酸。甘氨酸在裂解酶催化下又分解为 N^5,N^{10}- 亚甲基四氢叶酸。

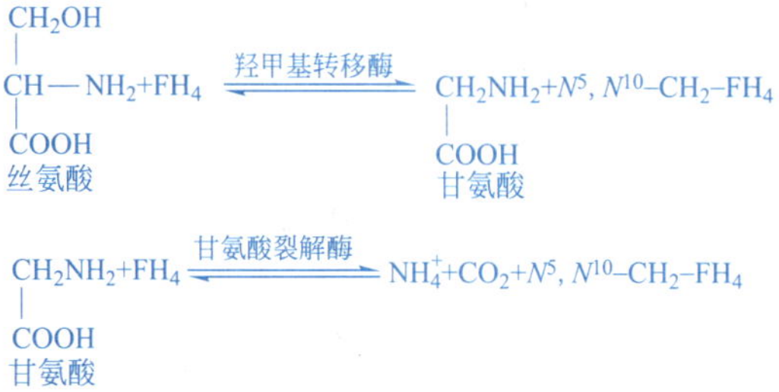

② 由色氨酸代谢生成

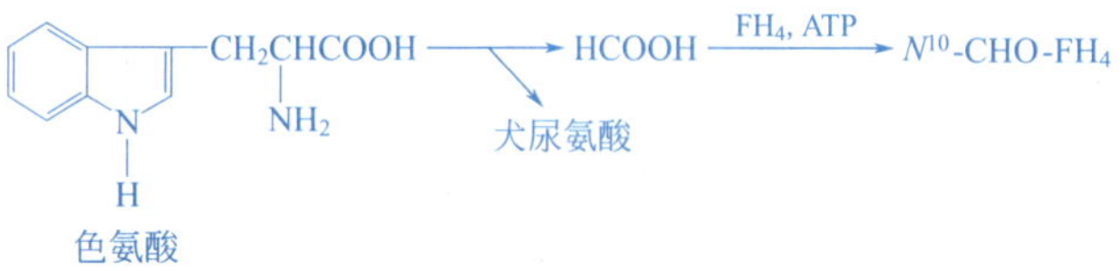

③ 由组氨酸生成　组氨酸经几步反应，生成 N^5- 亚氨甲基四氢叶酸和谷氨酸。

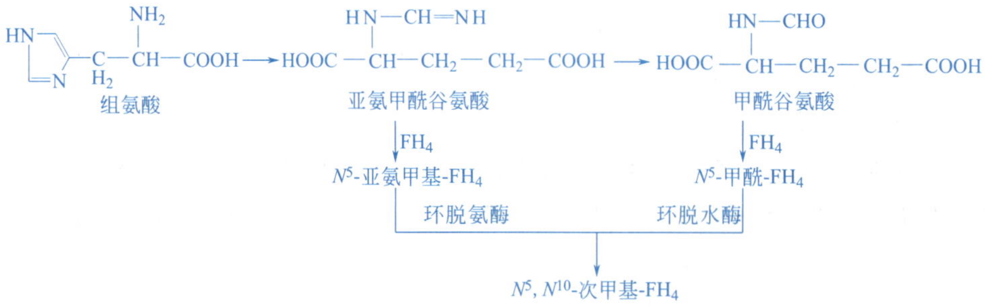

④ 由蛋氨酸生成　除上述几种方式外，蛋氨酸也是甲基的重要来源。蛋氨酸与 ATP 反应生成 S-腺苷蛋氨酸（SAM），它也是一碳单位的载体。在转甲基酶的作用下，S-腺苷蛋氨酸提供甲基，参与肌酸、胆碱、肾上腺素等化合物的合成。许多含有甲基的生理活性物质，如肌酸、胆碱等都是在转甲基酶的作用下直接从 SAM 接受甲基而被甲基化的。SAM 去甲基后生成 S-腺苷同型半胱氨酸。后者再脱去腺苷后生成同型半胱氨酸。同型半胱氨酸再接受 N^5-CH$_3$-FH$_4$ 上的甲基，又重新生成蛋氨酸。这一循环称为蛋氨酸循环。蛋氨酸循环如图 9-13 所示。

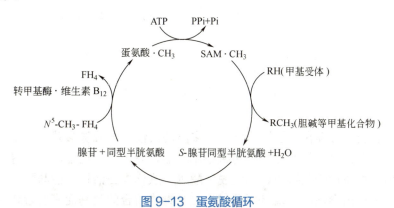

图 9-13　蛋氨酸循环

在适当条件下，通过氧化、还原等反应，一种形式的一碳单位可以转变为另一种形式。现将一碳单位的来源与互变总结在图 9-14 中。

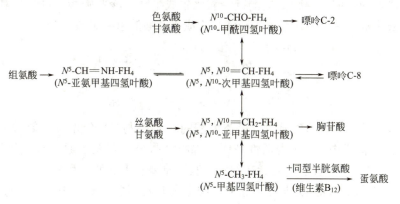

图 9-14　一碳单位的来源与互变

（3）一碳单位代谢的生物学作用　一碳单位的主要生理功能是作为嘌呤和嘧啶合成的原料，直接参与嘌呤、嘧啶等物质的生物合成。N^5-CHO-FH$_4$ 为嘌呤提供了第 2 位上的碳原子；N^5,N^{10}-CH-FH$_4$ 为嘌呤提供了第 8 位上的碳原子；N^5,N^{10}-CH$_2$-FH$_4$ 为胸腺嘧啶提供了第 5 位上的甲基等。

一碳单位在核酸生物合成中有重要的作用，它直接参与核酸代谢进而影响蛋白质的生物合成，与生长、发育、繁殖和遗传等重要生命活动密切相关。

一碳单位满足多种重要物质生物合成对甲基的需要。据估计，体内有 50 多种化合物的生物合成需由 S-腺苷蛋氨酸提供甲基。而这些化合物大多数在生物学上具有重要的生理功能。如肾上腺、胆碱、肌酸和核酸中的稀有碱基等。一碳单位代谢障碍或 FH$_4$ 不足，可引起巨幼红细胞性贫血等疾病。

一碳单位与药物作用密切相关。一碳单位主要以 FH_4 为辅酶，影响叶酸合成与转变的化合物会影响一碳单位的代谢，影响细胞分裂和生长。

9.4.2.2 含硫氨基酸的代谢与生物活性物质

含硫氨基酸包括半胱氨酸、胱氨酸和蛋氨酸。蛋氨酸在体内代谢中主要参与甲基化反应，在前面已有叙述。

（1）半胱氨酸与胱氨酸的互变　两分子半胱氨酸可氧化成胱氨酸。

$$2\ \begin{array}{c}CH_2SH\\|\\CHNH_2\\|\\COOH\end{array} \underset{+2H}{\overset{-2H}{\rightleftharpoons}} \begin{array}{c}H_2C-S-S-C{H_2}\\|\qquad\qquad|\\CHNH_2\qquad CHNH_2\\|\qquad\qquad|\\COOH\qquad\ COOH\end{array}$$

半胱氨酸　　　　　　　胱氨酸

半胱氨酸和胱氨酸存在于蛋白质中。许多酶的活性与半胱氨酸残基的巯基有关，也被称为巯基酶。许多毒物，如碘乙酸、对氯汞苯甲酸、芥子气、重金属离子等都可使含巯基的蛋白质或酶（如琥珀酸脱氢酶、乳酸脱氢酶等）氧化失去活性，能与酶的巯基结合而抑制酶的活性而表现出毒性。二巯基丙醇能恢复被毒物结合的巯基而有解毒作用。胱氨酸的二硫键对维持蛋白质空间构象的稳定性有重要的作用，如胰岛素的 A、B 链就是以二硫键连接的，若二硫键断裂，胰岛素就会失去生物活性。

（2）牛磺酸的生成　半胱氨酸侧链经氧化生成半胱氨酸亚磺酸，进一步氧化生成磺基丙氨酸，脱去羧基而生成牛磺酸。牛磺酸是构成胆汁酸的重要组成成分。

$$\begin{array}{c}CH_2SH\\|\\CHNH_2\\|\\COOH\end{array} \xrightarrow{[O]} \begin{array}{c}CH_2SO_3H\\|\\CHNH_2\\|\\COOH\end{array} \xrightarrow{-CO_2} \begin{array}{c}CH_2SO_3H\\|\\CH_2NH_2\end{array}$$

半胱氨酸　　　　磺基丙氨酸　　　　牛磺酸

（3）谷胱甘肽的生成　谷胱甘肽是谷氨酸的 γ- 羧基与半胱氨酸和甘氨酸通过肽键相连而成的三肽。结构式中的 SH 为活性基团。谷胱甘肽分子存在还原型和氧化型两种形式，分别用 GSH 和 G-S-S-G 表示。两者在谷胱甘肽还原酶催化下可以互变。

还原型谷胱甘肽（GSH）与维生素 C、维生素 E 及胡萝卜素等构成体内的抗氧化系统，保护酶分子上的巯基并使生物膜抗氧化。

当毒物使含巯基的蛋白质失去活性时，细胞中的还原型谷胱甘肽可首先与毒物反应，保护了酶和蛋白质的生物学活性。生物膜上的多烯脂肪酸和结构蛋白质易受氧化，还原型谷胱甘肽通过抗氧化作用使这些物质免受氧化，从而保护了膜结构的完整和正常功能。还原型谷胱甘肽可使高铁血红蛋白的三价铁还原为二价铁，通过自身氧化维持亚铁血红蛋白的运氧功能。还原型谷胱甘肽还参与过氧化物清除反应，它与过氧化物反应生成水，免除了过氧化物对机体的不利影响。

9.4.2.3 芳香族氨基酸的代谢与生物活性物质

芳香族氨基酸包括苯丙氨酸、酪氨酸和色氨酸。

(1) 苯丙氨酸的代谢　苯丙氨酸可转变为酪氨酸和苯丙酮酸。

在苯丙氨酸羟化酶的催化下，苯丙氨酸被不可逆地羟化为酪氨酸。

苯丙氨酸除上述转变为酪氨酸的主要代谢途径之外，少量可经转氨基作用生成苯丙酮酸。有先天性苯丙氨酸羟化酶缺陷患者，不能正常地将苯丙氨酸羟化为酪氨酸，而是使苯丙氨酸转氨基生成苯丙酮酸，出现苯丙酮尿症。苯丙酮酸堆积会造成脑发育障碍，智力低下。

(2) 酪氨酸的代谢　酪氨酸可转变成多巴、多巴胺、甲状腺素、肾上腺素等，这些物质属于神经递质或激素。

多巴胺（DA）本身是一种神经递质，也是合成肾上腺素、去甲肾上腺素等物质的前体，具有增高血糖和血压等生理作用。多巴胺在甲状腺还可转变为甲状腺素。

酪氨酸的另一代谢途径是生成黑色素。人皮肤、毛发含有酪氨酸转变而来的黑色素颗粒。这是酪氨酸在表皮黑色素细胞中受酪氨酸酶催化的结果。

白化病患者先天性酪氨酸酶缺乏，不能产生黑色素，皮肤及毛发呈白色，对阳光敏感，易患皮肤癌。

酪氨酸还可在脱羧酶的催化下，脱羧生成酪氨。酪氨具有升高血压的作用。由于它可被单胺氧化酶分解失活，因此一般酪氨不会给机体造成不良影响。

(3) 色氨酸的代谢　色氨酸的代谢除脱羧生成 5-羟色胺及提供一碳单位外，其主要降解部位在肝。色氨酸经酶的催化、开环后转变为多种酸性中间代谢物，其中大部分最后生成乙酰乙酸 CoA 及丙酮酸，少量转变为烟酸。色氨酸转变为烟酸是人体合成维生素的特例。在色氨酸代谢的过程中，有多种维生素（维生素 B_1、维生素 B_2、维生素 B_6 等）参与。当这些维生素缺乏时，可引起色氨酸代谢障碍。

9.5 蛋白质的生物合成——翻译

蛋白质的生物合成是指把核酸分子中由 A、G、C、T/U 四种碱基组成的遗传信息，破译为蛋白质分子中 20 种氨基酸残基排列顺序的过程。大多数生物的遗传信息储存在 DNA 分子上，通过转录合成 mRNA，mRNA 是蛋白质生物合成的直接模板，蛋白质是基因表达的产物。

9.5.1 遗传信息传递的中心法则和翻译

9.5.1.1 遗传信息传递的中心法则

遗传信息的传递包括两个方面：一是基因的传递，可以通过 DNA 的复制把亲代细胞所含的遗传信息传递给子代细胞；二是基因的表达，DNA 通过转录将遗传信息传递给 mRNA，mRNA 作为模板指导蛋白质的合成，由蛋白质表现出生命活动的特征。在遗传信息的传递过程中，遗传信息的流向是从 DNA 到 DNA，或从 DNA 到 RNA 再到蛋白质，DNA 处于中心地位，这一传递规律称为遗传信息传递的中心法则。

在生物界中还存在着另外一种遗传信息的流向。RNA 病毒不含 DNA，它的 RNA 兼有遗传物质的作用。RNA 病毒自身可以复制，当其感染宿主细胞时，可以病毒 RNA 为模板，指导细胞合成一条与其互补的 DNA 链，该 DNA 再进一步影响宿主细胞基因的表达。这里遗传信息的流向是从 RNA 到 DNA，与转录相反，因此称为反向转录或逆转录。

9.5.1.2 翻译的概念

蛋白质分子中氨基酸残基的排列顺序是由 mRNA 分子中核苷酸的序列决定的，每三个相邻的核苷酸残基代表一种氨基酸，因此，将 mRNA 分子中核苷酸残基顺序转变成蛋白质分子中氨基酸残基顺序的过程称为翻译。

9.5.2 蛋白质的生物合成体系

三类 RNA 在蛋白质生物合成中的作用如下。

（1）mRNA 的直接模板作用　核糖核酸（mRNA）是一类特殊的物质，mRNA 负责将 DNA 的遗传信息传递给蛋白质，起着信使的作用，故被称为信使 mRNA；mRNA 还决定蛋白质分子中氨基酸残基的顺序，是蛋白质合成的直接模板。

mRNA 是以 DNA 为模板经转录而合成的。转录时，DNA 先转录出一条分子量较大的 RNA，再经某种 RNA 内切酶催化，断裂形成 mRNA。在同一个细胞中，mRNA 的种类较多，长短不一。每种 mRNA 分子均只含有 A、U、G、C 4 种碱基。mRNA 的一个特点是寿命极短。在细胞中占所有 RNA 的 1%～2%，是生命活动中活跃的大分子。

mRNA 链上 $5'\rightarrow 3'$ 方向，以 AUG 开始，可称为一个开放阅读框架。开放阅读框架内每 3 个相邻核苷酸为一组构成的三联体，称为遗传密码，又称为密码子或密码。事实证明，mRNA 分子上每个三联体代表肽链上的一个氨基酸。遗传密码可解读蛋白质中的 20 种氨基酸。组成 mRNA 的核苷酸有 4 种，故可排列成 4^3=64 个遗传密码。现在人们已全部破译了 64 种密码，并编成了遗传密码表（见表 9-2）。

表 9-2 遗传密码表

第一碱基 （5′端）	第二碱基				第三碱基 （3′端）
	U	C	A	G	
U	UUU ⎤ 苯丙 UUC ⎦ UUA ⎤ 亮 UUG ⎦	UCU ⎤ UCC ⎥ 丝 UCA ⎥ UCG ⎦	UAU ⎤ 酪 UAC ⎦ UAA ⎤ 终止 UAG ⎦	UGU ⎤ 半胱 UGC ⎦ UGA 终止 UGG 色	U C A G
C	CUU ⎤ CUC ⎥ 亮 CUA ⎥ CUG ⎦	CCU ⎤ CCC ⎥ 脯 CCA ⎥ CCG ⎦	CAU ⎤ 组 CAC ⎦ CAA ⎤ 谷胺 CAG ⎦	CGU ⎤ CGC ⎥ 精 CGA ⎥ CGG ⎦	U C A G
A	AUU ⎤ AUC ⎥ 异亮 AUA ⎦ ·AUG 蛋	ACU ⎤ ACC ⎥ 苏 ACA ⎥ ACG ⎦	AAU ⎤ 天胺 AAC ⎦ AAA ⎤ 赖 AAG ⎦	AGU ⎤ 丝 AGC ⎦ AGA ⎤ 精 AGG ⎦	U C A G
G	GUU ⎤ GUC ⎥ 缬 GUA ⎥ GUG ⎦	GCU ⎤ GCC ⎥ 丙 GCA ⎥ GCG ⎦	GAU ⎤ 天 GAC ⎦ GAA ⎤ 谷 GAG ⎦	GGU ⎤ GGC ⎥ 甘 GGA ⎥ GGG ⎦	U C A G

注：* 在 mRNA 起始部位的 AUG 为起始信号。

64 种密码中，AUG 为蛋氨酸的密码，但当它位于 mRNA 的起始部位时，又可作为肽链合成的启动信号，故称为起始密码。64 种密码中，有 61 个是氨基酸的密码。其余 3 个 UAA、UAG、UGA 不代表任何氨基酸，仅作为肽链合成的终止信号，称为终止密码。值得注意的是，起始密码位于 mRNA 的 5′端，终止密码位于 mRNA 的 3′端。

遗传密码具有以下特点。

① 密码的简并性 组成蛋白质的氨基酸只有 20 种，而编码氨基酸的密码子竟有 61 个。即有一部分氨基酸具有不止 1 个遗传密码子。例如，精氨酸、丝氨酸、亮氨酸都分别具有 6 个密码子，甘氨酸、脯氨酸、苏氨酸、缬氨酸分别具有 4 个密码子，只有色氨酸和甲硫氨酸分别只有 1 个密码子。一个氨基酸具有多个密码子的现象称为密码的简并性。对应于同一种氨基酸编码的不同密码子称为同义密码。

密码的简并性有其特定的生物学意义。若 1 种氨基酸只有 1 个密码子，则有 44 个密码子是终止密码子。在合成蛋白质时，终止密码子会频频出现，合成的肽链不会长而形成不了高级结构，也就没有其特殊的生物功能。因此，密码的简并性与蛋白质高级结构的形成及其生物功能的表现都有密切的关系。另外，蛋白质的氨基酸顺序决定着高级结构，若改变氨基酸顺序就会使蛋白质的功能改变。若只有一个密码子对应一个氨基酸，DNA 分子碱基的排列就十分单调，缺少灵活性，在不同生物中编码同一种蛋白质的基因就必须完全相同，对生物进化没有好处。而由于存在密码的简并性，即使不同生物的同一基因上某些碱基的变换也不至于影响相应蛋白质的氨基酸顺序,这对物种保持稳定性具有较大的生物学意义。

② 密码的连续性和不重叠性　密码子在 mRNA 链上是连续排列的,密码子之间没有间隔,相邻的密码子核苷酸序列也不重叠。因此,在阅读密码时,必须找到正确的起点(起始密码),沿 5′→3′ 的方向,每三个核苷酸残基为一组,连续阅读,直至终止密码为止,才能合成出基因要编码的蛋白质来。若在 mRNA 的碱基中,插入或删除一个碱基都会使这以后的密码子错读。若密码子混乱,会得到与原基因编码不同的蛋白质,这种现象称为移码。由移码所引起的突变叫移码突变。

③ 密码的通用性　密码的通用性是指各种低、高等生物,包括病毒、细菌和真核生物,基本上共用同一套遗传密码。密码的通用性说明了生物在进化过程中的保守性。

④ 密码的变异性　近年来一些试验结果表明,并非所有的生物都共用同一套遗传密码。许多线粒体及一些原核生物遗传系统中的编码方式与通常的遗传密码不同。例如,在通用遗传密码表中,蛋氨酸和色氨酸各有一个密码子。正常的蛋氨酸的密码子为 AUG,正常的色氨酸密码子为 UGG。但是在线粒体中,蛋氨酸和色氨酸各有两个密码子。除正常的密码子外,原异亮氨酸密码子 AUA 也转变为蛋氨酸密码子,UGA 不再是终止密码子而是色氨酸密码子。

(2) tRNA 的作用　tRNA 是蛋白质生物合成过程中氨基酸的转运工具。一个细胞中通常含有 50 多种或更多的不同 tRNA。氨基酸由各自特异的 tRNA "搬运" 到核蛋白体上,才能组装成多肽链。每一种氨基酸可以有 2～6 种特异的 tRNA,但每一种 tRNA 却只能特异地转运某一种氨基酸。tRNA 具有下列性能。

① 与氨基酸结合　tRNA 结构中含有两个关键位点:结合氨基酸的一端称为接受臂,另一端则含有反密码子,称为反密码子臂。tRNA 分子 3′ 末端的 CCA—OH 序列是氨基酸结合部位,氨基酸以酯键的形式相连接。

② 被特异的氨基酰 -tRNA 合成酶识别　蛋白质合成中,遗传信息的正确表达靠氨基酰 -tRNA 合成酶的专一性,如氨基酰 -tRNA 合成酶稍有疏忽,就会导致翻译错误。氨基酰 -tRNA 合成酶的识别位点是 DHU 环(D- 环)结构。

③ 识别 mRNA 链上的密码子　反密码子环顶端的反密码子可以识别 mRNA 模板上的密码子,每种 tRNA 通过其分子中的反密码子与 mRNA 链上的密码子的碱基互补结合,从而按照 mRNA 模板的密码顺序,将所携带的氨基酸准确地带到指定的位置合成肽链。翻译作用就是靠 tRNA 以反密码子识别密码子来完成的。

需要注意的是,tRNA 分子上反密码子与 mRNA 分子上的密码子通过碱基识别时,二者的方向是相反的。即若均从 5′→3′ 方向阅读,反密码子的第 1、2、3 核苷酸分别与密码子的第 3、2、1 核苷酸配对(图 9-15)。

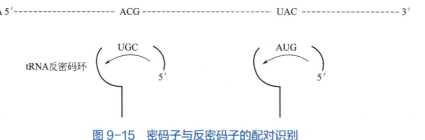

图 9-15　密码子与反密码子的配对识别

在 tRNA 上的反密码子与 mRNA 密码子配对时，发现密码子的第一、第二碱基配对严格，第三位碱基有变化，这一现象称为密码的"摆动性"。因此密码子的特异性是由前两个碱基决定的。根据遗传密码的摆动性，tRNA 识别密码子数目由它的反密码子的第一位碱基来决定。反密码子的第一位碱基是 C 或 A，则该 tRNA 能识别一种密码子；若是 U 或 G，则可以识别两种密码子；若是次黄嘌呤（I），则可识别三种密码子。摆动使密码子 - 反密码子的相互识别具有灵活性（表 9-3）。

表 9-3　密码子与反密码子配对的摆动现象

tRNA 反密码子第一位碱基	I	U	C
mRNA 密码子第三位碱基	A, C, U	A, G	C, G, U

（3）rRNA 与核糖体的作用　rRNA 是细胞内含量最多的一类 RNA。rRNA 与蛋白质构成核糖体，又称为核糖核蛋白体，是合成蛋白质的场所。它含有蛋白质合成中所需要的多种酶，能按照适当的位置和方向把 mRNA 分子和带有氨基酸的 tRNA 分子结合在一起，最终按 mRNA 分子的遗传密码将与之对应的氨基酸结合起来。

核糖体由大亚基和小亚基构成（图 9-16），是蛋白质合成时多肽链的"装配机"。参与蛋白质合成的各种成分最终须在核糖体上将氨基酸按特定顺序合成多肽链。大亚基具有两个 tRNA 结合部位：结合肽酰 -tRNA 的部位（P 位）和结合氨基酰 -tRNA 的部位（A 位）。大亚基还具有转肽酶（肽基转移酶）与小亚基结合部位。小亚基具有 mRNA 结合部位，使 mRNA 能附着于核糖体上，以便遗传密码被逐个进行翻译。在小亚基上也含有蛋氨酰 -tRNA、启动因子、mRNA 与大亚基结合部位。

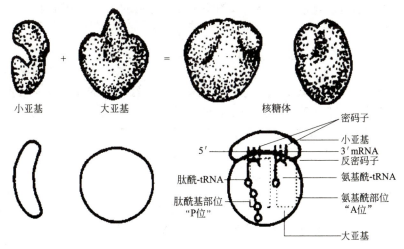

图 9-16　核糖体

9.5.3　参与蛋白质生物合成的酶类

参与蛋白质生物合成的酶类主要有三类。

（1）氨基酰 -tRNA 合成酶　在 ATP 参与下，氨基酰 -tRNA 合成酶催化 tRNA 的氨基酸臂 -CCA—OH 与氨基酸的羧基反应生成氨基酰 -tRNA，同时使氨基酸活化。氨基酰 -tRNA 合成酶特异性很强，每一种氨基酸都有其特定的氨基酰 -tRNA 合成酶，它既能识别特异的氨基酸，又能识别相应的 tRNA，并将氨基酸连在相应的 tRNA 分子上，以保证遗传信息的准确传递。

（2）转肽酶 转肽酶定位于核糖体的大亚基上，催化大亚基 P 位上的肽酰 -tRNA 的肽酰基转移到与其相邻的 A 位上的氨基酰 -tRNA 的氨基上，结合成肽键，使肽链延长。

（3）转位酶 此酶催化核糖体向 mRNA 的 3′端移动一个相当于密码子的距离，使下一个密码子定位于 A 位，而携带肽链的 tRNA 则移位至 P 位，此步骤需要延长因子 EF-G、Mg^{2+} 参与，同时需 GPT 供能。

9.5.4 参与蛋白质生物合成的其他因子

在蛋白质合成的各阶段，还有多种重要的因子参加反应。

① 蛋白因子。参与蛋白质合成的蛋白因子主要有起始因子（IF，真核细胞的写作 eIF）、延长因子（EF）、终止因子（RF，又称释放因子）等，它们参与蛋白质合成过程中氨基酰 -tRNA 对模板的识别和附着、合成终止时肽链的解离等环节。

② ATP、GTP 等供能物质。

③ Mg^{2+}、K^+ 等无机离子。

9.5.5 蛋白质合成的分子机制

蛋白质的生物合成是将 mRNA 的遗传信息转变成蛋白质中氨基酸顺序的过程，因此，通常将蛋白质的生物合成过程称之为翻译。蛋白质的生物合成包括氨基酸的活化与转运，肽链合成的起始，肽链的延伸，肽链合成的终止，翻译后的加工五个阶段。

9.5.5.1 氨基酸的活化与转运

（1）氨基酸的活化 在合成肽链之前，氨基酸必须经一定的化学反应获得额外的能量转变为活化氨基酸。具有很高专一性的氨基酰 -tRNA 合成酶催化氨基酸的活化反应，使相应的氨基酸与 ATP 和酶形成中间复合物，此时氨基酸被激活。

$$R-\underset{NH_2}{\underset{|}{CH}}-COOH + ATP + E \longrightarrow R-\underset{NH_2}{\underset{|}{CH}}-\underset{O}{\overset{O}{\underset{\|}{C}}}-O \sim AMP\text{-}E + PPi$$

（2）活化氨基酸的转运 活化氨基酸的转运是指中间复合物与 tRNA 结合，通过形成酯键，将复合物中的氨基酰基转移到 tRNA 的—CCA—OH 上：

$$R-\underset{NH_2}{\underset{|}{CH}}-\overset{O}{\underset{\|}{C}}-O \sim AMP\text{-}E + tRNA\cdots CCA-OH \longrightarrow tRNA\cdots CCA-O-\overset{O}{\underset{\|}{C}}-\underset{NH_2}{\underset{|}{CH}}-R + AMP + E$$

9.5.5.2 核糖体上多肽链的合成

氨基酸活化后，由 tRNA 转运到核糖体上合成肽链。蛋白质在核糖体上的合成可分为三个阶段：肽链合成的起始，肽链的延伸，肽链合成的终止。

（1）肽链合成的起始　肽链合成的起始是指核糖体解离为大、小两个亚基。在小亚基上形成 mRNA、起始氨基酰 -tRNA 和起始因子的起始复合物。

起始氨基酰 -tRNA，在原核细胞是甲酰蛋氨酰 -tRNA（fMet-tRNA$_f$）。起始复合物的形成首先是 30S 小亚基、mRNA 和起始因子 -3（IF-3）组合成 IF-3-30S-mRNA 三元复合物。然后在起始因子 -2（IF-2）、起始因子 -1（IF-1）和 GTP 的作用下，fMet-tRNA$_f$ 进入核糖体 P 位与上述复合物结合形成 30S-IF-1-IF-2-GTP-fMet-tRN$_f$-mRNA 起始复合物，同时 IF-3 脱离该复合物；在 GTP 酶的催化下，复合物中的 GTP 水解为 GDP 和磷酸（Pi），同时 50S 的大亚基结合到小亚基上，形成 70S 的起始复合物，各种起始因子也从复合物中释放出来。此时，fMet-tRNA$_f$ 占据着核糖体的 P 位点，空着的 A 点为肽链的延长做好了准备（图 9-17）。

在真核细胞中起始氨基酰 -tRNA 是蛋氨酰 -tRNA。蛋氨酰 -tRNA 有两种：一种的 5′端具有可被起始因子识别的核苷酸序列，可与起始因子结合并被起始因子携带到核糖体 mRNA 模板的起始密码子 AUG 上，称这种蛋氨酰 -tRNA 为起始蛋氨酰 -tRNA；另一种蛋氨酰 -tRNA 的 5′端不具有被起始因子识别的核苷酸序列，只能与 mRNA 模板起始部位以后的 AUG 密码子结合。

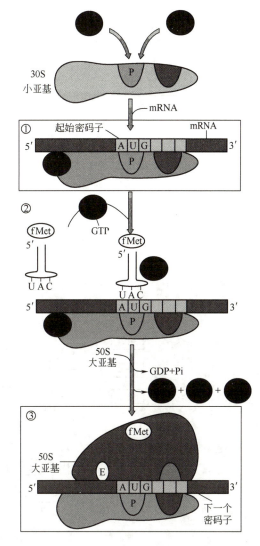

图 9-17　原核生物肽链的起始

起始复合物的形成需经三个步骤：小亚基、mRNA 和 eIF-3 组合成三元复合物，同时，起始蛋氨酰 -tRNA、eIF-2 和 GTP 也组合成另一个三元复合物。这两个三元复合物在 eIF-1 的作用下，形成 40S 复合物；在 GTP 酶的催化下，40S 复合物中的 GTP 水解为 GDP 和 Pi，同时 60S 的大亚基结合到小亚基上，形成 80S 的起始复合物，各种起始因子也从复合物中释放出来（图 9-18）。

（2）肽链的延伸　起始复合物形成后，各种氨基酰 -tRNA 按照 mRNA 模板的编码顺序，依次结合到核糖体上使肽链不断延伸。肽链的延伸是以氨基酰 -tRNA 进入起始复合物 A 位为标志。

① 进位　进位是指氨基酰 -tRNA 与 EF-1 和 GTP 结合成复合物，按照 mRNA 模板的密码，进入起始复合物的 A 位，并通过其反密码子与密码子结合。结合时 GTP 被水解为 GDP 和 Pi，释放出反应所需的能量。

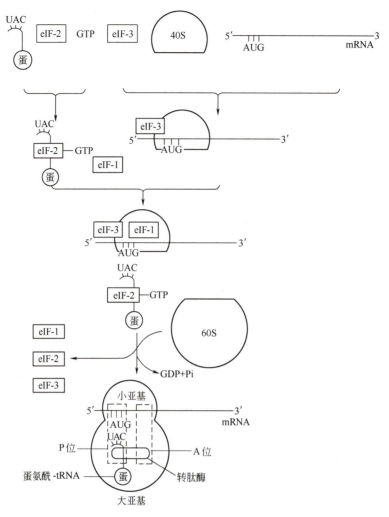

图 9-18 真核生物肽链合成的起始

② 转肽 转肽作用是指在转肽酶的催化下，P 位上的蛋氨酰-tRNA 的蛋氨酰基转移到 A 位，并通过活化的羧基 A 位上氨基酰基的 α-氨基结合形成了一个二肽酰-tRNA，P 位上的 tRNA 随之从大亚基上脱落下来。通过转肽作用，大亚基的 P 位此时成为空位。

③ 移位 转肽结束后，在 EF-2 的催化下，GTP 水解成 GDP 和 Pi，提供能量，促使核糖体沿 mRNA 由 5′端向 3′端移动一个密码子的距离，这一过程称为移位。与此同时，位于 A 位上的二肽酰-tRNA 进入大亚基的 P 位上，mRNA 下一个密码子移到 A 位上，与 A 位 mRNA 密码子对应的氨基酰-tRNA 又开始下一轮的进位、转肽、移位，形成三肽酰-tRNA。如此反复进行，肽链不断延伸，直到遇到终止信号为止（图 9-19）。

从进位→转肽→移位，每循环一次，就形成一个新的肽键，在肽键中可以新增加一个氨基酸残疾。这样周而复始地反复进行，肽链就会按照密码编排的顺序不断地延长，直到最终按密码的要求翻译出一条尚无活性的需要加工的蛋白质。

（3）肽链合成的终止 肽链合成的终止包括终止密码的识别、肽链的释放、mRNA 与核糖体的分离和大、小亚基拆开。终止过程需要终止因子的参与。

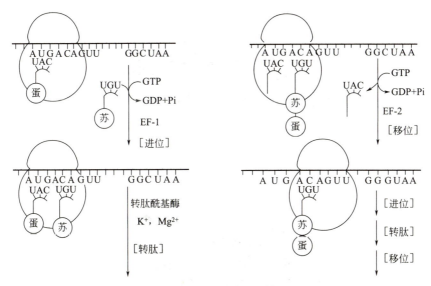

图 9-19 肽链的延伸

当核糖体沿 mRNA 模板向 3′端移行，翻译至 mRNA 的 A 位出现终止密码子（UAA、UAG、UGA）时，任何一个氨基酰-tRNA 都不能再进行进位，此时，终止因子（RF）便与终止密码子结合，肽链的延伸停止。终止因子、终止密码子和 GTP 结合成三元复合物。这种三元复合物可以改变肽酰转移酶的活性，使之转化为水解酶。水解酶催化肽酰-tRNA 的水解反应，使 P 位上的多肽与 tRNA 之间的酯键水解，肽链从核糖体上释放出来。肽链释放后，tRNA、mRNA 与核糖体分离，大、小亚基解聚，起始复合物解体。解体后的各组分可以重新聚合为起始复合物，继续参与下一条肽链的生成（图 9-20）。

在真核生物中，只有一种终止因子，它能识别所有的终止密码子，还可以促使肽酰转移酶依靠 GTP 水解释放新生的肽链。

9.5.5.3 多肽链合成后的加工修饰

从核糖体释放的多肽链不一定是具备生物活性的成熟蛋白质，在细胞内新生的肽链只有经过各种修饰处理才能成为有活性的成熟蛋白质，该过程称为翻译后加工。

（1）N 端的修饰　在原核生物中，合成蛋白质的起始氨基酸是甲酰甲硫氨酸（在真核细胞中是蛋氨酸），新生蛋白质 N 端都有一个甲酰甲硫氨酸残基。肽甲酰基酶除去甲酰基，多数情况下甲硫氨酸也被氨肽酶除去。真核生物中蛋氨酸常在肽链其他部分合成时在氨基肽酶的作用下，被水解脱落。

（2）水解修饰　有些新生肽链合成后，需要经过水解切除其中多余的肽段，才能形成有生物活性的分子。如酶原的激活、胰岛素原转化为胰岛素等。

（3）侧链的修饰　在 mRNA 分子中没有胱氨酸的密码，蛋白质中的胱氨酸是在新生肽链合成后，其特定位置上的两个半胱氨酸的巯基氧化而成的。形成的二硫键是维持三级结构的重要共价键。另外，蛋白质新生肽链合成后，有些氨基酸残基的侧链需要进行修饰，如羧化、羟化、甲基化和二硫键的形成等。

（4）糖基化修饰　有些蛋白质能与糖结合起来，形成糖蛋白。糖蛋白是在翻译后的肽

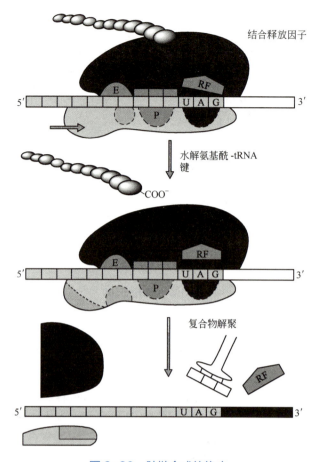

图 9-20 肽链合成的终止

链上以共价键与单糖或寡糖连接而成的。蛋白质的糖基化需要专一性很强的糖基转移酶和糖苷酶。糖蛋白是一群分布相当广泛的蛋白质。

氨基酸代谢疾病

  氨基酸代谢途径中相关的蛋白质或酶出现缺陷，或者在各种病理条件下均会导致氨基酸代谢的异常，引发各种疾病。氨基酸代谢病又称氨基酸病、氨基酸尿症。当神经系统受累时，通常只出现轻度精神运动发育迟滞，直到发病 2～3 年后才有明显症状，早期无体征。苯丙酮尿症、酪氨酸血症和 Hartnup 病是临床上 3 种重要的儿童早期氨基酸病，是由于生化缺陷导致的典型疾病。引起氨基酸代谢病的主要原因有两种，即某些酶的缺乏和氨基酸的吸收障碍。

  前者为已知某种酶或尚不能肯定的某种酶活性缺乏或降低，如苯丙氨酸羟化酶的缺乏引起苯丙酮尿症；胱硫醚合成酶缺乏引起的同型胱氨酸尿症；精氨酸酶缺乏引起的精氨酸血症；赖氨酸酮戊二酸还原酶缺乏引起的高赖氨酸血症等。

后者系由氨基酸的转运、吸收障碍所引起，常为肠道或其他组织对某种氨基酸的吸收障碍如 Hartnup 病。Hartnup 病是中性氨基酸（如单氨酸、单羧基氨基酸等）转运蛋白缺陷所致，该蛋白的致病基因位于 2 号染色体，女性携带致病基因传给后代。由于色氨酸通过肾小管转运障碍，导致尿和粪便中这些氨基酸排出增多，尿中有大量尿蓝母排出。因大量色氨酸经尿中排出而丢失，使作为合成原料的烟酸合成减少，导致糙皮病样皮肤改变，本病的病理基础尚未确定。

1. 名词解释：氮平衡、一碳单位。
2. 简要说明氨基酸的代谢途径。
3. 体内氨基酸脱氨基有哪些方式？各有何特点？
4. 遗传密码具有哪些特点？
5. 翻译包括哪几个阶段？
6. tRNA 要行使其运送氨基酸的职能，其自身必须具备哪些性能？
7. 核糖体有哪些活性位点？
8. 蛋白质的生物合成可分为哪些步骤？
9. 试述三种 RNA 在蛋白质合成过程中的作用。

第 10 章 代谢的调节

导读

通过前面的学习，我们学习了糖类、脂质、蛋白质、核酸的代谢。那么各个代谢之间是什么关系？如何保证它们之间的正常运转？本章将展开介绍。

思政小课堂

正常情况下，机体各种代谢途径是相互联系、相互协调进行的，以适应内外环境不断变化。

一切生物的生命都靠代谢的正常运转来维持。机体的代谢途径异常复杂，正常机体有其精巧细致的代谢调节机构，故能使错综复杂的代谢反应能按一定规律有条不紊地进行。如果有任何原因使任何调节机构失灵都会妨碍代谢的正常运转，故而导致不同程度的生理异常，产生疾病。

生活中的信号灯保证交通的顺畅通行，我们社会的大家庭也要各司其职，确保各个环节运转正常。对于广大同学们来说，现在在学校要认真读书，多学本领，将来工作后要做好本职工作，多出成绩。

代谢调节就是指在某些条件的影响下，细胞能够启动或加速某一代谢过程，而在另一条件下则又能终止或减慢某一代谢过程。体内的代谢过程是非常复杂的，涉及多种物质和包含多方面内容，如合成、分解、排泄、相互转化、能量释放和转移等。代谢又是一个高度统一、协调的系统，各代谢途径不是孤立存在、单独进行的，而是相互联系、相互制约的。机体有一整套代谢调节机制，对各代谢途径进行的速度和方向严密控制，使其随着体内外环境的变化而不断调整，各种物质维持在适宜的浓度，能量供应满足生理需要，即代谢在整体上必须保持动态平衡。代谢调节是维持细胞功能，保证机体正常生长、发育的重要条件。调节机制出现障碍，是许多疾病的发病原因。

10.1 物质代谢的相互关系

前面的章节已分别叙述糖类、脂肪、蛋白质与核酸等物质的代谢，但是机体内的新陈代谢是一个完整统一的过程，是在各个反应过程密切相互作用与相互制约下进行的。归纳糖、脂和蛋白质的分解代谢，大致可分成三个阶段。

第一阶段是分解成单体。即多糖分解成六碳葡萄糖、脂肪分解成甘油及脂肪酸、蛋白质降解成氨基酸。

第二阶段是转变成三碳物质及二碳物质——乙酰 CoA。

第三阶段是乙酰 CoA 进入三羧酸循环彻底氧化，并经生物氧化体系和氧化磷酸化，最终生成 CO_2、水并放出能量。

人及动物代谢的步骤是：食物的消化就是糖类、脂肪、蛋白质在消化器官同时进行分解的过程。在组织内，糖类、脂肪、蛋白质及核酸在中间代谢过程中的变化也是密切相关的，如果脱离开糖代谢来谈蛋白质代谢，对于整个机体来说，是很抽象的。而蛋白质代谢或脂肪代谢进行的强度决定于糖代谢进行的强度，反之也如此。机体的物质与能量是由食物中的各种成分供给的，各种成分供给的程度又因具体条件而有所不同。脂肪不足时，蛋白质与糖的分解加强；蛋白质代谢的最后一个步骤——合成尿素所需的能量由糖的代谢来供给。由此可以看出，糖类、脂肪、蛋白质与核酸等物质的代谢是相互依存、相互制约的。下面分别叙述它们之间的相互关系。

10.1.1 糖代谢与蛋白质代谢的相互关系

糖可转变成各种氨基酸的碳架结构。丙酮酸是糖代谢的重要中间产物，丙酮酸经过三羧酸循环可变成 α-酮戊二酸，丙酮酸也可变成草酰乙酸，这三种酮酸经氨基化作用分别变成丙氨酸、谷氨酸及天冬氨酸。而蛋白质由氨基酸组成，可以在体内转变成糖。蛋白质转变成糖的步骤为：首先水解为氨基酸，氨基酸经过脱氨基可变为 α-酮酸（丙氨酸转变成丙酮酸、天冬氨酸转变成草酰乙酸、谷氨酸转变成 α-酮戊二酸）。α-酮戊二酸可以经三羧酸循环变成草酰乙酸。草酰乙酸可经磷酸烯醇式丙酮酸羧激酶作用变成磷酸烯醇式丙酮酸。磷酸烯醇式丙酮酸沿酵解作用逆行，可以生成糖原。其他如精氨酸、组胺酸、脯氨酸、瓜氨酸均可通过谷氨酸转变成 α-酮戊二酸，再转变成糖原。丝氨酸、亮氨酸等均先转变成丙酮酸，再变成糖原。另外，异亮氨酸、亮氨酸、甲硫氨酸可转变成琥珀酰辅酶 A，也可以转变成糖原。

此外，在糖分解过程中产生的能量，还可为氨基酸和蛋白质合成供能。植物可以合成全部氨基酸，而在动物和人体内，必需氨基酸只能从食物中摄取。

10.1.2 糖代谢与脂肪代谢的关系

糖类与脂类物质在体内可以互相转变。糖可以通过下述途径转变成脂类：糖分解代谢的中间产物磷酸二羟丙酮可还原生成磷酸甘油；另一中间产物乙酰 CoA 则可合成长链脂肪酸，此过程所需的 $NADPH^++H^+$ 可由磷酸戊糖途径供给。最后乙酰 CoA 与磷酸甘油酯化而生成脂肪。

脂肪转化成糖由于生物种类不同而有所区别。在动物体内，甘油可经脱氢生成磷酸二羟丙酮再通过糖异生作用转变为糖，但脂肪酸不能净合成糖，其关键是由于丙酮酸生成乙酰 CoA 的反应不可逆。

在糖类和脂肪代谢过程中，脂肪酸代谢旺盛时，其生成的 ATP 增多，（ATP/ADP 比值增高）可变构抑制糖分解代谢中的限速酶——6-磷酸果糖激酶，从而抑制糖的分解代谢。相反地，如果供能物质供应不足，体内能量匮乏，ADP 积存增多，可变构激活 6- 磷酸果糖激酶，以加速体内糖的分解代谢。从能量代谢角度看，体内供能物质以糖类及脂类为主，减少蛋白质的消耗。因为体内固有的蛋白质多为组成细胞的重要结构成分，通常在体内蛋白质并无明显多余储存；且蛋白质分解产生的氨基酸会产生大量含氮废物，加重肾脏负担。另一方面，在大量代谢脂肪时，又必须有适量糖代谢的配合，以补充赖以代谢乙酰 CoA 的三羧酸循环的中间成员。三羧酸循环不仅是糖、脂类和氨基酸分解代谢的最终共同途径，而且三羧酸循环中的许多中间产物还可以分别转化成糖、脂类和氨基酸。因此，三羧酸循环也是联系糖、脂类和氨基酸代谢的纽带。若食入的糖量超过体内能量消耗所需时，其所生成的柠檬酸增多，变构激活乙酰 CoA 羧化酶，使由糖代谢源而来的大量乙酰 CoA 得以羧化成丙二酰 CoA，以合成脂肪储存起来。这就是为什么不含油脂的高糖膳食同样可以使人肥胖。而且糖代谢的一些中间产物还可经氨基化生成某些非必需氨基酸，补充和节约蛋白质的消耗。例如丙酮酸可氨基化成丙氨酸。α- 酮戊二酸可氨基化成谷氨酸等。又如若因较长期不能进食而处于饥饿状态时，糖原几乎耗尽，就会大量动用脂肪。但脂肪酸的彻底氧化分解必须在三羧酸循环中间产物充裕的条件下，方能顺利进行，这可由某些氨基酸脱去氨基后的碳链转变成三羧酸循环的中间产物补充；同时还可以循酵解逆行途径异生成糖，补充糖的匮乏。脑的活动主要依血糖供能，同时糖还是构成核酸和糖蛋白及蛋白多糖的主要原料。

10.1.3 脂类代谢与蛋白质代谢的相互关系

脂类和蛋白质之间可以互相转变。但脂类合成蛋白质的可能性是有限的。脂类水解所形成的脂肪酸，脂肪酸经 β- 氧化作用生成乙酰 CoA，乙酰 CoA 与草酰乙酸缩合后，经三羧酸循环转变成 α- 酮戊二酸，α- 酮戊二酸可经氨基化或转氨作用生成谷氨酸。这种由脂肪酸转变成氨基酸，实际仅限于谷氨酸，还需要草酰乙酸的存在。在植物和微生物中，存在乙醛酸循环，通过合成琥珀酸，回补了三羧酸循环中的草酰乙酸，从而促进脂肪酸合成氨基酸。例如，含有大量油脂的植物种子，在萌发时，由脂肪酸和铵盐形成氨基酸的过程，进行得极为活跃。微生物利用乙酸或石油烃类物质发酵生产氨基酸，可能也是通过这条途径。但在动物体内不存在乙醛酸循环。一般来说，动物组织不易于脂肪酸合成氨基酸。

蛋白质可以转变为脂类。在动物体内的生酮氨基酸（如亮氨酸）、生酮兼生糖氨基酸（如异亮氨酸、苯丙氨酸、酪氨酸、色氨酸等），在代谢过程中能生成乙酰乙酸，然后生成乙酰 CoA，再进一步合成脂肪酸。而生糖氨基酸，通过直接或间接生成丙酮酸，可以转变为甘油，也可以在氧化脱羧后转变为乙酰 CoA 合成胆固醇，或者经丙二酸单酰 CoA 用于脂肪酸合成。丝氨酸脱羧可以转变为胆胺，胆胺在接受 S- 腺苷甲硫氨酸给出的甲基后，即形成胆碱，胆胺是脑磷脂的组成成分，胆碱是卵磷脂的组成成分。

10.1.4 核酸代谢与糖、脂肪、蛋白质代谢的相互联系

核酸是细胞中的遗传物质，许多单核苷酸和核苷酸衍生物在代谢中起着重要作用。例如，ATP 是重要的能量通货；糖基衍生物参与单糖的转变和多糖的合成，CTP 参与磷脂的合成；GTP 供给蛋白质肽链延长时所需要的能量等。另一方面，核酸的合成也受到其他物质的控制，如核酸的合成需要酶和多种蛋白因子参加，嘌呤及嘧啶核苷酸的合成需要甘氨

酸、天冬氨酸等为原料。核酸降解产物的彻底氧化最终也是通过糖代谢途径。

综上所述，糖、脂肪、蛋白质及核酸在代谢过程中形成网络，并密切相关、相互转化、相互制约（图 10-1）。三羧酸循环不仅是各类物质代谢的共同途径，而且也是它们之间相互联系的枢纽。

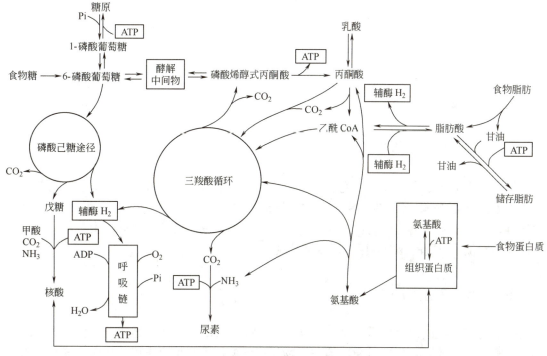

图 10-1　糖、蛋白质、脂肪和核酸代谢关系图
辅酶 H_2 表示还原型辅酶

10.2　代谢的调节

生命是靠代谢的正常运转维持的。生物体有限的空间内同时有那么多复杂的代谢途径在运转，必须有灵巧而严密的调节机制，才能使代谢适应外界环境的变化与生物自身生长发育的需要。调节失灵便会导致代谢障碍，出现病态甚至危及生命。另一方面，某些生物的代谢障碍可能累积对人类有用的中间代谢物。因此，研究代谢调节机制有着十分重要的理论意义和实用价值。

10.2.1　三种不同水平的代谢调节

高等动物和人的代谢调节主要在三个水平上进行，即细胞调节水平、激素调节水平及整体调节水平（神经系统调节）（图 10-2）。其中细胞水平调节是一切生物都存在的最原始、最基本的调节方式。

（1）细胞水平的调节　通过细胞内代谢物

图 10-2　代谢调节的三种水平

浓度的改变来影响酶活性和控制酶含量，调节酶促反应的速度，称为细胞水平的调节，又称酶活性及含量的调节。主要通过改变原有酶活性和酶含量两种方式来实现调节控制。

（2）激素水平的调节　随着生物进化为多细胞形态，复杂的生物出现了内分泌腺，它所分泌的激素通过血液循环运送至靶细胞，以其所携带的信息经特定方式影响靶细胞的代谢与功能，称为激素水平的调节。激素与膜受体结合的信息需经信息传导系统的作用，才能将激素信息转化为靶细胞的生物效应。

（3）整体水平的调节　高等动物和人体不仅有完整的内分泌系统，而且有功能复杂的神经系统，可控制激素的分泌，依靠它们传递信息，对控制物质代谢进行综合性调节，此种神经体液因素的调节称为整体水平的调节。此调节对人或高等动物适应环境变化和维持整体相对平衡起着十分重要的作用。

10.2.2　细胞水平的调节

细胞是生命的基本单位。细胞水平的调节就是细胞内酶的调节。细胞水平的调节涉及三个方面：首先是基因表达的调节；其次，酶活性的调节，通过改变某些关键酶（限速酶）的活性，控制有关代谢途径的反应速度；第三，细胞区域化调节，通过细胞区域化将不同代谢途径定位于不同的亚细胞区域，以便分别调节。

10.2.2.1　基因表达的调节

基因是指一段编码蛋白质、酶以及功能 RNA 的 DNA。基因表达即遗传信息的转录和翻译过程。它直接影响蛋白质和酶等在生物体代谢调控中起重要作用的物质生成，所以说基因水平的调节是代谢调控的根本。

原核生物的基因组和染色体结构都比真核生物简单，转录和翻译可在同一时间和空间上进行。真核生物由于存在细胞核结构的分化，转录和翻译在空间和时间上都被分隔开，基因表达远比原核生物复杂。

（1）原核生物基因表达调节　1961 年，法国巴斯德研究所提出了乳糖操纵子模型，清楚地说明了原核生物基因表达的调节机制。

① 诱导型操纵子——乳糖操纵子　大肠杆菌操纵子是酶合成诱导的典型代表。酶合成诱导作用是指在细胞内存在某些物质能促进细胞内酶的合成，这些物质称为诱导物。大肠杆菌操纵子能够利用乳糖作为唯一碳源，这就要求合成将乳糖水解为半乳糖和葡萄糖的三种酶，即水解乳糖的 β- 半乳糖苷酶、催化乳糖透过大肠杆菌质膜的 β- 半乳糖苷透性酶和 β- 半乳糖苷转乙酰基酶。这三种酶都是由乳糖在大肠杆菌培养基中作为唯一碳源，而诱导生成的诱导酶。根据操纵子模型，模型的基因是由调节基因、控制位点和一组功能相关的结构基因组成，控制位点包括启动基因（P）和操纵基因（O）（图 10-3）。

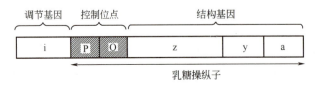

图 10-3　大肠杆菌乳糖操纵子及其调节基因

通常情况下，阻遏蛋白同操纵基因结合着，乳糖操纵子处于阻遏状态。当无诱导物乳糖存在时，调节基因编码的阻遏蛋白处于活性状态，阻遏蛋白可与操纵基因相结合，阻止了 RNA 聚合酶与启动基因结合，使 3 个结构基因（z、y、a）不能表达。在诱导物乳糖存在的情况下，乳糖同阻遏蛋白结合，引起阻遏蛋白发生构象变化而处于失活状态，此时 RNA 聚合酶能够与启动基因结合进行转录，使 3 个结构基因（z、y、a）得以表达。这就是乳糖对 3 种酶的诱导作用。这一简单模型解释了乳糖体系的调节机制（图 10-4），目前被人们广泛接受。

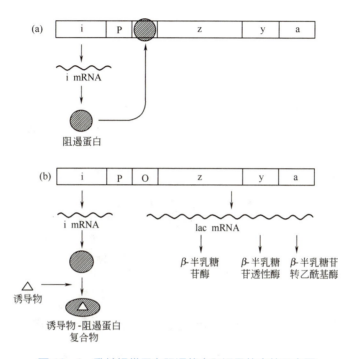

图 10-4　乳糖操纵子在阻遏状态和诱导状态的示意图

乳糖操纵子存在着正调节作用，大肠杆菌含有一个代谢产物活化蛋白（缩写为 CAP），又称 cAMP 受体蛋白（缩写为 CRP）。CAP 及 cAMP 都是 mRNA 合成所必需的。研究指出，CAP 能够与 cAMP 形成复合物、cAMP-CAP 复合物结合在启动基因上，可促进转录的进行。因此 cAMP-CAP 是一个不同于阻遏蛋白的正调控因子，阻遏蛋白为负调控因子。而乳糖操纵子"开"和"关"则是在这两个相互独立的正、负调节因子的作用下实现的，因此，cAMP 浓度影响转录活性。当有葡萄糖存在时，葡萄糖分解代谢产物可抑制腺苷酸环化酶活性，激活磷酸二酯酶活性，cAMP 含量下降，使 CAP 呈失活状态（图 10-5）。这种调控与阻遏蛋白引起的负调控不同，它在酶合成中主要起促进作用，所以是一种正调控。

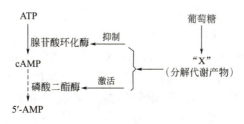

图 10-5　葡萄糖降解物与 cAMP

② 阻遏型操纵子——色氨酸操纵子 所谓酶合成阻遏，主要是指细胞内代谢途径的终产物或某些中间产物的过量积累，阻止代谢途径中某些酶合成的现象。大肠杆菌色氨酸操纵子模型说明了某些代谢产物阻止细胞内酶生成的机制。色氨酸操纵子是由5个功能相关的结构基因（E、D、C、B、A）、操纵基因（O）和启动基因（P）组成，在第一个结构基因与操纵基因之间有一段前导序列和衰减子（图10-6）。

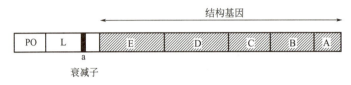

图10-6　大肠杆菌色氨酸操纵子模型

色氨酸操纵子的调节基因产物阻遏蛋白是无活性的，称为阻遏蛋白原。无活性的阻遏蛋白原不能与操纵基因结合，此时结构基因（E、D、C、B、A）可转录并翻译成由分支酸合成色氨酸的5种酶。在有过量色氨酸存在时，色氨酸作为辅阻遏物与阻遏蛋白原结合，则形成有活性的阻遏蛋白，有活性的阻遏蛋白与操纵基因结合，可阻止转录的进行，使结构基因（E、D、C、B、A）不能编码参与色氨酸合成代谢的有关酶（图10-7）。

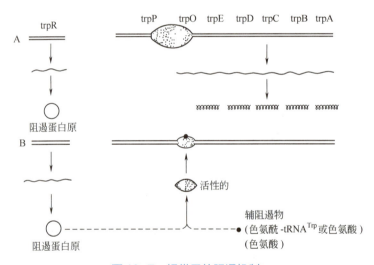

图10-7　操纵子的阻遏机制

色氨酸合成途径中除了阻遏蛋白-操纵基因的阻遏调节外，还存在色氨酸操纵子中衰减子所引起的衰减调节；衰减调节是在转录水平调节基因表达，它可使转录终止或减弱，衰减调节比阻遏作用是更为精细的调节。

③ 降解物的阻遏作用 当细菌在含有葡萄糖和乳糖的培养基中生长时，则先利用葡萄糖，而不利用乳糖。只有当葡萄糖耗尽，细菌生长经过一段停滞期后，才在乳糖诱导下，分解乳糖代谢的酶开始合成，细菌才能利用乳糖。这种现象称为降解物阻遏作用。这是因为葡萄糖分解代谢的降解物能抑制腺苷酸环化酶活性并活化磷酸二酯酶，从而降低cAMP浓度。此时，调节基因的产物［代谢产物活化蛋白（CAP）］不能被cAMP活化，形成cAMP-CAP复合物，使许多参与分解代谢的酶的基因不能转录（图10-8）。

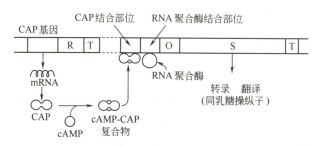

图 10-8 降解物阻遏

R—调节基因；T—终止基因；O—操纵基因；S—结构基因 CAP 结合部位和 RNA 聚合酶结合部位处为启动基因

（2）真核生物基因表达的调控　真核生物由多细胞组成，细胞分化形成不同组织、器官。生物的一生中有不同的生长发育阶段，各阶段及各细胞除有共同的维持生命的基本代谢外，还有各自的代谢。这些专一的代谢是导致细胞分化形成不同细胞、组织、器官的基础，因此，细胞分化及组织器官的形式是不同基因表达及相互作用的结果。真核生物基因表达的调节远比原核生物复杂，真核生物基因表达具有多层次，并受多种因子协同调节控制，是一种多级调控方式（图 10-9）。

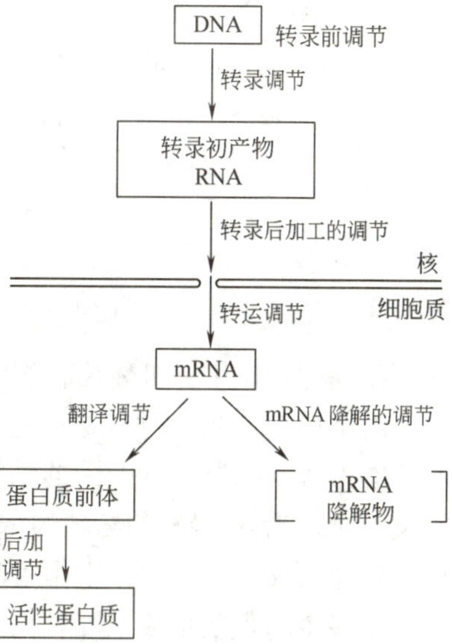

① 转录前水平的调节　所谓转录前水平的调节是指通过改变 DNA 序列和染色质结构从而影响基因表达的过程。包括染色质的丢失、基因扩增、基因重排、基因修饰及染色体质子化等。但转录前水平的调控并不是普遍存在的调控方式。例如，染色质的丢失只在某些低等真核生物中发现。

真核生物的基因表达调节主要是集中在转录水平上的调节。目前的研究主要集中在顺式作用元件和反式作用元件以及它们的相互作用上。

基因转录的顺式作用元件包括启动子和增强子两种特异性 DNA 调节序列。启动子上 RNA 聚合酶识别与之结合 DNA 的特殊序列。增强子是能够增强基因转录活性的调节序列，这种增强作用是通过结合特定的转录因子或改变染色体 DNA 的结构而促进转录的。

图 10-9　真核生物基因表达在不同水平上进行调节

基因调节的反式作用因子主要是各种蛋白质调节因子。所有的反式作用因子都是 DNA 结合蛋白，它们对基因表达起调节作用，因此也可称之为调节蛋白。调节蛋白通常有两个与调节有关的结构域，即与 DNA 结合的结构域和与其他蛋白质结合的结构域，两者范围很小，仅有 60～90 个氨基酸残基。研究基因调节序列和蛋白质调节因子的相互作用是阐明真核生物基因表达调节分子机制的基础。

② 转录后水平的调节　转录后水平的调节包括转录产物的加工和转运调节。

③ 翻译水平的调节　真核细胞在翻译水平进行调节，主要是控制 mRNA 的稳定性和 mRNA 翻译的起始频率。

④ 翻译后水平的调节　翻译后水平的调节主要是控制多肽链的加工和折叠，产生不同

功能的活性蛋白质。

10.2.2.2 酶活性的调节

酶活性的调节是以酶分子的结构为基础的，可以由一些因素直接调节，或某些其他因素间接调节。如通过酶原激活、共价修饰、变构及聚合和解聚等机制进行调节。

（1）激活作用　机体为了使代谢正常也用增进酶活力的手段进行代谢调节。对无活性的酶原用专一的蛋白水解酶将掩蔽酶活性的一部分切去；有的也可用激酶使其激活；对被抑制物抑制的酶用活化剂或抗抑制剂解除其抑制。

在有的反应序列中，前面的代谢物可对后面的酶起激活作用，促使反应向前进行，这种激活方式称为前馈激活。前馈激活的例子很多，例如，在糖原合成中，6-磷酸葡萄糖是糖原合成酶的变构激活剂，因此可以促进糖原的合成（图10-10）。1,6-二磷酸果糖对丙酮酸激酶的激活作用就是前馈激活作用。

图10-10　6-磷酸葡萄糖对糖原合成酶的前馈激活

（2）抑制作用　机体控制酶活力的抑制有简单抑制与反馈抑制两类。

简单抑制是指一种代谢产物在细胞内累积多时，由于物质作用定律的关系，可抑制其本身的形成。抑制不涉及酶的结构变化。例如在己糖激酶催化葡萄糖转变成6-磷酸葡萄糖的反应中，当6-磷酸葡萄糖的浓度增高时，己糖激酶的作用速度即受抑制，反应变慢。这种抑制作用仅仅是物理化学作用，而不牵涉到酶本身结构上的变化。

在多个酶促反应系列中，终产物可能对序列前头的酶活力发生抑制作用，这称为反馈抑制。这种反馈抑制作用是改变酶蛋白构象的结果。细胞利用反馈抑制控制酶活力的情况较为普遍。这种抑制在多酶系反应中产生，一系列酶促反应的终产物对第一个酶起抑制作用。起控制的一步称为关键步，这种酶称为关键酶。关键酶起着决定全过程速度的作用。通常受控的酶是一种调节酶或别构酶。

例如，大肠杆菌体中由苏氨酸转变为异亮氨酸反应中，终产物异亮氨酸对参加第一步反应的苏氨酸脱氨酶的抑制就是生物利用反馈抑制调节代谢的一个典型例子。异亮氨酸过多时对L-苏氨酸脱氨酶反馈抑制，这样既不影响苏氨酸本身在蛋白质合成中的需求量，也不合成其他中间物，造成浪费。

（3）共价修饰　共价修饰也称化学修饰，就是在调节酶分子上以共价键连上或脱下某种特殊化学基团所引起的酶分子活性改变，这类酶称共价修饰酶。到目前为止已经知道有100多种酶在它们被翻译成酶蛋白后要进行共价修饰。共价修饰酶往往兼有别构酶的特性，加上它们又常常接受激素的指令导致级联式放大，所以越来越引起人们的注目。

目前已知有几种类型的共价修饰：①磷酸化/脱磷酸化；②腺苷酰化/脱腺苷酰化；③乙酰化/脱乙酰化；④尿苷酰化/脱尿苷酰化；⑤甲基化/脱甲基化；⑥ADP-核糖基化；⑦S—S/SH等相互转变。例如糖原磷酸化酶的活性可因磷酸化而增高，糖原合成酶的活性则因磷酸化而降低。谷氨酰胺合成酶的活性可因腺苷酰化，即连上一个 AMP 而下降，甲基化也可使某些酶的活性改变。酶的化学共价修饰是由专一性酶催化的。许多调节酶的活性都受共价修饰的调节。

10.2.2.3　细胞区域化调节

细胞有精细的结构。真核细胞还形成了很多结构复杂的内膜系统和细胞器。各类代谢反应的酶定位于不同的细胞区域中，使各代谢在空间上彼此隔开，互不干扰，按一定方向进行。细胞内不同区域各种代谢物的浓度并非均匀一致。绝大多数代谢物不能自由通过细胞膜，必须由膜上专门的运输系统才能从膜一侧转移到另一侧。膜运输系统的活性也是可调节的，是代谢调节中的一个重要环节。膜上物质通道及膜运输系统的调节，使各代谢在可调控下又能互相沟通。

10.2.3　激素水平的调节

10.2.3.1　激素的概念及分类

（1）激素的概念　激素是由多细胞生物（植物、动物）的特殊组织细胞所合成的，并经体液输送到其他部位，显示特殊生理活性的微量化学信息物质。细胞与细胞之间，甚至各远隔器官之间，可以通过分泌各种化学递质相互影响，以调节其代谢与功能。它们的作用特点是：①浓度低；②半寿期较短，通常为几秒至几小时不等，有利于随时适应环境的变化；③只有具有该激素（递质）特异受体的靶细胞才能作出反应，其反应也以不同组织而异。激素由内分泌腺分泌，进入血液循环，运送至全身各组织，发挥其调节作用。

（2）激素的分类　哺乳动物的激素依其化学本质可大致分为四类：氨基酸及其衍生物，肽及蛋白质，固醇类，脂肪酸衍生物。

植物激素可分为五类：生长素，赤霉素类，细胞分裂素类，脱落酸，乙烯。此外，无脊椎动物内分泌腺也分泌激素，如保幼激素和蜕皮激素，昆虫体表还释放外激素，如各种性诱剂。

按激素的作用机理，大致可分为作用于细胞膜受体和作用于细胞内受体两类激素。

膜受体激素包括胰岛素、甲状旁腺素等蛋白类激素、生长因子等肽类激素及肾上腺素等儿茶酚胺类激素。这些激素都是亲水性的，难以越过由脂双层构成的细胞表面的质膜。这类激素常通过跨膜传递途径将信号传递到细胞内。

非膜受体激素包括类固醇激素、前列腺素等疏水性激素与甲状腺素。肾上腺皮质激素、性激素与活性维生素 D 及维生素 A 酸均属这一类。这些激素可透过细胞膜进入细胞，与其胞内受体结合。它们的受体大多数在细胞核内，也有在细胞液中，与激素结合后再进入核内。

激素调节代谢反应的作用是通过对酶活性的控制和对酶及其他生化物质合成的诱导作用来完成的。为达到这两种目的，机体需要经常保持一定的激素水平。激素是联系、协调和节制代谢的物质。机体内各种激素的含量不能多，也不能少，过多过少都会使代谢发生紊乱。因此，利用激素调节代谢，首先应控制激素的生物合成。

10.2.3.2 通过控制激素的生物合成调节代谢

激素的产生是受层层控制的。腺体激素（除脑垂体前叶激素以外的腺体激素，又称"外围激素"）的合成和分泌受脑垂体激素（又称"促腺泌激素"）的控制，垂体激素的分泌受下丘脑神经激素（又称"释放激素"）的控制，下丘脑还要受大脑皮质协调中枢的控制。当血液中某种激素含量偏高时，有关激素由于反馈抑制效应即对脑垂体激素和下丘脑释放激素的分泌起抑制作用，降低其合成速度；相反，在浓度偏低时，即促进其作用，加速其合成。通过有关控制机构的相互制约，即可使机体的激素浓度水平正常而维持代谢正常运转。

10.2.3.3 通过激素对酶活性的影响调节代谢

实验证明，细胞膜上有各种激素受体，激素同膜上的专一性受体结合所成的结合物能活化膜上的腺苷酸环化酶。活化后的腺苷酸环化酶能使 ATP 环化形成 cAMP。cAMP 在调节代谢上非常重要，已知有多种激素通过 cAMP 对它们的靶细胞起作用。因为 cAMP 能将激素从神经、底物等得来的各种刺激信息传递到酶反应中去，故人们称 cAMP 为第二信使。例如胰高血糖素、肾上腺素、甲状旁腺素、促黄体生成素、促甲状腺素、升压素、去肾上腺素、促黑激素等都是以 cAMP 为信使对靶细胞发生作用的。

激素通过 cAMP 对细胞的多种代谢途径进行调节，糖原的分解与合成、脂质的分解、酶的产生等都受 cAMP 的影响。cAMP 影响代谢的作用机制是它能使参加有关代谢反应的蛋白激酶（例如糖原合成酶激酶、磷酸化酶激酶等）活化。蛋白激酶是由无活性的催化亚基和调节亚基所组成的复合物，这种复合物在无 cAMP 存在时无活性，当有 cAMP 存在时，这种复合物即离解成两个亚基。cAMP 与调节亚基结合，将催化亚基释放，被释放出来的催化亚基即具有催化活性。cAMP 的作用是解除调节亚基对催化亚基的抑制。

10.2.3.4 通过激素对酶合成的诱导作用调节代谢

有些激素对酶的合成有诱导作用。这类激素（如甲状腺素、蜕皮激素、皮质激素等）与细胞内的受体蛋白结合后即转移到细胞核内，影响 DNA，促进 mRNA 的合成，从而促进酶的合成。有实验证据指出，激素能辨识专一性的抑制因子，可与阻遏蛋白结合，使操纵基因能正常活动，进行转录合成 mRNA，从而合成酶。

10.2.3.5 参与代谢调控的激素

表 10-1 列出了参与代谢的有关激素。

表 10-1　与代谢调节有关的激素

激　素	对代谢的调节作用
胰岛素	1. 促进糖降解 2. 促进肝及肌肉的糖原合成 3. 促进蛋白质及脂酸的生物合成 4. 抑制肝脏的葡萄糖异生作用

续表

激 素	对代谢的调节作用
胰岛素	5. 抑制细胞内蛋白质降解
胰高血糖素	1. 促进肝糖原分解，增高血糖 2. 促进糖原异生作用 3. 促进三酰甘油分解 4. 抑制糖原合成 5. 抑制脂酸合成
肾上腺素	1. 促进肝糖原及肌糖原分解，增加血葡萄糖含量 2. 促进胰高血糖素分泌，抑制胰岛素分泌 3. 促进三酰甘油分解 4. 抑制肌肉摄取葡萄糖
肾上腺皮质激素	1. 皮质醇的主要功能是促进肝糖原储藏 2. 皮质醛、皮质酮的主要功能为促进 Na^+ 保留
甲状腺素	促进基础代谢
生长激素	促进蛋白质的生物合成

10.2.4 整体水平的调节

整体水平调节是指在中枢神经系统控制下，通过神经-体液活动的改变所进行的综合调节。为适应内外环境变化，人体接受相应刺激后，将其转换成各种信息，通过神经体液途径将代谢过程进行适当调整，以保持内环境的相对恒定。这种整体调节在饥饿及应激状态下更为明显。在整体调节中，神经系统的主导作用十分重要。神经系统可通过协调各内分泌腺的功能状态而间接调节代谢，也可以直接影响器官、组织的代谢。例如，饱食时，血糖浓度升高，刺激胰岛 β-细胞分泌胰岛素，胰岛素使血糖浓度下降。在神经系统的协调下，通过激素的交互作用，达到血糖浓度的相对恒定。神经系统影响多种激素的分泌。生长素、胰岛素、甲状腺素等都有促进氨基酸进入细胞的功能，氨基酸量的增多，可使蛋白质合成速度加快。可的松类激素可抑制氨基酸进入肌肉、淋巴等肝外的组织、细胞，从而间接地抑制这些组织的蛋白质合成，造成其蛋白质分解大于合成的现象。在病理状态（如昏迷、食管和幽门梗阻等）或特殊情况下，病人不能进食，此时若不能及时补充葡萄糖，则使体内发生一系列的代谢改变。这些改变都是在激素的影响下产生的。神经系统对代谢的调节分为直接作用和通过调控激素的分泌对代谢进行调控两方面。

高等动物有着高度复杂和完善的神经系统。动物可根据内外环境变化，通过神经系统对体内各器官的代谢与生理功能进行快捷有效的控制和协调。动物利用其感觉器官（视觉、听觉、嗅觉、味觉、触觉等）感知周围环境的变化，通过神经迅速传递到大脑，由大脑对这些信息进行综合分析，再发出指令采取适当的应对措施。例如，一个动物如果感知附近有危险的猎食者，它的大脑立刻通过神经系统直接给肌肉系统发出逃逸指令。神经冲动传递到肌细胞，改变了膜电位，肌浆网（钙库）立刻释放出 Ca^{2+}，Ca^{2+} 升高促使 Ca^{2+} 与肌钙蛋白结合，引起原肌球蛋白构象改变，促使肌动蛋白呈启动状态，肌动蛋白与肌球蛋白结合，水解 ATP，产生肌肉收缩，使动物迅速逃离。

正常机体的代谢反应是十分有规律地进行的。激素与酶直接或间接参加这些反应。但整个机体内的代谢反应为中枢神经系统所控制。中枢神经系统对代谢作用的控制与调节有直接的，也有间接的。直接的控制是大脑接受刺激后直接对有关组织细胞或器官发出信息，使之兴奋或抑制以调节其代谢。凡由条件反射所影响的代谢反应都受大脑直接控制。例如，人在精神紧张或遭遇意外刺激时，肝糖原即迅速分解使血糖增高。除此之外，神经系统还通过控制激素的分泌实现对代谢和生理功能的调控。大脑对代谢的间接控制则为大脑接受刺激后通过下丘脑的神经激素传到垂体激素，垂体激素再传达到各种腺体激素，腺体激素再传到各种有关的靶细胞，对代谢起控制和调节作用。大脑对酶的影响是通过激素来执行的。胰岛素和肾上腺素对糖代谢的调节、类固醇激素对多种代谢反应（水、盐、糖、脂、蛋白质代谢）的调节都是中枢神经系统对代谢反应的间接控制，代谢调节机构的正常运转是维持正常生命活动的必需条件。酶和激素功能的正常是取得正常代谢的关键，中枢神经系统功能的正常是保持正常代谢的关键。

10.3 代谢调控的应用——合成生物学

合成生物学是以工程学理论为指导，设计和合成各种复杂生物功能模块、系统甚至人工生命体，并应用于特定化学物生产、生物材料制造、基因治疗、组织工程等的一门综合学科。与传统生物学通过解剖生命体以研究其内在构造的办法不同，合成生物学的研究方向完全是相反的，它是从最基本的要素开始一步步建立零部件。与基因工程把一个物种的基因延续、改变并转移至另一物种的做法不同，合成生物学的目的在于建立人工生物系统，让它们像电路一样运行。

合成生物学的主要研究内容如下。

（1）应用导向的人工合成体系　青蒿素的微生物高效生产人工体系是合成生物学在产品生产领域的里程碑。

（2）基因线路的设计合成　美国波士顿大学 Collins 设计的双稳态开关及加利福尼亚理工学院 Elowitz 设计的自激振荡环，被认为是合成生物学的开端之作。

（3）人工基因组的设计合成　如 Boeke 团队报道的全人工设计合成酿酒酵母染色体臂。

应用实例为气体生物燃料。利用蓝藻代谢工程和基因工程生产气体燃料，主要为两种：一种是氢气；另一种是异戊二烯。蓝藻细胞内具有双向催化功能的氢化酶和固氮酶可以产氢。由于氢化酶和固氮酶对氧气十分敏感，因此研究人员通过基因工程改造的方法降低氢化酶和固氮酶对氧气的敏感程度，提高产氢量。还可以通过调控藻类代谢提高产氢量，例如改善藻类呼吸代谢，异源表达己糖吸收酶基因。Melis 等通过基因操作剪短光合天线色素，增加光合传递链中质体醌（PQ）池从而提高藻类产氢能力。这些研究为合成生物学构建蓝藻光合作用元件奠定了基础。

 习题

1. 哪些化合物是联系糖、脂类、蛋白质和核酸代谢的重要物质？
2. 何谓酶的共价修饰？
3. 举例说明代谢途径的反馈调节。

第 11 章 生物化学实验

导读

生物化学是一门重要的以实验为基础的课程。想探索生命的奥秘，必须动手实验操作。本章选取了一些代表性的实验，旨在强化基础、拓展思路。比如，牛奶中的酪蛋白是如何提取的？常见的蔬菜、水果中哪些维生素C含量较高，是如何测定的？本章即将介绍。

思政小课堂

中国早在公元前22世纪就采用发酵法酿酒，酿酒主要依赖于酵母菌，酒精是在酵母菌细胞中产生的。酿酒主要利用的是酵母菌的无氧呼吸，是在酵母菌的细胞质基质中产生的。

实验一 牛奶中酪蛋白的制备

一、实验目的

掌握从牛乳中分离酪蛋白的原理，熟悉操作方法。

二、实验原理

牛乳中含有多种蛋白质，它们具有不同的性质。其中，酪蛋白含量最多，在脱脂牛乳的蛋白质中约占80%，酪蛋白是一类含磷蛋白质的复杂混合物。本实验利用蛋白质在等电点时溶解度最低的原理，将牛乳的pH值调到4.7（酪蛋白的等电点）时，酪蛋白就可以沉淀析出。再用乙醇和乙醚洗涤沉淀，除去脂类杂质，便可制得纯酪蛋白。

三、材料和试剂

1. 实验材料

市售新鲜牛乳、恒温水浴锅、离心机、精密pH试纸或酸度计、布氏漏斗、抽滤瓶、抽滤装置、表面皿、离心管（80ml）、量筒、烧杯（100ml）、玻璃棒、电子天平。

2. 实验试剂

（1）95%乙醇。

（2）无水乙醚。

（3）0.2mol/L 醋酸-醋酸钠缓冲溶液。

（4）乙醇-乙醚混合液（体积比1∶1）。

四、实验步骤

1．取10ml鲜牛乳，置100ml烧杯中，加热至40℃。在搅拌下慢慢加入预热至40℃、pH为4.7的醋酸-醋酸钠缓冲溶液10ml。用pH试纸或酸度计测混合液酸度，调节至pH=4.7。

2．悬浮液冷却至室温，转移至离心管中，在4000r/min下离心10min，弃上清液，所得沉淀为酪蛋白的粗制品。

3．用10ml蒸馏水洗涤沉淀两次，将沉淀搅起，再次离心后弃上清液。

4．向沉淀中加入10ml 95%乙醇，把沉淀充分搅起成悬浊液，将其转移到布氏漏斗中抽滤，先用10ml 95%乙醇洗涤，抽滤。再用10ml乙醇-乙醚混合液洗涤两次，接着用10ml乙醚洗涤两次，最后抽干制得酪蛋白。

5．将酪蛋白沉淀摊在表面皿上风干或放置在烘箱中，待完全干燥后，用电子天平称重。

五、实验结果

计算得率（牛乳中酪蛋白理论含量为3.5g/100ml）。

六、注意事项

1．向牛乳中加入缓冲液时要缓慢，并充分搅拌。

2．在布氏漏斗中用95%乙醇和乙醚洗涤沉淀时要关闭抽滤漏斗。

3．在使用滤纸前要先称重，并做记录。

七、思考题

1．用乙醇洗涤沉淀时，为什么要充分将沉淀搅起成悬浊液？

2．本实验的关键点是什么？

实验二　果蔬中维生素C含量的测定与比较

一、实验目的

1．学习并掌握定量测定维生素C的原理和方法。

2．了解蔬菜、水果中维生素C含量情况。

3．了解从果蔬中提取维生素C的方法。

二、实验原理

维生素C是不饱和多羟基物,属于水溶性维生素。其分布很广,在许多水果、蔬菜中的含量都非常丰富。维生素C具有很强的还原性,为无色晶体,易溶于水,水溶液呈酸性。在酸性溶液中稳定,在中性或碱性溶液中易被氧化分解,遇热极易被破坏。

在酸性溶液中,2,6-二氯酚靛酚呈红色,还原后变为无色。还原型抗坏血酸能还原染料2,6-二氯酚靛酚,本身则氧化为脱氢型。因此,当用此染料滴定含有维生素C的酸性溶液时,维生素C尚未全部被氧化前,则滴下的染料立即被还原成无色。一旦溶液中的维生素C全部被氧化时,则滴下的染料立即使溶液变成粉红色。所以,当溶液从无色变成微红色时即表示溶液中的维生素C刚刚全部被氧化,此时即为滴定终点。如无其他杂质干扰,样品提取液所还原的标准染料量与样品中所含还原型抗坏血酸量成正比。

三、材料和试剂

1. 实验材料

水果,蔬菜,研钵,组织匀浆器,吸量管,抽滤设备,离心机,滤纸,容量瓶,滴定管,锥形瓶。

2. 实验试剂

2% 草酸溶液:草酸 2g 溶于 100ml 蒸馏水中。

1% 草酸溶液:草酸 1g 溶于 100ml 蒸馏水中。

标准抗坏血酸溶液(1mg/ml):准确称取 100mg 纯抗坏血酸(应为洁白色,如变为黄色则不能用)溶于 1% 草酸溶液中,并稀释至 100ml,储于棕色瓶中,冷藏。最好临用前配制。

0.1% 2,6-二氯酚靛酚溶液:250mg 2,6-二氯酚靛酚溶于 150ml 含有 52mg $NaHCO_3$ 的热水中,冷却后加水稀释至 250ml,储于棕色瓶中冷藏(4℃)约可保存一周。每次临用时,以标准抗坏血酸溶液标定。

四、实验步骤

1. 提取

首先,去除不可食性部分,然后水洗干净待测的新鲜蔬菜或水果,用纱布或吸水纸吸干表面水分。称取 20g,加入 10~20ml 2% 草酸,研磨成浆状,抽滤,合并滤液,滤液总体积定容至 50ml。或者研磨后以 2% 草酸洗涤离心(4000r/min,10min)2~3 次,合并上清液于 50ml 容量瓶中,定容。

2. 标准液滴定

准确吸取标准抗坏血酸溶液 1ml 置 100ml 锥形瓶中,加 9ml 1% 草酸,以 0.1% 2,6-二氯酚靛酚溶液滴定至淡红色,并保持 15s 不褪色,即达终点。由所用染料的体积计算出 1ml 染料相当于多少毫克抗坏血酸(取 10ml 1% 草酸作空白对照,按以上方法滴定)。

3. 样品滴定

准确吸取滤液两份,每份 10ml,分别放入 2 个锥形瓶内,滴定方法同前。另取 10ml 1% 草酸作空白对照滴定。

五、计算

$$\text{维生素C含量（mg/100g样品）} = (v_1 - v_2) \times a \times t \times 100 / (b \times m)$$

式中　v_1——滴定样品所耗用的染料的平均体积数，ml；
　　　v_2——滴定空白对照所耗用的染料的平均体积数，ml；
　　　a——样品提取液的总体积数，ml；
　　　b——滴定时所取的样品提取液体积，ml；
　　　t——1ml染料能氧化抗坏血酸的质量数，mg；
　　　m——待测样品的重量，g。

六、注意事项

1．整个操作过程要迅速，防止还原型抗坏血酸被氧化。滴定过程一般不超过2min。滴定所用的染料不应小于1ml或多于4ml，如果样品含维生素C太高或太低时，可酌情增减样液用量或改变提取液稀释倍数。

2．本实验必须在酸性条件下进行。在此条件下，干扰物反应进行得很慢。

3．2%草酸有抑制抗坏血酸氧化酶的作用，而1%草酸无此作用。

4．纯抗坏血酸应为洁白色，如变为黄色则不能用。

七、思考题

1．若提取液颜色对滴定有影响，如何解决？
2．试简述维生素C的生理意义。

实验三　影响酶促反应的因素

一、实验目的

加深对酶的性质的认识，掌握各影响因素对酶活力的影响。

二、实验内容

本实验由温度对酶活力的影响，pH对酶活力的影响，酶的激活剂及抑制剂，酶的专一性4组实验组成。

（一）温度对酶活力的影响

1．原理

温度对酶的催化作用有较大的影响。在最适宜的温度下，酶促反应速率最高。低于或高于最适宜温度，反应速率均下降。大多数动物酶的最适温度为 37～40℃，植物酶的最适温度为 50～60℃。酶对温度的稳定性还与其存在形式有关。有些酶的干燥制剂，虽加热到 100℃，其活性并无明显改变，但在 100℃的溶液中却很快地完全失去活性。此外，低温能降低或抑制酶的活性，但不能使酶失活。

2．实验材料

试管及试管架；恒温水浴；冰浴；沸水浴；白瓷板；吸管。

3．实验试剂

（1）含 0.2% 淀粉的 0.3% 氯化钠溶液 150ml，需新鲜配制。

（2）稀释 30 倍的唾液 50ml。用蒸馏水漱口，以清除食物残渣，再含一口蒸馏水，半分钟后使其流入量筒并稀释 30 倍（稀释倍数可根据各人唾液淀粉酶活性调整），混匀备用。

（3）碘化钾 - 碘溶液 50ml。将碘化钾 20g 及碘 10g 溶于 100ml 水中。使用前稀释 10 倍。

4．操作

淀粉和可溶性淀粉遇碘呈蓝色。糊精按其分子的大小，遇碘可呈蓝色、紫色、暗褐色或红色。最简单的糊精遇碘不呈颜色，麦芽糖遇碘也不呈色。在不同温度下，淀粉被唾液淀粉酶水解的程度可由水解混合物遇碘呈现的颜色来判断。取 4 支试管，编号后按表 11-1 加入试剂。

表 11-1　温度对酶活力的影响

管号	1	2	3	4
淀粉溶液 /ml	1.5	1.5	1.5	1.5
稀释唾液 /ml	1	1	—	1
煮沸过的稀释唾液 /ml	—	—	1	—
后续处理	冰浴 5min	37℃恒温水浴 5min	70℃恒温水浴 5min	首先冰浴 5min，然后 37℃恒温水浴 5min

用碘化钾 - 碘溶液来检验 1 号、2 号、3 号、4 号管内淀粉被唾液淀粉酶水解的程度，观察各管颜色，记录并解释结果。

（二）pH 对酶活性的影响

1．原理

环境 pH 对酶的活力影响很大，不同酶的最适 pH 不同，通常只有在一定 pH 范围内才有活力。本实验观察 pH 对唾液淀粉酶活性的影响，唾液淀粉酶的最适 pH 约为 6.8。

2．实验材料

试管及试管架；吸管；滴管；50ml 锥形瓶；恒温水浴；pH 试纸 pH=5.0、pH=5.8、pH=6.8、pH=7.4、pH=8.0 五种。

3．实验试剂

（1）新配制的溶于 0.3% 氯化钠的 0.5% 淀粉溶液 250ml。

（2）稀释 30 倍的新鲜唾液 100ml。

（3）0.2mol/L 磷酸氢二钠溶液 600ml。

（4）0.1mol/L 柠檬酸溶液 400ml。

（5）碘化钾-碘溶液 50ml。

4．操作

取 5 个标有号码的 50ml 锥形瓶，用吸管按表 11-2 添加 0.2mol/L 磷酸氢二钠溶液和 0.1mol/L 柠檬酸溶液以制备 pH 5.0～8.0 的 5 种缓冲溶液。

表 11-2　pH 对酶活性的影响

管　号	1	2	3	4	5
0.2mol/L 磷酸氢二钠 /ml	5.15	6.05	7.72	9.09	9.72
0.1mol/L 柠檬酸 /ml	4.85	3.95	2.28	0.92	0.28
pH	5.0	5.8	6.8	7.4	8.0
0.5% 淀粉溶液 /ml	2	2	2	2	2
操作	混匀，37℃恒温水浴 2min			
稀释 30 倍的唾液 /ml	1	1	1	1	1

混匀后，置于 37℃恒温水浴中保温，每隔 1min 从 3 号试管中取 2～3 滴溶液，滴加到有碘化钾-碘溶液的白瓷板上，直到不呈色时，再向各试管中添加碘化钾-碘溶液 2～3 滴，摇匀后观察颜色变化，通过比较找出最合适的 pH。

（三）唾液淀粉酶的活化和抑制

1．原理

活化剂或抑制剂对酶的活性有显著影响。本实验中氯离子是唾液淀粉酶的活化剂，铜离子是其抑制剂。

2．实验材料

恒温水浴；试管及试管架。

3．实验试剂

（1）0.1% 淀粉溶液 150ml。

（2）稀释 30 倍的新鲜唾液 150ml。

（3）1% 氯化钠溶液 50ml。

（4）1% 硫酸铜溶液 50ml。

（5）1% 硫酸钠溶液 50ml。

（6）碘化钾-碘溶液 100ml。

4．操作

按表 11-3 进行操作。

表 11-3　唾液淀粉酶的活化和抑制实验

管　号	1	2	3	4
0.1% 淀粉溶液 /ml	1	1	1	1
稀释唾液 /ml	0.5	0.5	0.5	0.5

续表

1% 硫酸铜溶液 /ml	0.5	—	—	—
1% 氯化钠溶液 /ml	—	0.5	—	—
1% 硫酸钠溶液 /ml	—	—	0.5	—
蒸馏水 /ml	—	—	—	0.5
操作	37℃恒温水浴 10min			
碘化钾 - 碘溶液 / 滴	2 ~ 3	2 ~ 3	2 ~ 3	2 ~ 3

记录实验现象，通过比较得出结论。

（四）酶的专一性

1．原理

酶具有高度的专一性，一种酶只能催化特定的某一类反应。本实验以唾液淀粉酶和蔗糖酶对淀粉和蔗糖的作用，来证明酶的专一性。淀粉和蔗糖无还原性。唾液淀粉酶水解淀粉生成具有还原性的麦芽糖，但不能催化蔗糖的水解。蔗糖酶能催化蔗糖水解产生还原性葡萄糖和果糖，但不能催化淀粉的水解。催化后的产物用本尼迪特试剂检查还原性。

2．实验材料

恒温水浴；试管及试管架。

3．实验试剂

（1）2% 蔗糖溶液 150ml。

（2）溶于 0.3% 氯化钠的 1% 淀粉溶液 150ml。

（3）稀释 30 倍的新鲜唾液 100ml。

（4）蔗糖酶溶液 100ml，啤酒厂的鲜酵母用蒸馏水洗涤 3 次（离心法），然后放在表面皿上风干。待完全干燥后，取干酵母 100g，置于乳钵内，添加适量蒸馏水及少量细沙，用力研磨提取约 1h，再加蒸馏水使总体积约为原体积的 10 倍。离心，取上清液保存于冰箱中备用。

（5）本尼迪特试剂 200ml，取柠檬酸钠 85g、无水碳酸钠 50g，溶解于 400ml 蒸馏水中。无水硫酸铜 8.5g 溶于 50ml 热水中，再将略降温的硫酸铜溶液加入柠檬酸钠 - 碳酸钠溶液中。

4．操作

按表 11-4 要求操作。

表 11-4 淀粉酶、蔗糖酶的专一性

管　号	1	2	3	4	5	6
1% 淀粉溶液 / 滴	5	—	5	—	5	—
2% 蔗糖溶液 / 滴	—	5	—	5	—	5
稀释唾液 /ml	—	—	1	1	—	—
煮沸过的稀释唾液 /ml	—	—	—	—	1	1

续表

蒸馏水 /ml	1	1	—	—	—	—
蔗糖酶溶液 /ml	—	—	1	1	—	—
煮沸过的蔗糖酶溶液 /ml	—	—	—	—	1	1
操作	37℃恒温水浴 10min					
本尼迪特试剂 /ml	1	1	1	1	1	1
操作	沸水浴 5min					

记录实验现象，解释实验结果（提示：唾液除含淀粉酶外还含有少量麦芽糖酶）。

三、思考题

1. 什么是酶的最适温度？其有何应用意义？
2. 什么是酶反应的最适 pH？对酶活性有什么影响？
3. 什么是酶的活化剂？什么是酶的抑制剂？与变性剂有何区别？
4. 本实验结果如何证明酶的专一性？

实验四 紫外吸收法测定核酸含量

一、实验目的

掌握紫外吸收法测定核酸含量的原理，熟悉紫外分光光度计的使用方法。

二、实验原理

核酸、核苷酸及其衍生物的碱基都有共轭双键，具有吸收紫外光的特征。RNA 和 DNA 的紫外最大吸收峰在 260nm 波长处，一般 1μg/ml RNA 溶液在 1cm 光径比色皿中的光吸收峰值约为 0.024，1μg/ml DNA 溶液的光吸收值为 0.020。在一定浓度范围，溶液浓度与吸光度成正比，因此通过测定未知浓度 RNA 或 DNA 溶液在 260nm 的光吸收值即可计算出其中核酸的含量。此法操作简便、迅速。需要注意的是，若样品内混有大量的核苷酸或蛋白质等能吸收紫外光的物质，则测定误差较大，应预先除去。

三、材料和试剂

1. 实验材料

待测核酸样品（DNA 或 RNA 干粉），分析天平，离心机，容量瓶，紫外分光光度计，吸量管，冰浴。

2. 实验试剂

（1）5% ~ 6% 氨水。

(2) 钼酸铵-过氯酸试剂（沉淀剂）：0.25g 钼酸铵和 3.6ml 70% 过氯酸溶于 96.4ml 蒸馏水中。

(3) 0.01mol/L NaOH 溶液。

四、实验步骤

(1) 用分析天平准确称取待测的核酸样品 0.5g，加少量 0.01mol/L NaOH 溶液调成糊状，再加入少量的蒸馏水稀释。然后用 5%～6% 氨水调至 pH7.0，定容至 50ml。

(2) 取两支离心管，向第一支管内加入 2ml 样品溶液和 2ml 蒸馏水；向第二支管内加入 2ml 样品溶液和 2ml 沉淀剂（以除去大分子核酸）作为对照。混匀，在冰浴或冰箱中放置 30min。之后，4000r/min 离心 10min。从第一管和第二管中分别吸取 0.5ml 上清液，用蒸馏水定容至 50ml。用光程为 1cm 的石英比色皿，在紫外分光光度计上测其 260nm 波长处吸收值（分别记作 A_1 和 A_2）。

五、结果处理

计算样品核酸含量的公式如下：

$$DNA（RNA）（\%）= \frac{\frac{A_1-A_2}{0.020（或0.024）（\mu g/ml）}}{样品浓度（\mu g/ml）} \times 100\%$$

本实验样品浓度为 50μg/ml。

0.020 表示每毫升溶液含 1μgDNA 钠盐的 A 值。

0.024 表示每毫升溶液含 1μgRNA 钠盐的 A 值。

六、注意事项

样品预处理。

七、思考题

干扰物质都有哪些？

实验五　植物油中碘值的测定

一、实验目的

1. 学习、掌握测定脂肪碘值的原理和方法。
2. 了解测定脂肪碘值的意义。
3. 了解空白实验的方法。

二、实验原理

碘值是指在一定条件下,100g 脂肪吸收碘的质量数(克)。由于脂肪中的不饱和键可与卤素发生加成反应,因此可以用碘值来体现不饱和脂肪酸的含量,这是鉴定油脂的一个重要指标,碘值可被用来表示产品的纯度。

本实验用溴化碘与脂肪中的不饱和脂肪酸作用,过量的部分与碘化钾作用释放出碘,再用硫代硫酸钠准确滴定。最终通过化学反应方程式的计量关系计算出碘值。具体反应过程如下。

加成过程:$—CH=CH—+IBr \longrightarrow —CHI—CHBr—$

碘的释放:$IBr+KI \longrightarrow KBr+I_2$

准确滴定:$I_2+2Na_2S_2O_3 \longrightarrow 2NaI+Na_2S_4O_6$

三、材料和试剂

1. 实验材料

分析天平、碘量瓶、滴定管、吸量管、量筒,花生油或蓖麻油。

2. 实验试剂

(1)汉诺斯(Hanus)溶液:称取 13.2g 碘,放入 1500ml 锥形瓶内,缓慢加入 1L 冰醋酸(99.5%),可分多次添加,边加边摇,同时水浴略加热,使碘溶解。待冷却后,加溴约 3ml。

注意:所用冰醋酸不应含有还原物质。验证方法为,取 2ml 冰醋酸,加少许重铬酸钾及硫酸。若呈绿色,则证明有还原物质存在。

(2)0.05mol/L 标准硫代硫酸钠溶液:将纯硫代硫酸钠 25g 溶解在经煮沸后冷却的蒸馏水中(无 CO_2 存在),定容 1L。可添加约 50mg Na_2CO_3(硫代硫酸钠溶液在 pH 9~10 最稳定)。标定方法:称取 0.15~0.2g 重铬酸钾,放在 500ml 锥形瓶中,加 30ml 水。待完全溶解后,加 2g 碘化钾和 10ml 6mol/L 盐酸,充分混合均匀,塞好瓶塞,放置于暗处 3min。之后,加水 200ml,用之前配制好的 $Na_2S_2O_3$ 溶液滴定。当溶液颜色由棕变黄后,加 3ml 淀粉溶液,继续滴定,直至溶液颜色变浅绿色,计算准确浓度。可平行滴定三次,取平均值。滴定反应方程式为:

$$K_2Cr_2O_7+6I^-+14H^+ \longrightarrow 2K^++2Cr^{3+}+3I_2+7H_2O$$

$$I_2+2S_2O_3^{2-} \longrightarrow 2I^-+2S_4O_6^{2-}$$

(3)氯仿。

(4)1% 淀粉溶液(溶于饱和氯化钠溶液中)。

(5)15% 碘化钾溶液。

四、实验步骤

准确称量 0.3~0.4g 花生油(或者约 0.1g 蓖麻油)。放入干燥的碘量瓶内,切勿使油粘在瓶颈或壁上。加氯仿 10ml,轻轻摇动,使油全部溶解。用棕色滴定管向碘量瓶内准确加入汉诺斯（Hanus）溶液20ml，混匀，勿使溶液接触瓶颈。塞好玻璃塞，在玻璃塞与瓶口之间加数滴15%碘化钾溶液封闭缝隙，以防止碘升华溢出造成测定误差。

然后，在20～30℃暗处放置30min。根据经验，测定碘值在110以下的油脂时放置30min，碘值高于此值则需放置1h；放置温度应保持20℃以上，若温度过低，放置时间应增至2h。放置期间应不时摇动。若瓶内混合液的颜色很浅，表示油用量过多，应再称取较少量的油，重做。

放置30min后，立刻小心打开玻璃塞，使塞旁碘化钾溶液流入瓶内，切勿损失。用新配制的15%碘化钾20ml和蒸馏水100ml把玻璃塞上和瓶颈上的液体冲入瓶内，混匀。用0.05mol/L硫代硫酸钠溶液迅速滴定至瓶内溶液呈浅黄色。加入1%淀粉约1ml，继续滴定。将近终点时，用力振荡，再滴至蓝色消失为止，即达到滴定终点。用力振荡是滴定成败的关键之一，否则容易滴过头或不足。如果振荡不够，氯仿层呈现紫色或红色，此时需继续用力振荡使碘全部进入水层。另作一份空白对照，除不加油样品外，其余操作同上。

$$碘值 = c(A-B) \times 126.9 \times 100 / (m \times 1000)$$

式中　A——滴定空白消耗的$Na_2S_2O_3$溶液平均体积，ml；
　　　B——滴定样品用去的$Na_2S_2O_3$溶液平均体积，ml；
　　　m——样品重量，g；
　　　c——$Na_2S_2O_3$溶液的浓度，mol/L。

五、注意事项

1. 碘瓶必须干净、干燥。
2. 淀粉溶液不宜加入过早，否则会引起滴定值偏高。

六、思考题

加入溴化碘溶液后，为什么要放置于暗处30min？

实验六　糖的显色反应

一、实验目的

（1）掌握鉴定糖类和区分醛糖、酮糖的原理及操作。
（2）了解鉴定还原糖的方法及原理。

二、实验原理

（1）Molish反应　浓硫酸或浓盐酸作用下糖脱水形成糖醛及其衍生物，与$α$-萘酚反应生成紫红色复合物，在糖液和浓硫酸液分界处形成紫环，也称紫环反应。游离糖和结合糖均可发生紫环反应。各种醛糖衍生物、葡萄糖醛酸及丙酮、甲酸和乳酸等也能产生颜色近似的阳性反应。可用于糖类物质存在与否的鉴别。阳性反应仅能证明糖存在的可能性，需通过其他糖定性试验才能确定糖的存在。

（2）蒽酮反应　在浓酸的作用下糖可生成糖醛及其衍生物，与蒽酮（10-酮-9,10-二氢蒽）反应可生成蓝绿色复合物，颜色深浅可用于糖的定量分析。

（3）酮糖的Seliwanoff反应：Seliwanoff反应是鉴定酮糖的特殊反应。酮糖在酸作用下比醛糖更易生成羟甲基糠醛，反应速度更快，仅需20～30s，羟甲基糠醛与间苯二酚反应可生成鲜红色复合物。而醛糖在浓度较高时或长时间煮沸时才能产生微弱的阳性反应，因此，可用于醛糖、酮糖的区别。

（4）Fehling试验　Fehling试剂是含有硫酸铜和酒石酸钾钠的NaOH溶液，硫酸铜与碱溶液混合后加热可生成黑色氧化铜沉淀。若同时有还原糖存在，则产生黄色或砖红色氧化亚铜沉淀。为防止Cu^{2+}和碱生成氧化铜或碱性碳酸铜沉淀，在Fehling试剂中加入了酒石酸钾钠，它与Cu^{2+}形成的酒石酸钾钠配位铜离子是可溶性的配位离子，反应可逆。反应达到平衡后，溶液内保持一定浓度的$Cu(OH)_2$。Fehling试剂是一种弱氧化剂，不与酮和芳香醛反应。

（5）Benedict试验　Benedict试剂是改良的Fehling试剂，利用柠檬酸作为Cu^{2+}的配位剂。其碱性较Fehling试剂要弱，但灵敏度更高，且受其他因素的干扰较少。

（6）Barfoed试验　在酸性溶液中，单糖和还原二糖的还原速度有明显差异。Barfoed试剂为弱酸性，单糖在该试剂作用下能将Cu^{2+}还原为砖红色的氧化亚铜，时间约3min。而还原二糖需20min左右，因此，可用于区别单糖与还原二糖。长时间加热条件下，非还原性二糖经水解后也能呈阳性反应。

三、材料和试剂

1．实验材料

1%葡萄糖、1%蔗糖和1%淀粉、1%果糖、1%麦芽糖。

2．实验试剂

（1）Molish试剂　称取5g α-萘酚，用95%乙醇溶液溶解至100ml，临用前配制，棕色瓶保存。

（2）蒽酮试剂　称取0.2g蒽酮，溶于100ml浓硫酸中，临用前配制。

（3）Seliwanoff试剂　称取0.5g间苯二酚，溶于1L盐酸（H_2O∶HCl=2∶1）中，临用前配制。

（4）Fehling试剂　试剂甲：称取34.5g硫酸铜（$CuSO_4 \cdot 5H_2O$），溶于500ml蒸馏水中；试验乙：称取125g NaOH和137g酒石酸钾钠溶于500ml蒸馏水中，储存于具有橡胶塞的玻璃瓶中。临用前将试剂甲和乙等量混合。

（5）Benedict试剂　将170g柠檬酸钠（$Na_3C_6H_5O_7 \cdot 11H_2O$）和100g Na_2CO_3溶于800ml水中，另将17g $CuSO_4$溶于100ml热水中。将硫酸铜溶液缓慢倒入柠檬酸-碳酸钠溶液中，边加边搅拌，最后定容至1000ml，该试剂可长期使用。

（6）Barfoed试剂　将16.7g乙酸铜溶于近200ml水中，加入1.5ml冰醋酸，定容至250ml。

四、实验步骤

1. Molish 反应

取 4 支试管，编好号后分别加入 1% 葡萄糖、1% 蔗糖和 1% 淀粉各 1ml，另有 1 支用蒸馏水代替糖溶液，然后加入 2 滴 Molish 试剂，摇匀。倾斜试管，沿管壁小心加入 1ml 浓硫酸，切勿摇动，小心竖直后仔细观察两层液面交界处的颜色变化，并记录结果。

2. 蒽酮反应

取 4 支试管，编好号后均加入 1ml 蒽酮试剂，再分别向各管加入 2～3 滴 1% 葡萄糖、1% 蔗糖和 1% 淀粉，另有 1 支用蒸馏水代替糖溶液。充分混匀，观察各管颜色变化。

3. Seliwanoff 反应

取 3 支试管，编好号后加入 Seliwanoff 试剂 1ml，再依次加入 1% 葡萄糖、1% 蔗糖和 1% 果糖各 4 滴，混匀，放入沸水浴中比较各管颜色变化。

4. Fehling 试验

取 3 支试管，编号后各加入 1ml Fehling 试剂甲和乙，摇匀后，分别加入 4 滴 1% 葡萄糖、1% 蔗糖和 1% 淀粉溶液，沸水浴中加热 2～3min，取出冷却，观察沉淀和颜色变化。

5. Benedict 试验

取 3 支试管，编号后分别加入 2ml Benedict 试剂和 4 滴 1% 葡萄糖、1% 蔗糖和 1% 淀粉溶液，沸水浴中加热 5min，冷却后观察各管沉淀和颜色变化，注意与 Fehling 试验比较。

6. Barfoed 试验

取 3 支试管，编号后分别加入 2ml Barfoed 试剂和 2～3 滴 1% 葡萄糖、1% 蔗糖和 1% 麦芽糖溶液，煮沸 3～5min，放置 20min 以上，比较各管沉淀和颜色变化。

五、注意事项

（1）Molish 反应非常灵敏，0.001% 葡萄糖和 0.0001% 蔗糖就能呈阳性反应。果糖浓度过高时，由于浓硫酸对其有焦化作用，将呈现红色及褐色而不呈紫色，需稀释后再做。加浓硫酸时一定要倾斜试管，小心加入。

（2）果糖与 Seliwanoff 试剂反应非常迅速，呈鲜红色；而葡萄糖需时间较长，且只呈现黄色至淡黄色。戊糖也能与 Seliwanoff 试剂发生反应。戊糖经酸脱水生成糖醛，与间苯二酚缩合可生成绿色至蓝色产物。

（3）酮基本身没有还原性，只有在变成烯醇式后才显示还原作用。

（4）糖的还原作用生成氧化亚铜沉淀的颜色取决于颗粒的大小，生成的 Cu_2O 颗粒大小又取决于反应速度。反应速度快时，生成颗粒较小，呈黄绿色；反应较慢时，生成颗粒较大，呈红色。溶液中还原糖的浓度可从生成的沉淀多少来估计，而不能由颜色来判断。

（5）Barfoed 反应生成的 Cu_2O 沉淀聚集在试管底部，溶液仍为深蓝色，应观察试管底部红色的出现。

六、思考题

（1）各反应的原理是什么？通过这些反应可以进行糖的哪些性质鉴别？

（2）运用本实验的原理和方法，设计鉴定一个未知糖的试验方案。

实验七 还原糖和总糖的测定

一、实验目的

（1）掌握 3，5-二硝基水杨酸测定还原糖和总糖的原理和操作。
（2）掌握分光光度计的使用及使用注意事项。

二、实验原理

还原糖是指含有自由醛基或酮基的糖类，单糖都是还原糖，双糖和多糖不一定是还原糖，如乳糖和麦芽糖是还原糖，而蔗糖和淀粉是非还原糖。对非还原性的双糖和多糖，可用酸水解法使其降解成还原性单糖后再进行测定，分别求出样品中还原糖和总糖含量（常以葡萄糖含量计）。还原糖在碱性条件下加热可被氧化成糖酸及其他产物，氧化剂 3，5-二硝基水杨酸可被还原为棕红色的 3-氨基-5-硝基水杨酸。在一定范围内，还原糖的量与棕红色物质颜色深浅呈线性关系。在 540nm 波长下测定吸光度值并查阅标准曲线可求出样品中还原糖和总糖的含量。由于多糖水解为单糖时，每断裂一个糖苷键需加入一分子水，所以，在计算多糖含量时应乘以系数 0.9。

3，5-二硝基水杨酸 +还原糖 加热碱性→ 3-氨基-5-硝基水杨酸

三、材料和试剂

1. 实验材料

面粉、具塞玻璃刻度试管、离心管、烧杯、三角瓶、量瓶、移液管、恒温水浴锅、离心机、分光光度计等。

2. 实验试剂

1mg/ml 葡萄糖标准液：准确称取 80℃烘干至恒重的分析纯葡萄糖 100mg 于小烧杯中，加少量蒸馏水溶解后定容至 100ml，混匀，4℃冰箱中保存备用。

3，5-二硝基水杨酸（DNS）试剂：将 6.3g DNS 和 262ml 2mol/L NaOH 溶液加入 500ml 含 185g 酒石酸钾钠的热水溶液中，再加 5g 结晶酚和 5g 亚硫酸钠，搅拌溶解，冷却后加蒸馏水定容至 1000ml，贮于棕色瓶中备用。

碘-碘化钾溶液：称取 5g 碘和 10g 碘化钾，溶于 100ml 蒸馏水中。

酚酞指示剂：称取 0.1g 酚酞溶于 250ml 70% 乙醇中。

四、实验步骤

1. 制作葡萄糖标准曲线

取 7 支具塞刻度试管编号并按表 11-5 分别加入浓度为 1mg/ml 葡萄糖标准液、蒸馏水和 DNS 试剂，配成不同浓度的葡萄糖反应液。

表 11-5 葡萄糖标准曲线制作

管号	1mg/ml 葡萄糖标准液 /ml	蒸馏水 /ml	DNS/ml	葡萄糖含量 /mg	A_{540}
0	0	2	1.5	0	
1	0.2	1.8	1.5	0.2	
2	0.4	1.6	1.5	0.4	
3	0.6	1.4	1.5	0.6	
4	0.8	1.2	1.5	0.8	
5	1.0	1.0	1.5	1.0	
6	1.2	0.8	1.5	1.2	

将各管摇匀，并在沸水浴中准确加热 5min 取出，冷却至室温，用蒸馏水补足至 10ml，加塞后颠倒混匀，在分光光度计上进行比色。以 0 号管为参比，于 540nm 处测定 1～6 号管的吸光度值。以葡萄糖含量为横坐标，吸光度值 A_{540} 为纵坐标，绘制葡萄糖标准曲线。

2. 样品中还原糖和总糖的测定

（1）还原糖的提取　准确称取 3.00g 食用面粉，放入 100ml 烧杯中，先用少量蒸馏水调成糊状，然后补足至 50ml 蒸馏水，搅匀，置 50℃恒温水浴中保温 20min，使还原糖浸出。将浸出液（含沉淀）转移到 50ml 离心管中，于 4000r/min 离心 5min，沉淀可用 20ml 蒸馏水洗一次，再离心，将两次离心上清液合并在 100ml 量瓶中，用蒸馏水定容至刻度，混匀，作为还原糖待测液。

（2）总糖的水解和提取　准确称取 1.00g 食用面粉，放入 100ml 三角瓶中，加 15ml 蒸馏水及 10ml 6mol/L HCl，置沸水浴中加热水解 30min（用碘-碘化钾溶液检查水解是否完全）。待淀粉水解液冷却后，加入 1 滴酚酞指示剂，用 6mol/L NaOH 中和至微红色（至中性），用蒸馏水定容至 100ml，混匀。过滤并取滤液 10ml 移至 100ml 量瓶中定容，混匀，作为总糖待测液。

（3）显色和比色　取 6 支具塞刻度试管编号，按表 11-6 分别加入待测液和显色剂，空白调零可使用制作标准曲线的 0 号管。操作与制作标准曲线相同。

表 11-6 样品还原糖测定

管号	还原糖待测液 /ml	总糖待测液 /ml	蒸馏水 /ml	DNS/ml	A_{540}	查曲线葡萄糖量 /mg
7	0.5		1.5	1.5		
8	0.5		1.5	1.5		
9	0.5		1.5	1.5		
10		1	1	1.5		

续表

管号	还原糖待测液/ml	总糖待测液/ml	蒸馏水/ml	DNS/ml	A_{540}	查曲线葡萄糖量/mg
11			1	1.5		
12		1	1	1.5		

3. 结果与计算

计算出 7～9 号管 A_{540} 平均值和 10～12 号管 A_{540} 平均值，在葡萄糖标准曲线上分别查出对应的还原糖质量数（mg），按下式计算样品中还原糖和总糖的百分含量：

$$还原糖（\%）= \frac{查曲线所得葡萄糖质量数（mg）\times 提取液总体积/测定体积}{样品质量数（mg）}\times 100\%$$

$$总糖（\%）= \frac{查曲线所得水解后还原糖质量数（mg）\times 稀释倍数}{样品质量数（mg）}\times 0.9 \times 100\%$$

五、注意事项

（1）离心时，离心样品必需要对称放置在离心机中并保证对称离心管重量近似相等。
（2）标准曲线制作与样品测定在同一条件下进行，并均以 0 号管作为参比调零。
（3）若比色液颜色过深，可适当稀释后再显色测定，计算时要将稀释倍数代入公式计算。

六、思考题

（1）3,5-二硝基水杨酸比色法测定总糖和还原糖的原理是什么？是如何进行测定的？
（2）使用标准曲线法进行未知样品总糖和还原糖定量时，应注意什么？
（3）比色时，为什么要以 0 号管作为参比调零？

实验八　邻甲苯胺法测定血糖含量

一、实验目的

掌握邻甲苯胺法测定血糖的原理与方法。

二、实验原理

血糖主要指的是血液中的葡萄糖，是糖在体内最重要的运输形式。目前，医院主要采取葡萄糖氧化酶法和邻甲苯胺法测定血糖。葡萄糖氧化酶法特异性强，价格低，方法简单，其正常值：空腹全血为 3.6～5.3mmol/L（65～95mg/dl），血浆为 3.9～6.1mmol/L（70～110mg/dl）。邻甲苯胺法由于血中绝大部分非糖物质及抗凝剂中的氧化物同时被沉淀下来，因此不易出现假性过高或过低，结果可靠，其正常值：空腹全血为 3.3～5.6mmol/L（60～100mg/dl），血浆为 3.9～6.4mmol/L（70～115mg/dl）。本实验采用后者进行血糖的测定。测定原理为葡萄糖在酸性介质中加热脱水生成 5-羟甲基-2-呋喃甲醛，分子中的醛基与邻甲苯胺缩合形成青色的 Schiff 碱，通过比色可定量测得血糖含量。

三、材料和试剂

1. 实验材料

人血清、具塞试管、分光光度计等。

2. 实验试剂

邻甲苯胺试剂：称取硫脲 1.5g，溶于 750ml 冰醋酸中，加邻甲苯胺 150ml 及饱和硼酸 40ml，混匀后加冰醋酸至 1000ml，置棕色瓶中，冰箱保存。

葡萄糖标准溶液：5.0mg/ml，临用时稀释成 1.0mg/ml。

四、实验步骤

1. 标准曲线

取 6 支试管编号，并按表 11-7 标准曲线制作要求的顺序加入试剂。

表 11-7　葡萄糖标准曲线制作

试管编号	0	1	2	3	4	5
标准葡萄糖溶液 /ml	0.00	0.02	0.04	0.06	0.08	0.10
蒸馏水 /ml	0.10	0.08	0.06	0.04	0.02	0.00
邻甲苯胺试剂 /ml	5.0	5.0	5.0	5.0	5.0	5.0
A_{630}						

试剂加入完成后温和混匀，于沸水浴中煮沸 4min 取下，冷却并放置 30min，以 0 号管为参比，测定样品在 630nm 的吸光度值，并绘制葡萄糖标准曲线。

2. 样品测定

取 3 支试管，编号后按表 11-8 样品测定要求加入试剂，并与标准曲线相同方法进行比色。

表 11-8　样品测定

试管编号	0	样品 1	样品 2
测定样品 /ml	0.00	0.10	0.10
蒸馏水 /ml	0.10	0.00	0.00
邻甲苯胺试剂 /ml	5.0	5.0	5.0
A_{630}			

试剂加入完成后温和混匀，于沸水浴中煮沸 4min 取下，冷却并放置 30min 后，以试剂空白（0 号管）为参比，在 630nm 处测定吸光度值，从标准曲线中查出样品的血糖含量。

五、注意事项

邻苯甲胺法测定血糖具有操作简单、特异性较高等优点，成本较低，在教学或规模较小的基层医院中常用于血糖的测定，但该法需在高温条件下反应，要注意操作安全。

六、思考题

（1）血糖测定的临床意义是什么？
（2）邻甲苯胺法测定血糖的原理是什么？测定过程中要注意什么？

实验九 氨基酸的薄层色谱分离和鉴定

一、实验目的

（1）掌握薄层色谱分离的基本原理。
（2）掌握氨基酸色谱分离与鉴定的基本操作。

二、实验原理

根据薄层色谱的基本原理，以硅胶 G 作为色谱分离的固相支持物，用羧甲基纤维素钠（CMC-Na）作为黏合剂，以正丁醇、冰醋酸和水的混合液作为展开剂，当液相（展开剂）在固定相流动时，由于吸附剂对不同氨基酸有不同的吸附性，氨基酸在展开溶剂中的溶解度也就有所差异，点在薄板上的混合氨基酸随展开剂的移动速率也不同，通过吸附 - 解吸附 - 再吸附 - 再解吸附的反复进行，将混合氨基酸样品分开。通过测定混合氨基酸中各分离斑点的 R_f 值，分离和鉴别混合氨基酸的成分，可实现氨基酸的定性与定量分析。

三、材料和试剂

1. 实验材料

薄层色谱板（10cm×20cm 或 20cm×20cm）、烧杯、量筒、小尺子、电吹风、毛细玻璃管、色谱缸、烘箱等。

2. 实验试剂

0.01mol/L 丙氨酸、精氨酸、甘氨酸：分别称取 8.9mg 丙氨酸、17.4mg 精氨酸和 7.5mg 甘氨酸溶于 90% 异丙醇溶液 10ml。

混合氨基酸：将 0.01mol/L 丙氨酸、精氨酸和甘氨酸按等体积混匀即为氨基酸混合液。

硅胶 G（C.P.）：薄层色谱用。

0.5% 羧甲基纤维素钠（CMC-Na）：称取 CMC-Na 5g 溶于 1000ml 蒸馏水中并煮沸，静置冷却，弃沉淀，取上清液备用。

展开剂：按 80∶10∶10 比例（v/v/v）混合正丁醇、冰醋酸及蒸馏水，临用前配置。

0.1% 茚三酮溶液：取茚三酮（A.R.）0.1g 溶于无水丙酮（A.R.）至 100ml。

显示剂：按 10∶1 比例（v/v）混匀展开剂和 0.1% 茚三酮溶液。

四、实验步骤

1. 硅胶 G 薄层板的制备

（1）清洗玻璃板：先用洗衣粉、自来水和去离子水将薄层色谱板清洗干净，放入烘箱烘干。烘干后取出薄层板时只能接触薄层板的边缘，不要触及薄层板的中间部分。

（2）制备硅胶 G 浆液：称取 3g 硅胶 G 于烧杯中，缓慢地加入 9ml 0.5% 羧甲基纤维素钠（CMC-Na）溶液，边加边搅拌，加料完毕后剧烈搅拌调成均匀的硅胶 G 浆液。

（3）涂片：将调好的硅胶 G 浆液倒在洗净并烘干的薄层玻璃板上，将板倾斜使其均匀铺开，再将板拿起用手左右摇晃，使硅胶 G 浆液均匀附在玻璃板上，厚度约为 0.25～1mm。用纸擦去薄板四周多余浆液（取拿板时只能接触薄层板的顶端和两侧），放于实验台面自然晾干。

（4）活化：将晾干的硅胶板于 70℃烘干 60min，再于 105～110℃烘箱内干燥 30min，取出后放在干燥器内备用（注意活化温度一般低于 128℃，以免脱水失去固着能力）。

2. 点样

（1）在距离硅胶板一端约 1.5～2.0cm 处用铅笔轻轻画一条点样线。

（2）用直径约 1mm 或 0.55mm 的玻璃毛细管分别蘸取丙氨酸、精氨酸、甘氨酸及混合氨基酸溶液，在点样线上点样，两点样位置要相距 0.8～1.0cm。点样时，毛细管与薄板要垂直，点样直径约 2～3mm。待点样处干后（可用吹风机用冷风吹干），再将样品在原点样处重复点一次。

（3）氨基酸点样量以 5μl 为宜，含氨基酸 0.5～2.0μg。

3. 色谱

（1）提前将展开剂加入色谱缸中，使溶剂平衡一定时间。

（2）打开色谱缸，将硅胶板点样端向下（注意样品点样线不能浸入到展开剂中，以免引起样品扩散），倾斜地放入色谱缸内，使其与缸底平面呈约 15°～30°。点样端浸入展开剂深度以 0.5～0.8cm 为宜。

（3）盖上色谱缸盖进行色谱。当溶剂前沿距硅胶板上缘约 2cm 处时，取出薄层板，并立即用笔标出溶剂前沿所在位置，将硅胶板置干燥箱中烘干。

4. 显色

烘干后，用喷雾器将茚三酮显色剂均匀喷洒在薄层板上，然后，将薄板置 105℃干燥箱内烘干，10min 左右即可显示粉红色斑点（注意：若样品中含有脯氨酸，经显色后为黄色）。

5. 结果与计算

用尺子量出每个斑点中心至原点的距离及原点至展开剂前沿的距离，计算 R_f 值。

$$R_f = \frac{氨基酸移动的距离（cm）}{溶剂移动的距离（cm）} = \frac{样品点样位置至色斑中心的距离（cm）}{样品点样位置至溶剂前沿的距离（cm）}$$

五、注意事项

（1）为防止硅胶板被汗液和其他物质污染，操作时可戴手套操作。

（2）需重复点样时可用吹风机冷风吹干后再点氨基酸样品，茚三酮显色时用热风吹干薄层。

（3）硅胶一般以通过 200 目左右筛孔为宜。颗粒太大，展开时溶剂推进速度太快，分离效果不好；颗粒太小，展开太慢，斑点容易拖尾或互相交叉。点样后斑点直径一般为 2mm 左右，不宜太大。

六、思考题

（1）简述氨基酸薄层色谱操作中的注意事项。
（2）影响色谱效果的因素有哪些？

实验十　双缩脲法测定血清白蛋白的含量

一、实验目的

掌握蛋白质双缩脲法定量测定的原理与操作。

二、实验原理

双缩脲（$H_2NOC-NH-CONH_2$）为两分子尿素在 180℃ 左右加热释放出一分子氨（NH_3）后得到的产物。在强碱条件下，双缩脲与 $CuSO_4$ 生成紫色络合物，该反应称为双缩脲反应。含有两个及以上肽键的有机化合物或类似肽键的有机化合物都能发生双缩脲反应。蛋白质可发生双缩脲反应，产物颜色与蛋白质浓度在一定范围内呈良好的线性关系，与蛋白质分子量和氨基酸组成成分无关，广泛应用于蛋白质含量的测定。双缩脲法对样品蛋白质含量要求相对较高（1～10mg/ml 蛋白质）。Tris、部分氨基酸、EDTA、草二酰胺、多肽会干扰测定。在一定范围内，产物最大吸收波长为 540nm。将未知浓度的蛋白质样品溶液与一系列已知浓度的标准蛋白质溶液同时与双缩脲试剂反应，并在 540nm 处比色，可通过标准蛋白质（如牛或人血清蛋白、卵清蛋白等）绘制的蛋白质标准曲线求出未知蛋白质的含量。具有操作简单、快速、线性关系好等优点，可用于快速测定蛋白质含量。

动物体内血清总蛋白含量关系到血液与组织间水分的分布情况，在机体脱水的情况下，血清总蛋白含量升高。机体发生水肿时，血清总蛋白含量下降。所以，测定血清蛋白质含量具有重要的临床意义。

三、材料和试剂

1. 实验材料

可见分光光度计、恒温水浴锅、分析天平、三角瓶、量瓶、吸管、试管等。

2. 实验试剂

双缩脲试剂：称取硫酸铜（$CuSO_4 \cdot 5H_2O$）1.5g、酒石酸钾钠（$NaKC_4H_4O_6 \cdot 4H_2O$）6.0g，分别用 250ml 蒸馏水溶解，一并转入 1000ml 量瓶中，搅拌下加入 30ml 10%（w/v）的 NaOH 溶液，然后用蒸馏水定容至 1000ml。将该试液贮藏于塑料瓶中（如无红色或黑色沉淀出现，可长期保存）。

标准蛋白质溶液：准确称取 1.0g 酪蛋白（干酪素），溶于 0.05mol/L NaOH 溶液中，并定容至100ml，即为10mg/ml的蛋白质标准溶液。

未知蛋白质溶液：浓度应控制在1～10mg/L范围内，可根据测定结果对血清蛋白质进行适当稀释，置冰箱保存备用。

四、实验步骤

1. 标准曲线的绘制

取6支试管，按表11-9进行试剂的添加。

表11-9 双缩脲法测定血清白蛋白标准曲线制作

试剂	0	1	2	3	4	5
标准蛋白质/ml	0	0.2	0.4	0.6	0.8	1.0
蒸馏水/ml	1.0	0.8	0.69	0.4	0.2	0.0
蛋白质含量/mg	0.0	2.0	4.0	6.0	8.0	10.0
双缩脲试剂/ml	4.0	4.0	4.0	4.0	4.0	4.0

混匀后，在室温条件下（15～25℃）静置30min后，于540nm处测定吸光度值，以标准蛋白质含量为横坐标，以吸光度值 A_{540} 为纵坐标，绘制蛋白质标准曲线。

2. 样品测定

（1）血清白蛋白的制备：动物空腹静脉采血，不加抗凝血剂，让血液在室温下自行凝固（约5～10min），取血液析出的血清，根据情况适当进行稀释，置冰箱中保存。

（2）样品测定：取2支试管，分别加入血清1.0ml、双缩脲试剂4.0ml，混匀，37℃静置20min后于540nm处测定吸光度值，以0号管调零，测定其吸光度值。利用标准曲线查出相应的蛋白质，并根据稀释倍数计算出原血清中的蛋白质含量。

五、思考题

（1）为什么作为标准的蛋白质必须用凯氏定氮法测定纯度？
（2）对于作为标准蛋白质有何要求？
（3）为什么双缩脲法测定蛋白质简单快速，但准确度不高？

实验十一 蛋白质等电点测定

一、实验目的

（1）了解蛋白质等电点测定意义。
（2）掌握蛋白质等电点测定的基本方法和蛋白质两性解离的性质。

二、实验原理

蛋白质与氨基酸一样，都为两性电解质，调节蛋白质溶液的pH值，可以使蛋白质带正电荷或负电荷,在某一特定 pH 值时,蛋白质所带正负电荷相等,以兼性离子存在,此时,蛋白质净电荷为零,在外加电场作用时,蛋白质既不向正极移动,也不向负极移动,此时溶液 pH 值为该蛋白质等电点(p*I*)。在等电点条件下,蛋白质溶解性最小,能沉淀析出。不同蛋白质由于氨基酸组成不同,具有不同的等电点。

三、材料和试剂

1. 实验材料

试管、滴管、移液管、pH 试纸等。

2. 实验试剂

0.5% 酪蛋白溶液:0.5g 酪蛋白,先加入几滴 1mol/L NaOH 使其润湿,用玻璃棒搅拌研磨成糊状,逐滴加入 0.01mol/L NaOH 使其完全溶解后定容到 100ml。

酪蛋白-醋酸钠溶液:将 0.25g 酪蛋白加 5ml 1mol/L NaOH 溶解,加 20ml 温水使其完全溶解后,再加入 5ml 1mol/L 乙酸,混合后转入 50ml 量瓶加水定容,混匀备用(pH 值应为 8.0~8.5)。

0.1mol/L 醋酸、0.01mol/L 醋酸和 1mol/L 醋酸:分别准确量取 1ml 冰醋酸、0.1ml 冰醋酸和 1ml 冰醋酸用蒸馏水稀释到 170ml、170ml 和 17ml。

四、实验步骤

取 9 支试管,分别编号 1~9,按表 11-10 顺序在各管中加入蛋白质溶液、蒸馏水及各浓度醋酸溶液,加入后立即摇匀。

表 11-10 蛋白质等电点测定

试剂	试管编号								
	1	2	3	4	5	6	7	8	9
H$_2$O/ml	2.4	3.2	—	2.0	3.0	3.5	1.5	2.75	3.38
1mol/L 醋酸/ml	1.6	0.8	—	—	—	—	—	—	—
0.1mol/L 醋酸/ml	—	—	4.0	2.0	1.0	0.5	—	—	—
0.01mol/L 醋酸/ml	—	—	—	—	—	—	2.5	1.25	0.62
酪蛋白-醋酸钠溶液/ml	1.0	1.0	1.0	1.0	1.0	1.0	1.0	1.0	1.0
溶液最终 pH 值	3.5	3.8	4.1	4.4	4.7	5.0	5.3	5.6	5.9
管内溶液的混浊度									

试剂加完后要混匀并静置 20min 后,观察各管产生的混浊并根据混浊度来判断酪蛋白的等电点。观察时可用 +、++、+++,表示混浊度。

五、思考题

(1)什么是蛋白质的等电点?在等电点处蛋白质有什么特性?

（2）测定蛋白质的等电点为什么要在缓冲溶液中进行？

实验十二　蛋白质的盐析与透析

一、实验目的

（1）掌握蛋白质盐析沉淀的基本原理与操作。
（2）掌握蛋白质透析分离的基本操作。

二、实验原理

蛋白质是亲水胶体，借助水化膜和同性电荷（在 pH7.0 的溶液中一般蛋白质带负电荷）相互排斥作用维持蛋白质胶体的稳定，向蛋白质溶液中加入中性盐可破坏这些稳定因素，使蛋白质沉淀析出，称为盐析。盐析所得到的蛋白质沉淀经透析或用水稀释以减低或除去盐后，蛋白质能再次溶解并恢复其天然结构和生物活性，称为透析。由于蛋白质分子量很大，其颗粒直径范围在 1～100nm 内，不能透过半透膜。选用合适孔径的半透膜可使小分子物质透过，而蛋白质不能透过半透膜，从而可以除去与蛋白质混合的中性盐及其他小分子物质。蛋白质盐析常用中性盐，如硫酸铵、硫酸钠、NaCl 等。蛋白质经盐析沉淀后，需脱盐才能获得纯品。脱盐最常用的方法为透析法。由于蛋白质分子量较大，不能透过半透膜，而无机盐及其他低分子物质可以透过，故利用透析法可将盐析得到的蛋白质进行纯化。将蛋白质溶液装入透析袋内，袋口用线扎紧，然后将其放进蒸馏水中，蛋白质分子量大，不能透过透析袋而被截留在袋内，而小分子盐由于透析袋内外浓度差，可透过透析袋，通过不断更换袋外蒸馏水，直至袋内盐分透析完为止。透析常需较长时间，为保证蛋白质不变性，透析宜在低温下进行。

三、材料和试剂

1．实验材料
10% 鸡蛋清溶液，含鸡蛋清的氯化钠蛋白质溶液。
2．实验试剂
饱和硫酸铵溶液：称取固体硫酸铵 850g 加入 1000ml 蒸馏水中，在 70～80℃下搅拌溶解，室温放置过夜，杯底析出白色晶体，上清液即为饱和硫酸铵溶液。
硫酸铵晶体、1% 硝酸银溶液等。

四、实验步骤

1．透析袋的预处理
为防干裂，新透析袋出厂时常用 10% 甘油进行处理，并含少量的硫化物、重金属和一些具有紫外吸收的杂质，需除去。将透析袋剪成 100～120mm 的小段，用 50% 乙醇煮沸 1h，再依次用 50% 乙醇、0.01mol/L 碳酸氢钠和 0.001mol/L EDTA 溶液洗涤，最后用蒸馏水冲洗 3～5 次（新透析袋如不作上述特殊处理，也可用沸水煮 5～10min，再用蒸馏水洗净即可使用）。透析袋一端用橡皮筋或线绳扎紧,也可用特殊的透析袋夹夹紧,从另一端灌满水,用手指稍加压,检查是否有渗漏,没有渗漏后方可使用。处理好的透析袋保存于蒸馏水中待用。

2. 蛋白质盐析

取 10% 鸡蛋清溶液 5ml 于试管中,加入等量饱和硫酸铵溶液,微微摇动试管,使溶液混合后静置数分钟,蛋清蛋白质即可析出。如无沉淀可再加少许饱和硫酸铵溶液,观察蛋白质的析出。取少量沉淀的蛋白质,加水稀释,观察沉淀是否会再次溶解。

3. 蛋白质的透析

注入含鸡蛋清的氯化钠蛋白质溶液 5ml 于透析袋中,将袋的开口端用线扎紧,并悬挂在盛有蒸馏水的烧杯中,开口端位于液面之上。10min 后,自烧杯中取出 1ml 溶液于试管中,加 1% 硝酸银溶液一滴,如有白色氯化银沉淀生成,则证明蒸馏水中有 Cl^- 存在。再自烧杯中取出 1ml 溶液置于另一试管中,加入 1ml 10% 氢氧化钠溶液,然后滴加 1~2 滴 1% 硫酸铜溶液,观察有无蓝紫色出现。每隔 20min 更换蒸馏水一次,数小时后可观察到透析袋内出现轻微混浊,此为蛋白质沉淀。继续透析至蒸馏水中不再生成氯化银沉淀为止。实验记录透析完成所需的时间。

五、注意事项

蛋白质溶液用透析除盐时,正负离子透过半透膜的速度不相同,如 $(NH_4)_2SO_4$ 中的 NH_4^+ 透析度快,而透析过程中膜内的 SO_4^{2-} 会生成 H_2SO_4,使膜内蛋白质溶液呈酸性。因此,为避免蛋白质变性,用盐析法纯化蛋白质时,开始时应用 0.1mol/L 的 NH_4OH 透析。此外,为了保证蛋白质在透析过程中不发生变性,可以将透析过程置于低温下进行。

六、思考题

(1) 透析法沉淀蛋白质的原理是什么?透析与盐析的区别是什么?
(2) 透析时,如何保证中性盐去除干净且避免蛋白质变性?

实验十三 卵磷脂的提取与鉴定

一、实验目的

(1) 理解卵磷脂的结构与性质。
(2) 掌握卵磷脂提取鉴定的原理和方法。

二、实验原理

磷脂是生物体细胞组织的重要组成成分,主要存在于大豆等植物组织以及肝脏、脑组织、脾脏、心脏等组织器官中,其中以蛋黄中含量最高(约 10%)。卵磷脂和脑磷脂均能溶于乙醚,但不溶于丙酮,可以利用此性质进行分离。此外,卵磷脂能溶于乙醇而脑磷脂不溶于乙醇,因此,可用乙醇溶液将脑磷脂与卵磷脂进行分离。提取出来的卵磷脂为白色,在空气中氧化后呈黄褐色，主要是由于卵磷脂中的不饱和脂肪酸发生了氧化。卵磷脂经碱水解后可生成脂肪酸、甘油、胆碱和磷酸盐。甘油与硫酸氢钾共热，生成具有特殊臭味的丙烯醛。磷酸盐在酸性条件下与钼酸铵作用生成黄色的磷钼酸沉淀。胆碱在碱性条件下进一步水解生成无色且具有氨和鱼腥味的三甲胺，利用这些特殊反应可以对卵磷脂进行鉴别。

三、材料与试剂

1. 实验材料

鸡蛋蛋黄、小烧杯、试管、红色石蕊试纸等。

2. 实验试剂

钼酸铵试剂：将 6g 钼酸铵溶于 15ml 蒸馏水中，加入 5ml 浓氨水，另外将 24ml 浓硝酸溶于 46ml 蒸馏水中，两者混合静置 1 天后使用。

95% 乙醇、10%NaOH 溶液、丙酮、乙醚、3% 四氯化碳溶液、硫酸氢钾。

四、实验步骤

1. 卵磷脂的提取

称取约 10g 蛋黄于小烧杯中，加入温热的 95% 乙醇 30ml，边加边搅拌，冷却后过滤。如滤液仍混浊，可重新过滤直到完全透明。将滤液置于蒸发皿内，水浴锅中蒸干，所得干燥后的物质即为卵磷脂粗提取物。

2. 卵磷脂的溶解性

取干燥试管加入少许卵磷脂，再加入 5ml 乙醚，用玻璃棒搅动使其溶解，逐滴加入丙酮 3~5ml，观察实验现象。

3. 卵磷脂的鉴定

（1）三甲胺的检验　取干燥试管一支，加入少量提取的卵磷脂以及 2~5ml NaOH 溶液，放入水浴锅中加热 15min，在管口放一片红色石蕊试纸，观察颜色有无变化，并嗅其气味。将加热过的溶液过滤，滤液供下面实验所用。

（2）不饱和性检验　取干净试管一支，加入 10 滴上述溶液，再加 1~2 滴含 3% 溴的四氯化碳溶液，振摇试管，观察有何现象产生。

（3）磷酸的检验　取干净试管一支，加入 10 滴上述滤液和 5~10 滴 95% 乙醇溶液，然后再加入 5~10 滴钼酸铵试剂，观察现象，最后将试管放入热水浴中加热 5~10min，观察有何变化。

（4）甘油的检验　取干净试管一支，加入少许卵磷脂和 0.2g 硫酸氢钾，用试管夹夹住并在小火上略微加热，使卵磷脂和硫酸氢钾混熔，然后再集中加热，待有水蒸气放出时，嗅其气味。

五、思考题

（1）写出卵磷脂的化学结构并解释为什么卵磷脂是良好的乳化剂？

（2）如何有效分离卵磷脂和中性脂肪？如何有效分离卵磷脂和脑磷脂？

实验十四 血清中磷脂的测定

一、实验目的

掌握血清中磷脂的测定原理与操作方法。

二、实验原理

磷脂是分子中含有磷酸基的多种脂质，是一类物质的总称。血清中磷脂包括 60% 左右的卵磷脂、2%～10% 溶血卵磷脂、2% 磷脂酰乙醇胺和 20% 鞘磷脂。血清中磷脂定量分析方法常用化学法和酶法两类。化学法测定包括血清磷脂的抽提分离、灰化和显色及比色 3 个步骤，常以有机混合溶剂抽提血清中磷脂，再用浓硫酸和过氯酸消化抽提液中的脂类和其他有机化合物，用硝酸盐与磷反应生成有色化合物，进行比色定量。本法可用于组织细胞中磷脂的抽提和定量分析。酶法测定是分别利用磷脂酶 A、B、C 和 D 四种酶进行水解，然后测定其产物并对血清中磷脂进行定量分析。一般多采用磷脂酶 D 进行定量分析。该酶特异性不高，能水解血清中的卵磷脂、溶血卵磷脂和神经磷脂（三者占到血清磷脂的约 95%），释放出胆碱，胆碱在胆碱氧化酶作用下生成甜菜碱和 H_2O_2，在过氧化物酶的作用下，H_2O_2 与 4- 氨基安替吡啉和酚发生反应生成红色醌亚胺化合物，在 500nm 波长处其颜色深浅与这三种磷脂的含量成正比。磷脂酶 D 可作用于含有卵磷脂、溶血卵磷脂和鞘磷脂以及含胆碱的磷脂，快速准确，便于自动生化分析仪的批量检测。

三、材料和试剂

1. 实验材料

人血清、试管、恒温水浴锅、高速离心机、分光光度计等。

2. 实验试剂

抽提液：无水乙醇：乙醇 =3：1。

消化液：用 1000ml 容器加水约 500ml，置冷水中缓慢加入浓硫酸 280ml，冷却后加 70% 过氯酸 65ml，混匀，加蒸馏水至 1000ml。

显色剂：称取钼酸铵 2.5g 和无水醋酸钠 8.2g，加蒸馏水溶解并稀释至 1000ml，临用时取此液体 9 份加 1 份新配的 10% 维生素 C 混合即可。

1mg/L 参考液：称干燥 KH_2PO_4 0.4393g 溶于蒸馏水中，转移至 100ml 量瓶中，用蒸馏水加水至刻度，4℃冷藏。

0.04mg/ml 参考液：取上述 1mg/L 参考液 2ml 加水至 50ml，4℃冷藏。

酶应用液：每 100ml Tris-His 缓冲液（50mmol/L，pH7.8）中含 45U 磷脂酶 D、100U 胆碱氧化酶、220U 过氧化物酶、12mg 4- 氨基安替吡啉、20mg 酚、8mg $CaCl_2 \cdot 2H_2O$、0.2g TritonX-100。

2mg/ml 卵磷脂标准液：纯卵磷脂，临用前配制，含 0.5% TritonX-100。

四、实验步骤

1. 化学法

（1）准备 3 支试管，分别标记为空白管、测定管和标准管。在测定管中加入 0.1ml 血清和 2.4ml 抽提液，盖上试管盖后，室温下充分振荡 10min，然后以 3000r/min 室温离心 10min。将测定管中上清液取出 1ml 置于一个新的测定管中，在沸水浴中蒸干。

（2）消化。在蒸干后的测定管中加入 0.1ml 水和 0.2ml 消化液。在空白管中加入 0.1ml 水和 0.2ml 消化液。在标准管中加入 0.1ml 0.04mg/ml 参考液和 0.2ml 消化液。将 3 支试管放置在电炉上加热消化，直到测定管中黑色转为清亮为准。室温下静置冷却。

（3）显色。分别向 3 支试管中加入 2ml 显色剂，在 60～70℃水浴条件下保温 10min，然后在室温冷却。

（4）测定。以空白管调零，在 700nm 波长处测定标准管和测定管中的吸光度值，并分别记为 T 和 A。

（5）计算。血清磷脂（mg/dl）=A/T×10；血清磷脂（以卵磷脂计，mmol/L）=A/T×10×0.3229。

2. 酶法

（1）在 3ml 酶应用液中加入血清（测定管 A）20μl，标准管（T）加标准液 20μl，空白管加水 20μl，放置 37℃水浴 10min 后，波长 500nm 处测定吸光度值，以空白管调零。

（2）计算。血清磷脂（mg/dl）=A/T×200；血清磷脂（mmol/L）= 血清磷脂（mg/dl）×0.01292。

五、思考题

简单说明这两种测试血清磷脂含量方法的优缺点。

实验十五 动物肝脏 RNA 的制备及琼脂糖电泳的鉴定

一、实验目的

（1）掌握动物肝脏中总 RNA 制备的原理和方法。
（2）掌握琼脂糖电泳分离 RNA 的原理与操作。
（3）掌握鉴定 RNA 纯度及完整性的方法

二、实验原理

DNA 是遗传物质的基础，RNA 主要参与遗传信息的表达，基因 RNA 表达量的改变可较准确地反应该基因的表达情况。RNA 在细胞中多与蛋白质结合以核蛋白形式存在。提取 RNA 时首先需要将细胞破碎，使 RNA 与蛋白质分离，并将蛋白质以及 DNA 等其他成分除去，以保证 RNA 纯度。RNA 提取方法很多，利用异硫氰酸胍/氯仿一步提取法提取的 RNA 不易降解，方法简单且快速。该方法利用异硫氰酸胍和 β-巯基乙醇抑制 RNA 酶活性，通过异硫氰酸胍（GTC）和十二烷基肌氨酸钠（SLS）联合作用，促使 RNA 降解并将 RNA 释放到溶液中，然后用酸酚选择性地将 RNA 抽提至水相，实现与 DNA 和蛋白质的分离，经异丙醇沉淀能回收总 RNA。由于 RNA 酶（RNase）耐酸、耐碱、耐热，并广泛存在，在细胞破碎过程中也可释放出内源性 RNase，实验室试剂、器皿、空气及操作者的手都可能存在外源性 RNase，为防止 RNA 降解，在提取过程中必须加入 RNase 抑制剂，并尽量避免外源性 RNase 的污染。常用 RNase 抑制剂有异硫氰酸胍、RNasin 及焦碳酸二乙酯（DEPC）等。

RNA 完整性通常采用变性琼脂糖凝胶电泳进行鉴定。常用变性剂有甲醛、乙二醛等。电泳后于紫外灯下可观察到三条带，即 28S rRNA、18S rRNA 和 5S rRNA。其中，28S rRNA 和 18S rRNA 区带浓度较高，EB 染色强度应为 2∶1 左右。如 28S rRNA 电泳条带较弱，5S rRNA 区带量较大，表明该 RNA 已经降解。利用核酸紫外吸收特性可对核酸进行定量测定，其含量可以通过测定 A_{260} 得到。通常无其他物质污染的 RNA，A_{260}/A_{280} 在 1.6～1.8 之间。若低于此值，则说明 RNA 样品中存在较多蛋白质的污染。

三、材料和试剂

1. 实验材料

匀浆器、低温冷冻离心机、高压锅、制冰机、混匀器、分光光度计、微波炉、电泳仪、紫外分析仪、移液枪、小鼠肝脏、EP 管、吸头、滤纸、一次性手套等。

2. 实验试剂

DEPC 处理水：三蒸水 1000ml、DEPC 1ml，磁力搅拌 20min，放置过夜后高压灭菌。

变性液：异硫氰酸胍 4mol/L、柠檬酸钠 25mmol/L、十二烷基肌氨酸钠 0.5%、β-巯基乙醇 0.1mol/L，过滤除菌，4℃避光保存。

2mol/L NaAc（pH=4.0）：NaAc 16.4g、ddH$_2$O 80ml、DEPC 100μl，冰醋酸调节 pH=4.0，加入 ddH$_2$O 定容至 100ml，处理过夜后，高压灭菌 15min。

水饱和酚：重蒸酚于 65℃水浴溶解后，取 200ml，加入 0.2g 8-羟基喹啉及 200ml DEPC 水，混匀，饱和 4h，去除水相。再加入等体积 DEPC 水，继续饱和 4h 后，去除水相。再加入 50ml DEPC 水饱和 1h，4℃避光保存。

10×MOPS：MOPS 20.96g、DEPC 处理水 400ml、3mol/L NaAc 8.3ml，用 NaOH 调节 pH=7.0，加 10ml DEPC 处理过的 0.5mol/L EDTA（pH8.0），加 DEPC 处理水定容至 500ml，过滤除菌后避光保存于 4℃。

10×上样缓冲液（RNA 专用）：聚蔗糖 2.5g、溴酚蓝 25mg、二甲苯青 25mg、0.5mol/L EDTA 20μl，DEPC 处理水定容至 10ml。

10mg/ml EB：EB 0.1g、DEPC 处理水 10ml。

37% 甲醛、甲酰胺、氯仿、异丙醇、75% 乙醇等。

四、实验步骤

1. RNA 提取

断颈处死小鼠，取鼠肝称重，加入预冷变性液充分匀浆，加入 1/10 变性液体积的 2mol/L NaAc 混匀，加入等体积水饱和酚和 1/5 体积氯仿，充分振荡混匀，冰浴放置 15min，4℃ 12000r/min 离心 10min；将上层水转移至 EP 管中，加入等体积异丙醇，−20℃ 沉淀 1h；4℃ 12000r/min 离心 10min，弃上清。加入 1ml 75% 乙醇洗涤沉淀，混悬，4℃ 12000r/min 离心 5min，弃上清。可用同样方法再洗涤一次沉淀，空气中干燥 15min，加入适量 DEPC 水溶解沉淀。

2．RNA 鉴定

（1）RNA 完整性鉴定

① 制备凝胶　将 0.75g 无 RNase 的琼脂糖溶于 54ml DEPC 处理水中，加热使其溶解，冷却至 60℃，加入 10×MOPS 7.5ml、37% 甲醛 13.5ml，灌胶厚约 0.5cm。以 1×MOPS 作为电泳缓冲液。

② 样品处理　在 0.5ml EP 管中依次加入：

甲酰胺	24.5μl-RNA 体积
37% 甲醛	3.5μl
10×MOPS	2μl
RNA	<14.5μl
总体积	30μl

混合均匀后离心，65℃ 水浴 15min 后迅速置冰上 15min，加入 3μl 10× 上样缓冲液，混匀后上样（可在其中一个样品中加入 1μl 10mg/ml EB，以便观察）。

③ 电泳　预电泳后，以 5V/cm 稳压电泳约 3h。

（2）RNA 浓度和纯度测定　取适量 RNA 溶液，按一定比例稀释后，测定 A_{260} 和 A_{280} 值。计算 A_{260}/A_{280} 比值，并计算 RNA 浓度。RNA 浓度（μg/μl）=A_{260}×40×稀释倍数/1000。

五、注意事项

（1）实验中所用仪器和溶液均需严格无 RNase 处理，操作环境尽量避免 RNase 污染，操作者应戴一次性手套和口罩。

（2）整个实验过程尽量低温操作。

（3）组织取出后要迅速且充分匀浆。

（4）RNA 样品储存于 −20℃ 或 −70℃ 备用。

六、思考题

（1）如何判断 RNA 是否被降解？

（2）RNA 提取过程中主要注意什么？

参考文献

[1] 陈钧辉，张冬梅. 普通生物化学. 5版. 北京：高等教育出版社，2015.

[2] 王镜岩，朱圣庚，徐长法. 生物化学教程. 北京：高等教育出版社，2008.

[3] 杨荣武. 生物化学. 北京：科学出版社，2013.

[4] 杨志敏. 生物化学. 3版. 北京：高等教育出版社，2015.

[5] 黄纯. 生物化学. 3版. 北京：科学出版社，2015.

[6] 王希成. 生物化学. 4版. 北京：清华大学出版社，2015.

[7] 陆正清，柯世怀. 生物化学. 北京：化学工业出版社，2015.

[8] 丛峰松. 生物化学实验. 上海：上海交通大学出版社，2005.

[9] 陈钧辉，李俊. 生物化学实验. 5版. 北京：科学出版社，2014.

[10] 何幼鸾，汤文浩. 生物化学实验. 2版. 武汉：华中师范大学出版社，2013.

[11] 罗先群，曹献英. 生物化学实验. 北京：化学工业出版社，2015.

[12] 李玉珍，赵丽. 生物化学. 北京：化学工业出版社，2017.